双向拉伸塑料薄膜

SHUANGXIANG LASHEN SULIAO BAOMO

■ 王 雷　韩文彬　朱书贞　等编著

化学工业出版社

·北京·

本书作者在长期收集、整理双向拉伸塑料薄膜有关资料的基础上，汇集了典型双向拉伸塑料薄膜新工艺与实例资料。本书着重介绍双向拉伸聚丙烯薄膜的定义、基本原理、用途和使用范围与保存、双向拉伸聚丙烯薄膜产品与市场特点、双向拉伸聚丙烯薄膜的性能特点与参数、典型单向拉伸聚丙烯薄膜、典型平面双向拉伸聚丙烯薄膜，简单介绍了世界 BOPP 薄膜行业现状及发展方向、全球高产量及高灵活性的双向拉伸技术进展，并且详细阐述了①双向拉伸塑料薄膜成型加工原理；②双向拉伸塑料薄膜生产方法及工艺设备；③双向拉伸薄膜生产线与质量控制；④平面双向拉伸塑料薄膜产品性能指标与生产技术条件；⑤聚丙烯双向拉伸薄膜料产品开发生产评价；⑥拉伸薄膜生产过程中的疵病分析及疑难排除；⑦双向拉伸塑料薄膜原材料及产品检测方法与测试仪；⑧典型双向拉伸塑料薄膜的应用。

　　本书内容简明扼要，实用性较强，适合塑料薄膜企业的操作工人及技术人员阅读和参考；也可作为其他专业和相关专业辅助教材。

图书在版编目（CIP）数据

双向拉伸塑料薄膜/王雷，韩文彬，朱书贞等编著 . —北京：化学工业出版社，2015.6（2022.10 重印）
ISBN 978-7-122-23633-3

Ⅰ.①双… Ⅱ.①王…②韩…③朱… Ⅲ.①双向拉伸薄膜-塑料薄膜-塑料成型 Ⅳ.①TQ320.66

中国版本图书馆 CIP 数据核字（2015）第 075166 号

责任编辑：夏叶清　　　　　　　　　　文字编辑：颜克俭
责任校对：王　静　　　　　　　　　　装帧设计：刘剑宁

出版发行：化学工业出版社（北京市东城区青年湖南街 13 号　邮政编码 100011）
印　　装：北京科印技术咨询服务有限公司数码印刷分部
710mm×1000mm　1/16　印张 17¼　字数 321 千字　2022 年 10 月北京第 1 版第 5 次印刷

购书咨询：010-64518888　　　　　　售后服务：010-64518899
网　　址：http://www.cip.com.cn
凡购买本书，如有缺损质量问题，本社销售中心负责调换。

定　　价：78.00 元　　　　　　　　　　　　　　版权所有　违者必究

前 言

典型的双向拉伸聚丙烯薄膜以其良好的透过性、无毒性、机械强度，广泛应用于印刷、复合、胶粘带等方面、近年来随着我国薄膜技术的不断成熟、技术的不断创新，又开发出许多新的品种，如珠光膜、消光膜、真空镀铝膜、转移膜等，使双向拉伸聚丙烯薄膜的应用范围更加广泛。聚丙烯薄膜在使用时应注意薄膜的电晕处理值，使用场合应保持清洁，保持一定的温度湿度，减少静电影响，印刷前应注意薄膜与薄膜的匹配。

目前拉伸法的发展速度超过管膜拉伸法，其中以德国布鲁克纳公司制造的双向拉伸薄膜生产线最为著名，已被大多数薄膜制造厂家所采用。

BOPP 薄膜生产技术进入我国不过几十年的时间，但由于对世界工业发达国家先进生产技术、设备的积极引进，加上我国专业技术人员的努力研究开发，我国的 BOPP 薄膜生产已在世界 BOPP 薄膜生产中占据重要一席。目前，BOPP 薄膜生产工艺已日趋成熟，BOPP 薄膜市场保持相对稳定，因此，在生产中及时解决问题，努力提高产品档次、质量，已经成为各 BOPP 薄膜生产厂家共同关心的话题。

BOPP 薄膜广泛应用于食品、糖果、香烟、茶叶、果汁、牛奶、纺织品等的包装，有"包装皇后"的美称。BOPP 薄膜应用之广、污染之低以及对森林自然资源的保护，使其成为比纸张和聚氯乙烯（PVC）更受人欢迎的包装材料；制造工艺简易可靠、价格合理又使它成为比双向拉伸聚酯（BOPET）薄膜和双向拉伸尼龙（BOPA）薄膜更为普遍使用的包装材料。

编者在长期收集、整理双向拉伸塑料薄膜有关资料的基础上，汇集了典型双向拉伸塑料薄膜新工艺与实例资料和一些具有代表性的品种资料。本书主要内容是有关双向拉伸聚丙烯薄膜的生产工艺与实例。着重介绍双向拉伸聚丙烯薄膜的定义、基本原理、用途和使用范围与保存、双向拉伸聚丙烯薄膜产品与市场特点、双向拉伸聚丙烯薄膜的性能特点与参数、典型单向拉伸聚丙烯薄膜、典型平面双向拉伸聚丙烯薄膜，简单介绍了世界 BOPP 薄膜行业现状及发展方向、全球高产量及高灵活性的双向拉伸技术进展。并且详细阐述了①双向拉伸塑料薄膜成型加工原理；②双向拉伸塑料薄膜生产方法及工艺设备；③双向拉伸薄膜生产线与质量控制；④平面双向拉伸塑料薄膜产品性能指标与生产技术条件；⑤聚丙烯双向拉伸薄膜料产品开发生产评价；⑥拉伸薄膜生产过程中的疵病分析及疑难排除；⑦双向拉伸塑料薄膜原材料及产品检测方法与测试仪；⑧典型双向拉伸塑料薄膜的应用。

在本书编写过程中，得到中国塑协双向拉伸聚丙烯薄膜专委会、中国包装联合会、轻工业塑料加工应用研究所、中国科学院化学所（国家工程塑料重点实验室）、北京化工大学材料科学与工程学院、《塑料工业》杂志、常州绝缘材料总厂有限公司、湛江包装材料企业有限公司、洛阳石化聚丙烯有限责任公司等单位的专家与前辈和同仁张瑞霖、徐文树、陈家琪、吴耀根、尹燕平、焦明立、孙冬泉等热情支持和帮助，提供有关资料文献与信息，并对本书内容提出了宝贵的意见。张建玲、童忠东、范立红等参加了本书的编写与审核，荣谦、沈永淦、崔春玲、王书乐、郭爽、丰云、蒋洁、王素丽、王瑜、王月春、俞俊、周国栋、朱美玲、方芳、高巍、高新、周雯、耿鑫、陈羽、安凤英、来金梅、王秀凤、吴玉莲、黄雪艳、杨经伟、冯亚生、周木生、赵国求、高洋等为本书的资料收集和编写付出了大量精力，在此一并致谢！由于时间仓促，书中不足之处敬请各位读者批评指正。

编者
2015 年 2 月

目录 CONTENTS

第一章　绪论 ………………………………………………………… 1

第一节　概述 ………………………………………………………… 1

一、定义 ……………………………………………………………… 1

二、基本原理 ………………………………………………………… 2

三、发展史 …………………………………………………………… 2

四、用途和使用范围与保存 ………………………………………… 2

五、双向拉伸聚丙烯薄膜产品与市场特点 ………………………… 3

六、双向拉伸聚丙烯薄膜的性能特点与参数 ……………………… 3

七、典型单向拉伸聚丙烯薄膜 ……………………………………… 4

八、典型平面双向拉伸聚丙烯薄膜 ………………………………… 4

第二节　世界 BOPP 薄膜行业现状及发展方向 …………………… 6

一、世界 BOPP 薄膜行业现状与产量需求 ………………………… 6

二、世界 BOPP 薄膜的生产工艺与生产方法 ……………………… 7

三、我国 BOPP 薄膜行业生产现状与产量需求 …………………… 7

四、国内多层复合共挤及拉伸技术生产现状 ……………………… 9

五、国内 BOPP 薄膜专用料生产现状 ……………………………… 11

六、国内 BOPP 薄膜需求预测 ……………………………………… 12

第三节　全球高产量及高灵活性的双向拉伸技术进展 …………… 13

一、薄膜产品的演变过程 …………………………………………… 13

二、薄膜产品优异的技术特性 ……………………………………… 13

三、全球的薄膜产品未来双向拉伸技术的发展 …………………… 17

四、双向拉伸的发展方向 …………………………………………… 17

第二章　双向拉伸塑料薄膜生产方法及工艺设备 ………………… 20

第一节　双向拉伸塑料薄膜生产方法 ……………………………… 20

一、管膜法 …………………………………………………………… 21

二、平膜法 …………………………………………………………… 23

第二节　双向拉伸塑料薄膜设备与选择原料 ……………………… 23

第三节　分筛、输送与混合设备 …………………………………… 24

一、分筛 ……………………………………………………………… 24

二、物料分筛 ………………………………………………………… 25

三、金属杂质的分离 ……………………………………… 25

四、添加剂配料 …………………………………………… 27

五、原料输送 ……………………………………………… 27

六、物料的混合与设备 …………………………………… 29

第四节 原料结晶和干燥设备 ……………………………… 30

一、干燥过程的影响因素 ………………………………… 31

二、干燥方式及各种干燥器性能的比较 ………………… 33

第五节 挤出-铸片系统 ……………………………………… 41

一、单螺杆挤出机-计量泵法 …………………………… 43

二、双机挤出法 …………………………………………… 58

三、双螺杆-计量泵直接挤出法 ………………………… 60

四、单螺杆排气式挤出机-计量泵法 …………………… 62

五、熔体过滤器 …………………………………………… 64

六、熔体管道 ……………………………………………… 70

七、静态混合器 …………………………………………… 70

八、机头（模头） ………………………………………… 70

九、冷却转鼓（又称冷鼓或急冷辊）及附片装置 ……… 72

十、辅助收卷机 …………………………………………… 77

第六节 薄膜双轴取向拉伸 ………………………………… 78

一、吹胀法双向拉伸法 …………………………………… 79

二、逐步双向拉伸法 ……………………………………… 79

三、同步双向拉伸法 ……………………………………… 81

四、纵-横-纵三次拉伸法 ………………………………… 83

第七节 薄膜牵引装置 ……………………………………… 83

一、展平辊 ………………………………………………… 85

二、冷却辊 ………………………………………………… 85

三、薄膜测厚仪 …………………………………………… 85

四、薄膜导向辊及切边装置 ……………………………… 86

五、张力隔离牵引辊 ……………………………………… 87

六、薄膜电晕处理器 ……………………………………… 88

七、牵引机支架 …………………………………………… 89

第八节 薄膜收卷机 ………………………………………… 90

一、薄膜收卷张力控制问题 ……………………………… 91

二、薄膜收卷的原理 ……………………………………… 91

三、薄膜张力对收卷质量的影响 ………………………… 92

　　　四、收卷辊的控制系统 ··· 92

　　　五、收卷张力的衰减及张力补偿 ····························· 93

　第九节　薄膜分切机 ··· 93

　　　一、自动装卸卷芯的小车 ·· 94

　　　二、放卷臂 ··· 95

　　　三、张力控制辊 ··· 95

　　　四、分切机摆边控制系统 ·· 96

　　　五、导向辊 ··· 96

　　　六、弓形展平辊 ··· 96

　　　七、切刀及刀槽辊 ·· 97

　　　八、夹紧辊 ··· 97

　　　九、接触辊（或称压紧辊、跟踪辊）······················· 97

　　　十、复卷臂（或称收卷臂）··· 98

　第十节　挤出、团粒与废料回收方法 ···························· 98

　　　一、粉碎掺入法与薄膜粉碎机 ··································· 99

　　　二、挤出造粒法与回收工艺 ····································· 100

　　　三、团粒法与关键设备 ·· 102

　　　四、挤出、团粒两种回收方法的比较 ······················ 104

　　　五、利用PET与化学回收法 ······································ 105

第三章　双向拉伸薄膜生产线与质量控制 ···················· 107

　第一节　国产双向拉伸BOPP生产线与质量控制概况 ···· 107

　　　一、国产双向拉伸BOPP生产线/设备的概况 ··········· 107

　　　二、生产线总体选配特点 ·· 108

　　　三、生产线工艺方案的选配特点 ····························· 108

　第二节　双向拉伸薄膜生产线上与工艺上的质量控制 ··· 111

　　　一、BOPP拉伸膜生产工艺流程条件的控制 ············· 111

　　　二、双向拉伸生产线上横拉机润滑系统质量的改造 ··· 112

　　　三、BOPP塑料薄膜给齿轮箱加冷却系统质量控制 ···· 114

　　　四、双向拉伸塑料薄膜生产线以冷却转鼓为界的质量控制 ··· 115

　　　五、BOPP薄膜摩擦系数质量控制的应用 ················· 115

　　　六、电晕处理于BOPP薄膜加工上质量控制的应用 ···· 119

　第三节　双向拉伸薄膜生产线收卷过程中的张力自动控制 ··· 122

　　　一、张力自动控制系统的分类 ··································· 123

　　　二、张力自动控制原理 ·· 123

　　　三、浮动辊的气动原理安装的注意事项 ···················· 123

　　第四节　双向拉伸薄膜生产线的结构与厚度控制方法 ⋯⋯⋯⋯ 124
　　　一、结构与厚度质量控制方法 ⋯⋯⋯⋯⋯⋯⋯⋯⋯⋯⋯⋯ 124
　　　二、结构与厚度质量控制系统的设计 ⋯⋯⋯⋯⋯⋯⋯⋯⋯⋯ 125
　　　三、结构与厚度质量控制方法的评价 ⋯⋯⋯⋯⋯⋯⋯⋯⋯⋯ 127
　　第五节　现场总线新技术在聚丙烯双向拉伸薄膜生产线中的控制
　　　　　　系统 ⋯⋯⋯⋯⋯⋯⋯⋯⋯⋯⋯⋯⋯⋯⋯⋯⋯⋯⋯⋯ 128
　　　一、概述 ⋯⋯⋯⋯⋯⋯⋯⋯⋯⋯⋯⋯⋯⋯⋯⋯⋯⋯⋯⋯⋯ 128
　　　二、系统组成与现场总线相连 ⋯⋯⋯⋯⋯⋯⋯⋯⋯⋯⋯⋯⋯ 128
　　　三、系统结构与技术特点 ⋯⋯⋯⋯⋯⋯⋯⋯⋯⋯⋯⋯⋯⋯⋯ 129
　　　四、控制系统构成 ⋯⋯⋯⋯⋯⋯⋯⋯⋯⋯⋯⋯⋯⋯⋯⋯⋯⋯ 131
　　　五、现场总线结构与监控软件 ⋯⋯⋯⋯⋯⋯⋯⋯⋯⋯⋯⋯⋯ 133
　　　六、控制系统存在的问题及解决方案 ⋯⋯⋯⋯⋯⋯⋯⋯⋯⋯ 134
　　　七、现场总线新技术评价 ⋯⋯⋯⋯⋯⋯⋯⋯⋯⋯⋯⋯⋯⋯⋯ 134
　　第六节　新技术在双向拉伸薄膜生产线上的应用 ⋯⋯⋯⋯⋯⋯ 134
　　　一、双向拉伸薄膜生产线的控制系统 ⋯⋯⋯⋯⋯⋯⋯⋯⋯⋯ 134
　　　二、生产线的组成 ⋯⋯⋯⋯⋯⋯⋯⋯⋯⋯⋯⋯⋯⋯⋯⋯⋯⋯ 135
　　　三、对控制系统的基本要求 ⋯⋯⋯⋯⋯⋯⋯⋯⋯⋯⋯⋯⋯⋯ 136
　　　四、双向拉伸薄膜生产线上的控制系统 ⋯⋯⋯⋯⋯⋯⋯⋯⋯ 137
第四章　平面双向拉伸塑料薄膜产品性能指标与生产
　　　　技术条件 ⋯⋯⋯⋯⋯⋯⋯⋯⋯⋯⋯⋯⋯⋯⋯⋯⋯⋯⋯ 138
　　第一节　双向拉伸塑料薄膜（平面拉伸法）的简单介绍 ⋯⋯⋯ 138
　　第二节　双向拉伸塑料薄膜产品性能指标 ⋯⋯⋯⋯⋯⋯⋯⋯⋯ 138
　　　一、各类双向拉伸聚丙烯（BOPP）薄膜物理力学性能 ⋯⋯⋯ 139
　　　二、双向拉伸聚酰胺（BOPA）薄膜物理力学性能 ⋯⋯⋯⋯⋯ 140
　　　三、双向拉伸聚对苯二甲酸乙二醇酯（BOPET）薄膜物理力学
　　　　　性能 ⋯⋯⋯⋯⋯⋯⋯⋯⋯⋯⋯⋯⋯⋯⋯⋯⋯⋯⋯⋯⋯⋯ 141
　　　四、双向拉伸聚萘二甲酸乙二醇酯（BOPEN）薄膜的性能 ⋯⋯ 142
　　　五、双向拉伸聚酰亚胺（BOPI）薄膜的性能 ⋯⋯⋯⋯⋯⋯⋯ 144
　　　六、双向拉伸聚苯乙烯（BOPS）薄膜物理力学性能 ⋯⋯⋯⋯⋯ 145
　　　七、双向拉伸聚对苯二甲酰对苯二胺（BOPPTA）薄膜的性能 ⋯⋯ 146
　　　八、双向拉伸聚偏氯乙烯（BOPVDC）薄膜的性能 ⋯⋯⋯⋯⋯ 147
　　　九、双向拉伸 BOPP 烟膜热封性能 ⋯⋯⋯⋯⋯⋯⋯⋯⋯⋯⋯ 148
　　第三节　双向拉伸聚丙烯薄膜（BOPP 薄膜） ⋯⋯⋯⋯⋯⋯⋯⋯ 152
　　　一、原材料 ⋯⋯⋯⋯⋯⋯⋯⋯⋯⋯⋯⋯⋯⋯⋯⋯⋯⋯⋯⋯⋯ 152
　　　二、平面双向拉伸聚丙烯薄膜的生产设备 ⋯⋯⋯⋯⋯⋯⋯⋯ 162

　　　三、双向拉伸聚丙烯薄膜的生产工艺 ……………………… 164
　第四节　双向拉伸聚酰胺（BOPA）薄膜 ……………………… 167
　　　一、原材料 ……………………………………………………… 167
　　　二、双向拉伸聚酰胺薄膜的生产设备 ………………………… 167
　　　三、双向拉伸聚酰胺薄膜的生产工艺条件 …………………… 168
　第五节　双向拉伸聚对苯二甲酸乙二醇酯（BOPET）薄膜 …… 168
　　　一、原材料 ……………………………………………………… 169
　　　二、双向拉伸聚对苯二甲酸乙二醇酯薄膜的生产设备 ……… 174
　　　三、双向拉伸聚对苯二甲酸乙二醇酯薄膜的生产工艺 ……… 176
　第六节　双向拉伸聚萘二甲酸乙二醇酯（BOPEN）薄膜 ……… 180
　　　一、原材料 ……………………………………………………… 181
　　　二、聚 2,6-萘二甲酸乙二酯薄膜成型加工的条件 …………… 181
　第七节　双向拉伸聚酰亚胺（BOPI）薄膜 …………………… 182
　　　一、原材料 ……………………………………………………… 183
　　　二、成型工艺与设备的特点 …………………………………… 183
　第八节　双向拉伸聚苯乙烯（BOPS）薄膜 …………………… 187
　　　一、原材料 ……………………………………………………… 188
　　　二、双向拉伸聚苯乙烯薄膜的生产设备 ……………………… 190
　　　三、双向拉伸聚苯乙烯薄膜的生产工艺 ……………………… 196
　第九节　双向拉伸聚对苯二甲酰对苯二胺（BOPPTA）——芳酰
　　　　　胺薄膜 ………………………………………………………… 202
　　　一、概述 ………………………………………………………… 202
　　　二、聚对苯二甲酰对苯二胺聚合 ……………………………… 202
　　　三、原材料 ……………………………………………………… 203
　　　四、聚对苯二甲酰对苯二胺薄膜的制造 ……………………… 203
　第十节　双向拉伸聚偏氯乙烯（PVDC）薄膜 ………………… 204
　　　一、概述 ………………………………………………………… 204
　　　二、聚偏氯乙烯结构与性能 …………………………………… 204
　　　三、原材料 ……………………………………………………… 205
　　　四、PVDC 双向拉伸薄膜的制造 ……………………………… 205
第五章　拉伸薄膜生产过程中的疵病分析及疑难排除 ………… 207
　第一节　双向拉伸聚丙烯薄膜（BOPP）生产中常见的主要问题 …… 207
　　　一、影响 BOPP 薄膜物理、力学性能的因素 ………………… 208
　　　二、BOPP 薄膜生产中常见的问题及解决办法 ……………… 209
　第二节　BOPP 薄膜生产中静电的产生困难问题及解决方法 ……… 212

  一、BOPP 薄膜生产中静电的困难问题 ……………………………… 212

  二、BOPP 薄膜生产中静电的问题及解决方法 ……………………… 212

 第三节 消除双向拉伸 BOPP 薄膜表面问题的解决方法 ………… 213

  一、表面光泽度问题的解决方法 …………………………………… 213

  二、摩擦系数问题的解决方法 ……………………………………… 214

  三、表面电阻率问题的解决方法 …………………………………… 215

  四、表面张力问题的解决方法 ……………………………………… 215

  五、抗粘连性问题的解决方法 ……………………………………… 216

  六、耐划伤性问题的解决方法 ……………………………………… 217

 第四节 双向拉伸 BOPP 耐磨性能常见的缺陷和解决方法 ……… 218

  一、双向拉伸 BOPP 烟膜的白痕成因和解决方法 ………………… 218

  二、改善薄膜耐磨性能的常见措施 ………………………………… 218

  三、对薄膜表面的损伤全新解决方案——纳米改性材料 ………… 219

 第五节 BOPET 薄膜生产工艺缺陷问题与解决方法 ……………… 219

  一、BOPET 薄膜的生产工艺 ……………………………………… 219

  二、常见疵病分析及其解决方法 …………………………………… 221

第六章 双向拉伸塑料薄膜原材料及产品检测方法与测试仪 … 224

 第一节 双向拉伸聚酯薄膜的质量控制及性能检测重要性与目的 … 224

  一、聚酯薄膜的厚度均匀性 ………………………………………… 224

  二、聚酯薄膜的力学性能 …………………………………………… 225

  三、聚酯薄膜的光学性能 …………………………………………… 226

  四、聚酯薄膜的表面性能 …………………………………………… 227

  五、聚酯薄膜的热性能 ……………………………………………… 228

  六、聚酯薄膜的阻隔性能 …………………………………………… 229

  七、两次拉伸法制成的平衡膜性能的检测举例 …………………… 229

 第二节 双向拉伸塑料薄膜的拉伸强度测定及其测试仪 ………… 230

  一、拉伸强度的测试的目的 ………………………………………… 230

  二、塑料薄膜的制样 ………………………………………………… 231

  三、拉伸强度的测试 ………………………………………………… 231

  四、测试仪 …………………………………………………………… 232

 第三节 双向拉伸塑料薄膜厚度的常用测量方法及其与测厚仪 … 233

  一、双向拉伸塑料薄膜厚度的常用测量方法 ……………………… 233

  二、聚酯薄膜生产中的金属检测技术 ……………………………… 236

  三、薄膜测厚仪 ……………………………………………………… 236

第七章 典型双向拉伸塑料薄膜的应用 ……………………………… 239

第一节　双向拉伸聚丙烯薄膜的应用 ……………………………… 239

一、非热封型双向拉伸聚丙烯薄膜 ……………………………… 239

二、热封型双向拉伸聚丙烯薄膜 ………………………………… 240

三、BOPP 膜用功能性添加剂的应用 …………………………… 242

四、BOPP 薄膜产品的分类、特征和应用 ……………………… 245

五、BOPP 烟膜性能及应用 ……………………………………… 248

六、BOPP 薄膜在标签印刷中的应用 …………………………… 249

七、珠光膜原理及应用 …………………………………………… 250

第二节　聚酯薄膜应用领域 ……………………………………… 251

一、聚酯薄膜简介 ………………………………………………… 251

二、聚酯薄膜性质 ………………………………………………… 251

三、聚酯薄膜分类 ………………………………………………… 252

四、双向拉伸聚酯薄膜用途与应用实例 ………………………… 254

五、聚酯 PET 扭结膜用途与应用实例 ………………………… 255

第三节　双向拉伸聚苯乙烯薄膜的应用领域 …………………… 257

第四节　双向拉伸聚酰胺薄膜的应用领域 ……………………… 258

第五节　其他特种薄膜的应用 …………………………………… 259

一、双向拉伸聚萘二甲酸乙二酯薄膜 …………………………… 259

二、双向拉伸聚对苯二甲酰对苯二胺薄膜 ……………………… 259

三、双向拉伸聚酰亚胺薄膜 ……………………………………… 259

第六节　PVDC 的应用 …………………………………………… 259

参考文献 ……………………………………………………………… 261

第一章 绪 论

塑料薄膜已经发展成为我国产量最大、品种最多的塑料制品之一，广泛应用于包装、电子电器、农业、建筑装饰及日用品等领域，其产量约占塑料制品总产量的 20%。从应用领域来看，塑料薄膜使用最广的是包装产业，其次是农用塑料薄膜，其余用作电工材料、感光材料等。除传统的 PE、PVC、PS 外，BOPET（双向拉伸聚酯）、BOPP（双向拉伸聚丙烯）、BOPA（双向拉伸尼龙）是近几年迅速发展起来的新型薄膜材料。

塑料薄膜的成型方法很多，如压延法、流延法、吹塑法、拉伸法等。其中，双向拉伸成为近年来颇受关注的方法之一。

双向拉伸技术是 20 世纪 70 年代开始实现工业化的一种薄膜加工工艺。双向拉伸薄膜在近十年来迅速发展，并成为各种高性能包装用膜的主要包装材料。采用双向拉伸技术生产的塑料薄膜具有以下特点：与未拉伸薄膜相比，力学性能明显进步，拉伸强度是未拉伸薄膜的 3～5 倍；阻隔性能进步，对气体和水汽的渗透性降低；光学性能、透明度、表面光泽度提高；耐热性、耐冷性能得到改善，尺寸稳定性好；厚度均匀性好，厚度偏差小；实现高自动化程度和高速生产。

适用于双向拉伸生产的塑料薄膜主要包括聚酯、聚丙烯、聚酰胺、聚苯乙烯和聚酰亚胺薄膜等。

目前市场上应用较多的双向拉伸薄膜以 BOPP 和 BOPET 为主流，BOPA 与 BOPS 近几年也发展起来，并成为双向拉伸薄膜应用的重要组成部分。

第一节 概述

一、定义

双向拉伸聚丙烯薄膜（BOPP）一般为多层共挤薄膜，是由聚丙烯颗粒经共挤形成片材后，再经纵横两个方向的拉伸而制得的。由于拉伸分子定向，所以这种薄膜的物理稳定性、机械强度、气密性较好，透明度和光泽度较高，坚韧耐磨，是目前应用最广泛的印刷薄膜，一般使用厚度为 20～40μm，应用最广泛的为 20μm。

双向拉伸聚丙烯薄膜主要缺点是热封性差，所以一般用做复合薄膜的外层薄膜，如与聚乙烯薄膜复合后防潮性、透明性、强度、挺度和印刷性均较理想，适用于盛装干燥食品。

二、基本原理

塑料薄膜双向拉伸技术的基本原理为：高聚物原料通过挤出机被加热熔融挤出成厚片后，在玻璃化温度以上、熔点以下的适当温度范围内（高弹态下），通过纵拉机与横拉机时，在外力作用下，先后沿纵向和横向进行一定倍数的拉伸，从而使分子链或结晶面在平行于薄膜平面的方向上进行取向而有序排列，然后在拉紧状态下进行热定型，使取向的大分子结构固定，最后经冷却及后续处理便可制得薄膜。

三、发展史

1995 年意大利人利用 Ziegler 催化剂首先合成了等规聚丙烯，1958 年双向拉伸聚丙烯薄膜得到了发展，近来双向拉伸膜发展迅速，而其中 BOPP 占 50％以上。这种薄膜性能好，产品应用范围广，目前这种拉伸法的发展速度超过管膜拉伸法，其中以德国布鲁克纳公司制造的双向拉伸薄膜生产线最为著名，已被大多数薄膜制造厂家所采用。

四、用途和使用范围与保存

1. 品种用途分类

根据双向拉伸聚丙烯薄膜的用途分为以下几类：①普通型 BOPP 薄膜；②BOPP 热封膜；③BOPP 香烟包装膜；④BOPP 珠光膜；⑤BOPP 金属化膜；⑥BOPP 消光膜；⑦BOPP 防雾膜；⑧BOPP 复书膜；⑨BOPP 防伪膜；⑩BOPP 纸球膜。

2. 使用范围扩大

双向拉伸聚丙烯薄膜以其良好的透过性、无毒性、机械强度高而广泛应用于印刷、复合、胶粘带等方面、近年来随着薄膜技术的不断成熟、技术的不断创新，又开发出许多新的品种，如珠光膜、消光膜、真空镀铝膜、转移膜等，使双向拉伸聚丙烯薄膜的应用范围更加广泛。聚丙烯薄膜在使用时应注意薄膜的电晕处理值，使用场合应保持清洁，保持一定的温度和湿度，减少静电影响，印刷前应注意薄膜与薄膜的匹配。

3. 保存与注意事项

薄膜在放置过程中最好避免在高温、高湿的环境下长期存放，最长放置时间不要超过 6 个月。薄膜存放时应竖立，避免横放变形，码放层数最好不要超过 2 层。产品在出厂前都会经过一定时间的时效处理，薄膜的物性、机械强度、表面张力均处于稳定状态，所以希望生产企业能够在薄膜的最佳使用时间使用，最长放置时间不要超过 6 个月；若放置时间过长，由于薄膜的表面张力会随着时间的延长而下降，会对生产企业的正常使用造成一定的影响。

五、双向拉伸聚丙烯薄膜产品与市场特点

1. 产品的特点

①由于分子的定向作用，结晶度提高，拉伸强度、冲击强度、刚性、韧性、阻湿性、透明性都有所提高，薄膜的耐寒性也提高；②有较好的阻气性和防潮性；③透明度高，光泽好、印刷适性好；④无毒、无臭、无味，可直接用于同食品和药品接触的场合。反射光线，而且其阻气阻水性能比其他品种的 BOPP 膜仅高 10％左右。因此，使用 BOPP 珠光膜是比较经济的。

2. 市场的特点

①在竞争激烈的拉伸薄膜市场，薄膜层数越多就意味着会有越多的市场份额，因而国内产品受北美的影响从 5 层膜改为 7 层膜或 9 层膜，靠提高性能或降低成本而显示应用优势；②受此影响，国内拉伸薄膜的生产设备也正朝着多层化和大型化方向发展；③目前，国内新投资建设的装置都朝着制备新型、高性能的多层薄膜设备发展；④20 世纪 90 年代中期北美推出的 5 层拉伸薄膜，一般设备采用 4 个挤出机和 1 个专门设计的 5 层供料斗。现在北美 5 层拉伸薄膜产量占拉伸薄膜总产量的 40％；⑤21 世纪近 10 年，北美新安装的流延拉伸膜生产装置都能生产 5 层或更多膜的设备，并不断刷新层数记录，先为 7 层，后来增至 9 层。目前在加工厂和机械生产厂正在实施与讨论和准备制备能生产 11 层、14 层，甚至更多层数的加工设备；⑥美国 Cloeren 公司的高级科学家 GaryOliver 认为，现在正在工业化阻隔性薄膜的微层供料头技术，也应该能用于拉伸薄膜生产，新技术可以生产埃（$1\text{Å}=10^{-10}\text{m}$）级厚度的膜，加工厂都十分感兴趣，但目前还没有人进行试验；⑦拉伸薄膜厂家的竞争实际是利润的竞争，产量增加也就意味着市场份额的增加，拉伸薄膜生产设备越来越大型化，生产产品层数多，产量也相应增加；⑧5 年前标准流延膜设备有 5 个直径为 20in 的辊，现在则采用 6 个辊。从而增加薄膜层数，有可能采用成本低性能范围更宽的树脂（如茂金属 LLDPE）或丁烯系 LLDPE 为原料，降低成本，增加竞争力。

六、双向拉伸聚丙烯薄膜的性能特点与参数

物理性能如下：双向拉伸聚丙烯薄膜具有质轻、无毒、无臭、防潮、机械强度高、尺寸稳定性好、印刷性能良好、透明性好等优点，并具有高透明度、光泽好、阻隔性好、抗冲强度高、耐低温等优点。其缺点是热合时易发生薄膜收缩（热收缩烟膜利用其热收缩性能除外）。它的综合性能优于防潮玻璃纸、聚乙烯（PE）薄膜、PET 薄膜。BOPP 薄膜还具有极佳的印刷效果。

七、典型单向拉伸聚丙烯薄膜

与 HDPE 单向拉伸薄膜相似，用挤出成型所得 PP 管膜或 PP 平膜再进行单向拉伸可制得聚丙烯单向拉伸膜（MOPP），其纵向强度和耐纵裂性得以大幅度提高，且具有良好的扭结性，故广泛用于糖果、食品、工艺品等的扭结包装。此外，若将此种薄膜切割成宽约 6mm 的扁丝，还可用于编织成强度很高的编织袋，生产效率高。

1. 原料及配方

有专用牌号的 PP 树脂供选用。若所制膜用于切割成织袋用的扁丝，则可在 PP 中掺混 10%～15% 的 LLDPE 或 5%～6% 的 LDPE 以增加扁丝的柔韧性。另外为增加扁丝的防滑性，还可在 PP 中添加 4%～6% 的超细碳酸钙母料。

2. 生产工艺

可用：

挤出上吹管膜 → 风冷 → 单向拉伸法和挤出平膜 → 水冷 → 单向拉伸

两种工艺生产此种薄膜。若所得膜用于切割成扁丝，则前一法所得扁丝柔软性好，不易劈裂，但厚度欠均匀，拉伸强度较低。下举一管膜法工艺操作实例：先将合用的树脂料挤出吹塑成厚度为 0.14mm 厚的膜，挤出温度为 200～240℃，然后进行单向拉伸操作。拉伸前的预热温度为 110～120℃，拉伸温度为 120～140℃，拉伸倍率为 7 倍，最后的热处理温度控制在 130～150℃。拉伸距离要慎重选定，它是指相对于拉伸薄膜厚度的倍率，一般应选 100～800 倍。在此拉伸距离内，薄膜可进行 6～10 倍的拉伸。小于 6 倍的拉伸，产品的强度偏低；高于10 倍的拉伸，易造成膜的断裂。

八、典型平面双向拉伸聚丙烯薄膜

塑料薄膜的双向拉伸是热塑性的塑料厚片在软化温度与熔融温度之间，沿纵横两个方向进行拉伸的一种薄膜成型方法。聚丙烯是结晶型的高聚物，通过拉伸的薄膜，分子发生了定向排列，从而改善了薄膜的各项性能，提高了拉伸强度、冲击强度、透明性和电绝缘性，降低了透气性、吸潮性。BOPP 膜适用于食品、医药、服装、香烟等各种物品的包装，并大量作复合膜的基材。热封型 BOPP 膜性能标准 GB 12026—89，电容器用 BOPP 膜性能标准 GB 12802—91。

1. 原料

采用熔体流动速率 2～4g/10min 的聚丙烯树脂。熔体流动速率大的树脂其流动性虽好，但结晶速度快，成片性能差。挤出厚片时，若结晶度太大，易发脆，直接影响到双向拉伸时的连续成膜性和拉伸后薄膜的性能。

2. 生产工艺

BOPP膜通常采用逐次拉伸法生产，其工艺流程如图1-1所示。

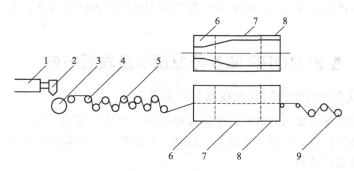

图 1-1　逐次拉伸法工艺流程

1—挤出机；2—T形机头；3—冷却辊；4—预热辊；5—纵向拉伸辊；
6—横向拉伸预热区；7—拉伸区；8—热定型区；9—卷取机

BOPP膜的生产分为两大部分，第一部分是制备厚片，第二部分是双向拉伸。

（1）制备厚片　将原料加入料斗中，经螺杆塑化，通过T形机头挤出成片，片厚0.6mm左右，挤出机温度控制在190～260℃（从机身后部向前增温）。挤出厚片立即被气刀紧密地贴合在冷却辊上进行冷却，水温为15～20℃，制备的厚片应是表面平整、光洁、结晶度小、厚度公差小的片材。

（2）双向拉伸　首先进行纵向拉伸，纵向拉伸有单点拉伸和多点拉伸。所谓单点拉伸，是靠快速辊和慢速辊之间的速差来控制拉伸比，在两辊之间装有若干加热的自由辊，这些辊不起拉伸作用，而只起加热和导向作用。而多点拉伸是在预热辊和冷却辊之间装有不同转速的辊筒，借每对辊筒的速差，使厚片逐渐拉伸。辊筒之间的间隙很小，一般不允许有滑动现象，以保证薄膜的均匀和平整。这里介绍的是用多点拉伸法生产BOPP膜。首先将厚片经过几个预热辊进行预热，预热温度150～155℃，预热后厚片进入纵向拉伸辊，拉伸温度155～160℃；拉伸倍数与厚片的厚度有关，一般纵向拉伸倍数随原片厚度的增加而适当提高，这样才能保证原片经纵向拉伸后被均匀地展开，否则由于纵向拉伸倍数偏低而产生横格纹，犹如"搓衣板"状。如原片厚度为0.6mm左右时，拉伸倍数为5倍，如原片厚度为1mm左右时，纵向拉伸倍数为6倍。拉伸倍数过大，破膜率增大。所以，工艺条件的选择须视具体情况而定。经纵向拉伸后的膜片再进入拉幅机进行横向拉伸，拉幅机分为预热区（165～170℃）、拉伸区（160～165℃）和热定型区（160～165℃）。膜片由夹具夹住两边，沿张开一定角度的拉幅机轨道被强行横向拉伸，一般拉伸倍数为5～6倍。

经过纵横两向拉伸定向的薄膜要在高温下定型处理，以减小内应力，并获得稳定的尺寸，然后冷却、切边、卷取。如果需印刷再增加电火花处理等工序。

当今生产幅宽为 5.5m 的 BOPP 膜的大型成套设备已很成熟，本书限于篇幅不作介绍。

第二节　世界 BOPP 薄膜行业现状及发展方向

一、世界 BOPP 薄膜行业现状与产量需求

双向拉伸聚丙烯（BOPP）薄膜具有质轻、透明、无毒、防潮、透气性低、机械强度高等优点，广泛用于食品、医药、日用轻工、香烟等产品的包装，并大量用作复合膜的基材。

自 1957 年聚丙烯（PP）树脂工业化生产后，世界各公司竞相开发 BOPP 薄膜，1958 年意大利 Montecatini 公司首创 BOPP 薄膜生产技术，1959 年和 1962年欧美及日本相继开始生产，目前全世界 BOPP 薄膜年生产能力已达 500 万吨，年产量超过 285 万吨，而且产量每年还在以 15％左右的速率递增。BOPP 薄膜工业的迅速发展，对包装、电子电器、石油化工等行业的发展起到了积极的促进作用。

1. 世界 BOPP 薄膜动态
世界 BOPP 薄膜价格走势如图 1-2 所示。

图 1-2　世界 BOPP 薄膜价格走势

2. 美国 BOPP 薄膜需求量
美国塑料薄膜需求量年增幅将达 1.8％。最新发布的一项市场调查称，从现在起到 2016 年，美国对塑料薄膜的需求量每年将增长 1.8％，到 2016 将达到159 亿磅（约 700 万吨）。

二、世界 BOPP 薄膜的生产工艺与生产方法

目前世界上 BOPP 薄膜的生产方法主要有管膜法和平膜法两大类，管膜法属双向一步拉伸法，具有设备简单、投资少、占地小、无边料损失、操作简单等优点，但由于存在生产效率低、产品厚度公差大等缺点，20 世纪 80 年代后几乎没有发展，目前仅用于生产双向拉伸 PP 热收缩膜等特殊品种。

平膜法又分双向一步拉伸和双向两步拉伸两种方法。双向一步拉伸法制得的产品纵、横向性能均衡，拉伸过程中几乎不破膜，但因设备复杂、制造困难、价格昂贵、边料损失多、难于高速化、产品厚度受限制等问题，在目前还未大规模被采用。

双向两步拉伸法设备成熟、线速度高、生产效率高，适于大批量生产，是目前平膜法的主流，被绝大多数企业所采用，其工艺流程为：原料→挤出→流延→纵向拉伸→横向拉伸→切边→电晕处理→收卷→陈化→分切→成品。管膜法与平膜法拉伸方式比较见表 1-1。

表 1-1 管膜法与平膜法拉伸方式比较

项目	管膜法	平膜法
拉伸方法	双向二步拉伸法	双向一步拉伸法
生产性	设备便宜，无边料损失，难宽幅化，生产速度低	设备贵，边料损失较多，易实现高速化，效率高。设备昂贵，边料损失多，难于实现高速化
通用性	变更条件范围狭窄	变更条件范围宽。拉伸倍率变化自由度小
质量	纵横向性能均衡，厚度不均匀，热收缩率大，表面易擦伤	纵横向性能不均衡，厚度均匀，尺寸稳定性好。纵横向性能均衡
适应性	于各种热塑性塑料，可制热收缩膜，难制较厚的膜	能制极薄到极厚的膜，亦可制高强度膜。制品厚度受限制

三、我国 BOPP 薄膜行业生产现状与产量需求

随着我国国民经济的高速发展，社会需求的增长刺激了 BOPP 薄膜的迅速发展，国内许多企业相继从国外引进 BOPP 薄膜生产线，以满足市场需求。

从 20 世纪 70 年代开始，我国着手研制 BOPP 薄膜，1972 年浙江嘉兴绝缘材料厂试制成功平膜法 BOPP 电工膜；1980 年四川东方绝缘材料厂引进日本信越薄膜公司的管膜法 BOPP 生产线，生产电容器薄膜，年生产能力 600t；1982 年北京化工六厂和广州石化总厂薄膜厂从德国布鲁克纳公司引进平膜法 BOPP 薄膜生产线；此后国内许多企业开始陆续从德国、日本等国家引进 BOPP 薄膜生产线。1998 年年底，全国共有 BOPP 薄膜生产线 80 条，发展速度相当快，年产量约 23 万吨，年生产能力超过 45 万吨，其中广东省就引进 BOPP 薄膜生产线

近 30 条，年生产能力超过 15 万吨，其余生产线主要分布在北京、天津、河北、江苏、浙江、云南、广西等 19 个省、市、自治区。2005 年 5 月生产线达到 180 多条，截止到 2013 年 12 月生产线达到 320 条。

目前，我国 BOPP 薄膜生产线均为引进生产线，主要采用德国、日本、法国和美国技术，引进设备的国别和厂商主要有：德国的布鲁克纳和巴登费尔德公司；日本的三菱重工和东芝机械公司；法国 DMT 公司；美国的马歇尔-威廉和 GE 公司等。其中德国布鲁克纳公司的设备占 50% 左右，日本三菱重工公司的设备也占相当大的比例。除四川东方绝缘材料厂、山东威海塑料四厂、广东新会电容薄膜厂及生产 PP 热收缩薄膜的几家企业采用管膜法生产外，其余企业均采用双向二步拉伸法生产 BOPP 薄膜，新近引进的装置单线生产能力在 6000t/年以上居多。国内最大的 BOPP 薄膜生产企业是广东佛山东方包装材料厂，生产能力为 5 万吨/年，其次是广东中山永宁塑料制品有限公司，生产能力为 2 万吨/年。生产能力在 1 万~2 万吨/年的企业有广东石油化工总厂薄膜厂、上海金浦塑料包装材料公司、江苏江阴申达包装集团公司、河北保硕集团、浙江大东南塑胶集团公司、云南红塔集团、无锡环宇包装材料有限公司等单位，产品主要品种有普通光膜、烟膜、珠光膜、胶粘带和 PVDC 涂布用膜、电工膜及镀铝基膜。目前 BOPP 薄膜行业的生产形势很好，设备开工率在 90% 以上。表 1-2 为我国双向拉伸聚丙烯薄膜生产线引进情况。

表 1-2　我国双向拉伸聚丙烯薄膜生产线引进情况

引进地区	引进国别和厂商	引进生产线 （数量）/条	加工能力 /(t/年)	产品品种原料使用情况
华北地区	德国布鲁克纳公司	5	43000	光膜、胶粘带和 PVDC 涂布用基膜、热封膜 韩国的 H2210、HF20M，新加坡的 FS2011、FS3011、美国的 EP3C37F，齐鲁的 T36F，上海金山的 F280 等
	日本三菱重工公司	2	10000	光膜
东北地区	德国布鲁克纳公司	4	15000	光膜、珠光膜、电工膜 北欧化工的 HF312C，英国的 KF6100，新加坡的 FS2011，齐鲁的 T36F，燕山的 F2400 等
	日本三菱重工公司	1	3000	光膜
华东地区	德国布鲁克纳公司	9	73000	光膜、珠光膜、镀铝膜、电工膜、热封膜 韩国的 H2210、HF20M，新加坡的 FS2011、FS3011，日本的 WF715A，北欧化工的 HF312C，美国 Exxon 公司的 PP4342，齐鲁石化的 T36F，上海金山的 F280 等
	日本三菱重工公司	5	18000	光膜

续表

引进地区	引进国别和厂商	引进生产线（数量）/条	加工能力/(t/年)	产品品种原料使用情况
华东地区	德国巴登弗尔德公司	1	3000	光膜、珠光膜
	法国 DMT 公司	1	6000	光膜
华中地区	德国布鲁克纳公司	2	12000	光膜　韩国的 H2210，新加坡的 FS2011、FS3011，齐鲁石化的 T36F，燕山石化的 F280
	日本三菱重工公司	1	3000	光膜、珠光膜
	法国 DMT 公司	1	3500	光膜
西南地区	德国布鲁克纳公司	2	16000	光膜、烟膜　北欧化工的 HF312C，韩国的 H2210，英国的 KF6100，齐鲁石化的 T36F，上海金山的 F280 等
	日本三菱重工公司	5	15000	光膜
	日本信越薄膜公司	1	600	电工膜
	美国 GE 公司	1	600	电工膜
	法国 DMT 公司	3	18000	光膜
华南地区	德国布鲁克纳公司	13	93000	光膜、烟膜、胶粘带和 PVDC 涂布用基膜、电工膜　韩国的 HF20M，北欧化工的 HF312C，新加坡的 FS2011，日本的 XF7511，齐鲁石化的 T36F，扬子石化的 F680B 等
	日本三菱重工公司	13	50000	光膜、镀铝膜、热封膜
	日本东芝机械公司	1	3000	光膜
	法国 DMT 公司	1	6000	光膜、烟膜

四、国内多层复合共挤及拉伸技术生产现状

国内的多层共挤技术以三层技术为主，也有部分厂家推出了5层，甚至7～9层的共挤薄膜生产线（图1-3）。上海昆中开发的三层共挤吹膜机组集欧洲吹膜机技术及工艺于一身。三层共挤膜机组采用独特螺杆设计可适应不同原料组合，采用 PLC 全数字控制系统，全自动换卷装置配备油压式落料结构。采用引取旋转装置配合 EPC 边缘追踪装置。高台平轨摩擦式双收卷机配合向量马达及气动控制。天津恒瑞推出5层共挤流延膜生产线。该生产线由多台挤出机、全自动网带式过滤器、熔体泵系统、共挤合层器、EDI 公司自动机头、二辊流延机、EGS 公司全自动双层红外测厚仪、双面电晕处理机、牵引机、全自动收卷机及收边机组成。其主要特点是：熔体泵系统与挤出机采用闭环控制，确保物料的稳定供给。全自动带式过滤器的换网过程不对制品产生任何影响。高精度的共挤合层器

确保分层精确并有多种分层形式。EDI 机头配以 EGS 红外测厚仪控制实现生产自动化。全自动收卷机为恒张力卷取，自动跟随，自动翻转，自动切断。汕头金明与德国 Reifenhäuser 等公司合作，引进先进的技术和部件，使产品档次得到极大提升。汕头金明开发的 5 层共挤下吹水冷薄膜吹塑机组，采用多层共挤平面叠加流线型模头（SCD 模头）、下吹水（骤）冷、薄膜旋转牵引等高新专利技术，适用于加工 PP、PA、EVOH、mLLDPE、LLDPE、LDPE 等多种原料，既可生产结构对称的阻隔膜，又可生产非对称结构的阻隔膜。

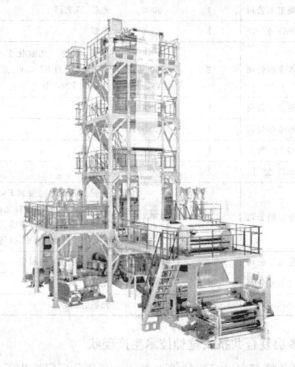

图 1-3　7～9 层多层共挤吹塑薄膜生产线

金明还开发出 7～9 层多层共挤吹塑薄膜生产线。该生产线采用新型双混炼螺杆、强制进料机筒、中心供料系统、自动薄膜横向检测系统、自动薄膜横向厚度调节控制系统（自动风环）和精确控制薄膜层间厚度比例的连续称重定量上料系统、水平式薄膜旋转牵引系统、环保型空气式探头测厚仪、双光电自动中心纠偏装置、全自动双剖双收间隙收卷及薄膜张力控制和计算机集中控制系统等专利技术。可以生产阻隔性好、机械强度高、透明性好的对称与非对称结构的阻隔膜，阻隔层可达 3 层以上，为食品、农副产品、医疗、农药、化工、日用品、军工用品提供高阻隔、高性能的功能塑料包装材料。

五、国内 BOPP 薄膜专用料生产现状

1. 国产 BOPP 薄膜专用料生产及应用情况

我国 BOPP 薄膜生产线均为引进装置，起初无论是普通光膜还是电工膜、热封膜等产品所用原料全部从国外进口。

随着我国聚丙烯工业的发展，多年来国内各石化企业陆续开发了一些均聚级 BOPP 薄膜专用树脂，主要生产单位有齐鲁石化、上海金山石化、扬子石化、洛阳石化、燕山石化、茂名石化等公司。其中有一定影响的品种有：扬子石化的 F680B、上海金山石化的 F280、燕山石化的 F2400、齐鲁石化的 T36F、洛阳石化的 F300、茂名石化的 F400 等。燕山石化起初试产的 BOPP 专用料为引进牌号 F300，产量很低，仅供该厂薄膜车间使用，后来经进一步研制开发和改进，牌号改为 F2400，至目前止产品质量一直较稳定，在上海、浙江及华北地区有一定的应用量；扬子石化的 F680B 用于制造 BOPP 薄膜具有连续拉伸不断膜的特点，成膜率高，并已通过中石化总公司组织的鉴定，目前在江浙一带有应用，但量不大；上海金山石化的 F280 在生产 BOPP 薄膜时，最高拉伸速度曾达到 292m/min，作为高速 BOPP 薄膜专用料于 1997 年通过了中石化总公司组织的鉴定，并被德国布鲁克纳公司推荐为该公司设备的第 7 种认可使用料，目前每年产量数万吨，用户主要集中在上海、浙江一带；齐鲁石化的 T36F 在拉伸过程中线速度可达 180m/min，成膜率为 97%。广州石化总厂薄膜厂曾使用 T36F 生产普通光膜，创造了 252h 不断膜的纪录，这是进口料也难以达到的效果，且制得的薄膜具有雾度低、静电小等优点。该产品早已通过了中石化总公司组织的鉴定，目前年产量达 8 万吨，在国内有一定的市场。国内 BOPP 薄膜专用料全为均聚级，基本上用于生产一般用途的光膜，BOPP 薄膜生产中国产料的应用比例为 20%，其余 80% 均为进口料。

2. 国产 BOPP 专用料与进口 BOPP

BOPP 薄膜设备投资大，工艺水平高，生产条件苛刻，加之薄膜的多层次结构及系列化，对原料有极其严格的要求。从原料的加工性能方面比较，进口料熔体流动速率普遍比国产料高，熔点也较低，加工中塑化均匀，熔体流动平稳，而国产料熔体流动速率较低；从生产过程和产品质量比较，国产料的膜卷颜色较深，膜的表面有粘手感，不光滑，不能高速拉伸，而进口料膜卷颜色浅，膜的表面光滑，能高速拉伸。国产料杂质较多，灰分含量偏高，易引起熔体流动压力的波动，影响生产。

此外，国产料质量波动也很大，批次之间质量也常有差异，使用户难以掌握。国产料的包装形式与进口料也有差异，国产料普遍采用编织袋包装，每包 25kg，在运输过程中，极易被污染或吸潮，严重影响成膜率。而进口料的包装

一般都很讲究，有在小包装外面再套一个大编织袋的，有在小包装外再用缠绕膜托盘包装的，这样既保证了原料的洁净度，又方便了运输。国产助剂目前也存在品种少、质量差的现象，不能满足 BOPP 薄膜生产的需要。

六、国内 BOPP 薄膜需求预测

随着国民经济的不断发展，人民生活水平日益提高，国内对 BOPP 薄膜的需求量也将不断增加。2005 年我国对 BOPP 薄膜的年需求量为 65 万～68 万吨，其中印刷复合用光膜为 29 万～30 万吨、胶粘带和 PVDC 涂布用基膜 5 万～5.5 万吨、珠光膜 4.5 万～5.5 万吨、烟膜 12.5 万吨、电工膜 1 万吨、镀铝膜 1 万吨、其他专用膜 1.5 万吨，其中，国内只有 48 万吨的产量，其余 20 万吨膜全部要靠进口。预计到 2016 年，我国 BOPP 薄膜的需求量为 100 万～120 万吨，其中印刷复合用光膜需求量 45 万～50 万吨、胶粘带和 PVDC 涂布用基膜 15 万～20 万吨、珠光膜 12 万～25 万吨、烟膜 20 万～30 万吨、电工膜 3 万～4 万吨、镀铝膜 4.5 万吨、其他专用膜 3 万～5 万吨。目前国内对 BOPP 薄膜的需求量进一步提高到 80 万～85 万吨，其中印刷复合用光膜 38 万～40 万吨、胶粘带和 PVDC 涂布用基膜 10 万吨、珠光膜 8 万～12 万吨、烟膜 12 万～15 万吨、电工膜 2.5 万～3.0 万吨、镀铝膜 3 万～3.5 万吨、其他专用膜 2 万～3.2 万吨。双向拉伸技术普遍被应用于日常包装，如食品、消费品等。另外，发展得比较快的应用领域为用于隔水汽、隔氧和隔味的阻隔膜（用作下一步镀膜的 PA 或 EVOH）。同时，标签及薄膜的应用亦将日趋普遍。电容器薄膜是未来 BOPP 薄膜用量新的增长点，2014 年 BOPP 电容器薄膜市场需求量将达到 8.2 万吨。过去 15 年，国内电容器用聚丙烯薄膜需求量从 0.6 万吨/年发展到 2010 年 5.6 万吨，2011～2013 年中国电容器用聚丙烯薄膜需求量保持 7.9% 复合增长率，到 2015 年中国电容器用聚丙烯薄膜的需求量将会达到 10 万吨，而截至目前，国内前五大企业总产能只有 6 万吨左右，处于供不应求状态。预计全球包装薄膜需求仍会持续增长，增速为每年 5%～7%。代替品（如纸张代替品）或新市场（如生物可降解薄膜）在全球薄膜包装市场都具有光明的前途。固然薄膜供过于求对于薄膜厂家来说还是一个挑战，但是正在进行中的投资计划几乎遍布在全球每一大洲。

总之，随着我国食品、医药、烟草、电子电器和印刷业的发展，国内对 BOPP 薄膜的需求量将不断增加，同时对其产品质量也将提出更高的要求。目前国内 BOPP 薄膜专用料仍有 80% 依赖进口，有许多专用膜也仍需进口，石化企业应加快 BOPP 薄膜专用料的研究开发，努力提高产品质量，扩大生产规模，生产出适合于各种应用领域的 BOPP 薄膜专用料，同时要做好产品的技术咨询和售后服务等方面的工作，以便不断改进产品质量，缩小与世界先进水平的差

距，使我国 BOPP 薄膜产品质量赶上或超过世界先进水平。

第三节　全球高产量及高灵活性的双向拉伸技术进展

一、薄膜产品的演变过程

当今，全球的塑料薄膜生产商要求生产线不仅要能够实现高产量，而且要具有高度的灵活性，以期用更加经济的方式生产出更多品种的薄膜。

目前在软包装市场中，薄膜按用途不同可分为 3 类：特种膜、中间膜及普通膜。这种分类方式在一定程度上反映了薄膜产品的生命周期曲线。例如，40 年前，当 BOPP 平膜开始取代玻璃纸薄膜时，该平膜被认为是"特种膜"。随后，平膜逐渐由特种膜演变为普通膜。而在其演变的过程中，我们又可称之为"中间膜"。

受全球经济的影响，世界软包装市场对普通膜的需求量及其价位的高低也随之有起有伏。因此，在一条普通膜生产线上，如果能够对设备不做任何变更即可经济地生产特种薄膜，必然降低生产成本，从而减少市场环境的制约。DMT 公司所开发的双向拉伸薄膜设备具有优异的技术特性，不仅可保证薄膜生产的高品质和高产量，而且可使客户在极短的转换时间内获得极大的生产灵活性。下面将做详细介绍。

二、薄膜产品优异的技术特性

1. 挤出

双螺杆挤出技术被广泛认为是双向拉伸薄膜（BOPP、BOPET、BOPA 和 BOPE 等）领域的最新技术。普通的双螺杆挤出机一般被用于原料混合，也可用于母料生产，但其工艺要求比经过特殊设计的双螺杆挤出机要简单得多。通常，普通双螺杆挤出机的螺杆直径较大，因而可覆盖多个应用领域。然而，在进行低挤出量生产时，由于要避免螺杆与机筒间发生金属与金属的直接接触，因此大直径螺杆的使用就受到了限制。

另外，未考虑特殊要求的普通螺杆易引起止推轴承的使用寿命缩短。因此，DMT 对螺杆进行了特殊设计，从而用直径较小的螺杆实现了相同的产量，尤其在超薄膜生产中显示出极大的优势。例如，与其他只能生产低至 $15\mu m$ 薄膜的挤出螺杆相比，DMT 特殊设计的螺杆可生产低至 $8\mu m$ 的薄膜。同时，该特殊的螺杆设计还能在没有干燥塔的情况下生产 BOPET 薄膜，并将修边的碎片直接喂回到挤出机中。这样，不仅减少了初始投资（无干燥塔，厂房高度降低），而且降低了后期的操作成本。此外，DMT 特殊的挤出分流器可使薄膜生产商在很短的时间内，从一种薄膜构型转换为另一种薄膜构型，而无需更换料仓中的原料。并且，任何一种薄膜构型均可在 DMT 设备上实现。同时，由于模唇具有高柔软度，从而加大了薄膜的厚度范围。以 BOPP 的生产为例，在不更换任何部件的情况下，同一模头可生产 $8 \sim 80 \mu m$ 的平膜以及 $80 \sim 150 \mu m$ 的合成纸。

熔体过滤器作为挤出机的另一关键部件，其更换时间越长，更换次数越多，用于生产的时间就越少。因此，延长过滤器的使用寿命并缩短更换时间是非常必要的。过滤器寿命的延长可通过使用专门设计的褶式烛体来实现，并且，它能保证过滤器在相对较小的外部体积下拥有较大的过滤面积。此外，特殊的过滤器加热设计，再加上相对较小的过滤器体，可确保内部适当的熔体流动，避免了因温度过高或停留时间过长而导致熔体聚合物的降解。因此，在更换过滤器的过程中，无需对其进行清洁。仅需几分钟即可完成对过滤器烛体的更换，而无需拆除任何熔体管线（图1-4）。如果从彩色薄膜更换到透明膜，则可对挤出机和过滤器进行冲洗。

图 1-4　过滤器更换及挤出机冲洗

加长的高位水箱

喷水冷辊

图 1-5　流延膜两面得到高效均匀的冷却

2. 流延单元

熔体快速冷却工艺的好坏会影响流延膜的结晶结构及尺寸。理想的快速冷却可保证结晶体结构尽可能均匀，晶粒的尺寸尽可能小，这样，薄膜的光学性能（雾度和光泽度）、厚度公差以及拉伸能力也越高。因此，确保薄膜两侧（冷辊侧和水箱侧）有同等的冷却效率就变得至关重要，否则结晶结构将不再均匀。若使用传统的螺旋流道式的冷辊，冷却流道一般会超过 $300m$，水在流道内停留的时间长达 $10s$，这样，很难保证冷辊在整宽上达到均一的温度。而低水位或中高水位水箱也不能确保流延膜的两面实现均匀冷却。对此，DMT 设计了特殊的喷水式冷辊（喷水在辊面的带高位水箱的喷水冷辊留时间少于 $0.1s$）及高位水箱（冷辊直径的 90%），并辅以 20 根喷水管，从而确保了流延膜两面得到高效均匀的冷却（图1-5）。该设计已获得专利。

3. 纵向拉伸（MDO）

在 DMT 的设备中，所有的 MDO 辊筒均为单独驱动，单独控温，这使得工艺调节十分灵活，尤其有利于特种薄膜的生产。最新的 DMT 设计已证实，用 4 根而不是 6 根拉伸辊进行拉伸（图1-6），薄膜的质量更好，尤其对于镀铝基膜。因为 6 辊拉伸会不可避免地导致膜面损坏，而且这种损坏只在薄膜镀铝后才能被发现。

图 1-6　热管型预热辊和 4 辊拉伸

此外，DMT 设备的压辊在尽量靠近自然接触点的位置对薄膜施压。这种接触方式下的压力比将压辊垂直压在膜上的排布方式要小得多，从而克服了压辊垂直压膜容易损坏（划伤）流延膜及缩短压辊使用寿命的弊端。

4. 横向拉伸（TDO）

薄膜的尺寸范围越广，所需 TDO 的灵活性就越高。DMT 设备的链轨在每一个连接处都可进行±20°的调整，方便实现预热区和/或拉伸区之间的转换，从而提高了生产超薄或超厚薄膜的灵活性（图 1-7）。同时，为了消除由"弓形效应"引起的薄膜拉伸不均，TDO 在热定型区可进行再拉伸，并在热定型后进行快速冷却。因此，其冷却区的供气是由热交换器进行冷却的，而不是环境风冷却，这样就避免了环境风冷却能力不足及温度不稳定的缺点。

图 1-7　可将预热区调长或调短的 TDO

随着设备速度的提高，产量变得更大，因此 TDO 也需要更长。TDO 越长，对链轨系统的要求也就越严格。在某些设计中，链轨系统对摩擦生热的耐受性已达到了极限。为此，有些供应商开始安装冷却装置，以降低摩擦生热。但是，这样做的不良后果是会产生冷凝，从而导致破膜。对此，DMT 采用了不同的解决办法。除两个出口链盘有驱动外，DMT 还开发了入口链盘驱动（已申请专利）。该设计降低了链条应力，从而减小了摩擦，降低了温度，减少了油耗，使运行更加稳定，速度也得到进一步提高。在该设计中，出口驱动采用速度控制的方式，入口驱动以扭矩控制的方式跟随出口驱动一起动作（图1-8）。

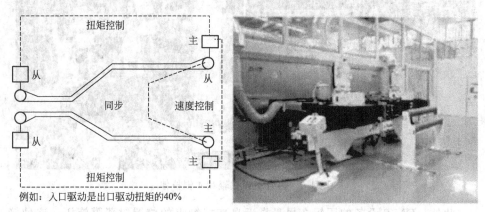

例如：入口驱动是出口驱动扭矩的40%

图1-8　TDO四轮驱动

5. 牵引站

要优化生产，必须测量并控制膜边，以避免一些易撕裂点在TDO中引起破膜。为此，DMT公司与测厚仪厂商共同开发了独有的X射线测厚仪，不仅能完全自动控制膜边，而且能够对透明膜、消光膜、白膜和其他的彩色薄膜进行测量。实践表明，只有X射线能满足所有这些要求。

6. 收卷机

正确的收卷需要非常精确的薄膜张力控制，即要有准确的张力信号。要接收到准确的张力信号，薄膜在张力辊上的包角就必须足够大而且恒定。同时，张力辊应当被固定而不能有所移动。一般，薄膜离开张力辊后，会被接触辊轻轻地压在卷芯上，此时，薄膜在接触辊上的包角应当为零。为满足上述要求，DMT收卷机上的张力辊和接触辊都必须被固定，收卷机框架可移动，与分切机的设计相似。

（1）设备来源　通常，设备的可靠性与制造商的经营策略和理念有关。DMT的经营策略一直是专注于核心业务，为双向拉伸薄膜行业提供从工程设计到设备加工的专业解决方案，而从不涉足其他业务，这在一定程度上提高了设备的可靠性。

同时，DMT的理念是从最好的供应商处订购设备所需的各种配件。DMT所采用的工业标准件，如AC电机、齿轮箱、气动件、轴承和电子件均来自世界知名的供应商。客户可根据该公司提供的备件目录直接从当地经销商那里选购部件，从而方便客户、提高效率并降低成本。DMT的设备，如挤出机、电晕处理器及测厚仪等均由知名的供应商提供，而复杂的部件由德国、法国及奥地利的供应商加工，他们与DMT都有长期的合作关系。对于中国项目，某些指定的部件，如框架、电柜和风筒等均由 DMT 中国加工，并由国外派遣的工程师监督。

（2）工艺技术　DMT 将其工艺技术带给了全球的客户，并与客户进行技术探讨。这些经过探讨的知识将惠及该公司在全球的所有客户。例如，DMT 的所有 BOPA 客户都能够生产高端 BOPA 薄膜。

三、全球的薄膜产品未来双向拉伸技术的发展

双向拉伸技术的快速发展为软包装市场带来了革命性的变化。全球双向拉伸技术有三个主要的发展方向。其一，普通包装产品将更注重低本钱和高效率；其二，对于特殊包装，由于数目小，生产线需要高度灵活以适应在同一条线上改变聚合物；其三，用于技术应用的新工艺，如 COC、COP、TAC 或其他光学用聚合物。目前，全球大多数的投资将仍然朝向"传统"的逐次拉伸工艺，但是其自动化程度更高并且应能适应进一步发展的新树脂的不同工艺要求，或者在较小的市场范围内同时提供两方面，即在产品变化和聚合物改变都灵活的方案。虽然，塑料薄膜的成型加工方法有多种，例如压延法、流延法、吹塑法、拉伸法等，近年来双向拉伸膜成为人们关注的焦点。今后，双向拉伸技术将更多地向着特种功能膜，如厚膜拉伸、薄型膜拉伸、多层共挤拉伸等方向发展。全球的同步拉伸工艺日趋重要，由于新的树脂和现有新的配方相结合要求无接触、温顺的拉伸，终极目标是对各方向的机械特性都可调整。这样的线可有多达 7 层共挤系统以提供高度灵活性，其特点是工作宽度在 7m 以上，速度达到 450m/min，以达到更为经济的投进产出比（比如线性电机同步拉伸 LISIM）。

近年来，适应包装行业对包装物要求的不断提高，各种功能膜市场发展迅速。经过双向拉伸生产的塑料薄膜可有效改善材料的拉伸性能（拉伸强度是未拉伸薄膜的 3～5 倍）、阻隔性能、光学性能、耐热耐寒性、尺寸稳定性、厚度均匀性等多种性能，并具有生产速度快、产能大、效率高等特点，市场发展迅速。

总之，DMT 的上述设备特性可以满足薄膜生产商生产多种类型薄膜的需求，且无需变更或更换设备。同时，生产不同薄膜品种时，所需要的转换时间较短。此外，设备的可靠性加上适当的保养，可使设备的生产时间增至每年8000h，而全面的工艺技术则提高了设备的可靠性。

四、双向拉伸的发展方向

近几年，中国双向拉伸生产线发展很快，目前浙江欧亚薄膜材料有限公司采用国际先进的连续聚合 PET 熔体直接拉膜工艺，拉膜速度达到 400m/min、幅度可达 9m，年生产能力达 12 万吨，居国内薄膜生产领域首位。我国各种塑料薄膜大小双拉生产线已有三百多条，但大部分是从国外引进的。国外薄膜双拉生产线供应商主要有 Brückner、DMT、DORNIER、MITSUBIHI 等。目前，国内薄膜双拉生产线也在崛起，也有几家可以自主设计、制造薄膜双拉生产线，但生产

线规模和技术水平还有一定的差距。但无论是 BOPP 薄膜、还是 BOPET 薄膜，均已呈现出供大于求的趋势。为此，很多企业都在努力调整产品结构，开发差异化、功能化的薄膜新品种，并不断开拓薄膜的新用途。以 BOPET 薄膜为例，目前国内双拉生产线所生产的产品规格大部分在 $8\sim75\mu m$ 范围内，此厚度范围产品的产能已远远供大于求；$4\mu m$ 以下或 $150\sim300\mu m$ 的厚膜具有相当大的发展空间，特别是厚膜的应用范围在不断扩大。另外，市场中出现了热封膜、热收缩膜、高阻隔膜、抗紫外线辐射膜、抗静电膜、阻燃膜等特种薄膜和功能性薄膜，可满足不同的使用要求。热封型聚酯膜是最近开发成功的新产品，具有可自热封性，可直接用于各种小包装或护卡等，而不再需要进行复合或涂胶等工序，使用十分方便。热收缩薄膜可广泛应用于方便食品、饮料、酒类的外包装、化妆品等日用品外包装、电子电器、收缩标签等。该薄膜的特点是：贴体透明，可体现商品形象；紧束包装物，防散性好；防雨，防潮，防霉；无复原性，具有一定的防伪功能；属于环保友好材料，是 PVC 热收缩薄膜的理想替换品。

分析当前薄膜市场，今后薄膜双拉生产线的发展方向具有以下特点。

（1）向薄型膜、厚型膜发展　以 BOPET 薄膜来说，目前国内双拉生产线所生产的规格大部分是在 $8\sim75\mu m$ 范围内，在此厚度范围的产能已远远供大于求。但 $4\mu m$ 以下或 $150\sim300\mu m$ 的厚膜却有相当大的发展空间，特别是厚膜的应用范围在不断扩大，如液晶显示器及等离子显示装置的保护屏膜对 PET 厚膜需用量相当大，值得关注。太阳膜、防爆膜在汽车和建筑物方面的应用也日益广泛，市场极其广阔。另外，许多厂家为了开发 PET 差别化产品，2m 左右宽的小型双拉试验线也颇受欢迎，因为大线做新品开发试验浪费大、风险也大。

（2）向多层共挤拉伸发展　为了提高薄膜的综合性能，现在双拉生产线多采用 A/B/A、A/B/C 甚至更多层的结构。采用多层共挤可以生产多功能的、满足不同用途的薄膜，如热封膜、高阻隔膜、抗紫外线辐射膜等。

（3）设计特种薄膜双拉生产线　热收缩薄膜在方便食品、饮料市场、电子电器、日用商品、收缩标签等方面都有广泛应用，而且只要求横向有大的收缩，这就需要拉伸设备的设计做相应的改变，以满足横向高收缩率的要求。

多层共挤双向拉伸塑料薄膜以其质轻、透明、防潮、透气性好等优点广泛应用于食品、医药、轻工、化工、烟草等领域，成为国民经济和人民生活不可缺少的一种材料。但是能够提供宽幅 BOPP 成套生产线设备的厂家只有德国 Brückner、日本三菱重工和法国的 DMT 三家制造商。

汕头市远东轻化装备有限公司在 2002 年研制出国内第一条成套三层共挤双向拉伸薄膜生产线。该生产线采用平面双轴向拉伸工艺，纵横逐次拉伸法生产 ABC、ABA、AC 型的热封型或非热封型三层、双层或单层 BOPP 膜。全套系统由原料处理系统、挤出系统、铸片机、纵向拉伸机、横向拉伸机、牵引机、收卷机和电脑控制系统构成；配备先进的计算机网络技术，采用西门子公司的 PLC-S5 系列为下位机，摩托罗拉公司的工业计算机作上位机，人机对话方便，便于调整工艺参数；有完善的数据分析功能，工艺流程由各趋势图形式显示，能及时判断故障并加以排除。

（4）PET 薄膜直拉生产线 PET 树脂是由 PTA 与 EG 直接酯化、缩聚后铸片、水下切粒、风干、包装而成 PET 切片商品出售。薄膜生产厂家购进 PET 切片（包括母料切片）后，需先进行混料、结晶干燥、加热熔融挤出、熔体计量、过滤、铸片、直至最后双向拉伸成膜。但是，如果将 PET 树脂生产装置与 PET 薄膜双拉生产线连接起来，即将聚酯缩聚釜的出料口通过熔体管与双拉生产线的模头、铸片装置、MDO、TDO 等工序直接连接拉膜，可以省去结晶干燥、熔融挤出、熔体过滤等工序，这不仅节省设备和厂房投资，节约能源，降低生产运行成本，而且能提高薄膜品质，减少 PET 切片二次加热氧化降解，这些都是直拉法的优势。为此，设计适应直拉法制膜的双拉生产线，也是 PET 薄膜双向拉伸的一个发展方向。

第二章 双向拉伸塑料薄膜生产 方法及工艺设备

双向拉伸聚丙烯薄膜是 20 世纪 60 年代发展起来的一种透明软包装材料。它是用专门的生产线将聚丙烯原料和功能性添加剂混合，熔融混炼，制成片材，然后通过纵拉和横拉设备将片材在纵、横两个方向高度取向制成薄膜。其取向倍率（纵向拉伸倍率和横向拉伸倍率的乘积）与生产设备的设计能力有关，一般是所铸片材宽度的 40~60 倍，生产速度为 100~300m/min，所做薄膜的厚度在 40~50μm 之间。

塑料薄膜在我国已广泛用于工业、农业、国防及日常生活中，早已成为各个领域中不可缺少的一种材料。尤其 BOPP 薄膜已是包装领域的重要产品，一般具有质轻、透明、无毒、防潮、透气性低、力学强度高等优点，被广泛用于食品、医药、日用轻工、香烟等产品的包装，并大量用作复合膜的基材，有"包装皇后"的美称。双向拉伸法是一种技术要求十分高的塑料成型加工方法，除需要具备性能良好的加工设备外，更重要的是要求生产人员能够深入掌握 PP 的性能及加工条件对产品性能的影响，及时解决生产中存在的问题。本章如下主要内容围绕双向拉伸塑料薄膜生产方法及工艺设备问题展开。

第一节 双向拉伸塑料薄膜生产方法

由于塑料薄膜的原材料不同，产品的用途不同，产品质量要求不同，其生产的方法也各不相同。归纳起来塑料薄膜生产方法主要有五种生产方法：压延法、流延法、平膜拉伸法、管膜法、真空溅射法等（图 2-1）。

在我国塑料薄膜的生产方法中，目前使用最多的方法是用管膜法生产农用膜、地膜及通用的包装材料；用平面双向拉伸法生产质量高、性能好的包装、磁带、电工、胶片等薄膜；用挤出铸膜法或单向拉伸法生产人造革、农膜、地膜、包装材料等。

一般对于平面双向拉伸薄膜，由于薄膜的结构及原材料性能的区别，生产方法也有所不同。其中，最大的区别是在双向拉伸前的制片（厚膜）的方法不同。本章将重点介绍溶液流延法。但从生产方法具体来说主要表现在以下几个方面。

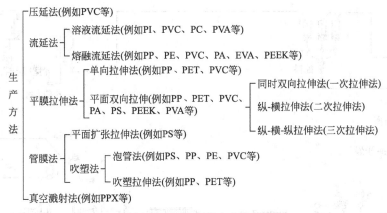

图 2-1 塑料薄膜生产方法

（1）采用熔融铸片还是采用溶液流延法　对于通用型双向拉伸薄膜来说，一般在双向拉伸前都是采用熔融铸片的方法，即首先将聚合物熔融制成较厚的片材。然而，对于某些玻璃化温度很高、几乎没有熔点或熔点与分解温度很高而且又十分接近的材料，在双向拉伸前都是采用溶液流延法制作厚膜。

（2）由于薄膜的断面层数不同，采用挤出方法不同（或采用单机挤出法或采用多层共挤出法）。

（3）由于挤出机的功能不同，物料在挤出前使用的干燥装置有很大区别。

图 2-2 为典型单层挤出-双向拉伸薄膜生产工艺流程。

一般当生产多层共挤双向拉伸复合薄膜时，其生产工艺与单层拉伸薄膜的工艺基本类似。主要区别是从原料选择到挤出这一过程。多层共挤复合薄膜面层和内层所用的材料种类不同，复合薄膜各层材料性能差异较大，每种材料在进入机头之前，都需有各自独立的加工体系。例如，在生产具有抗粘外层的三层复合（ABA 结构）薄膜时，中间层 B 可以使用空白切片及回收料，而外层则需要使用空白切片与含有滑爽剂或抗粘剂的母切片，内、外层的原料都要分别经过分筛→配料→[结晶干燥]→挤出→计量→过滤几个过程，最后几种熔体在机头之前或机头内进行汇合，制成挤出复合片材。其余的工艺过程就与单层薄膜的生产工艺过程基本相同，在加工过程中只是需要改变个别工艺过程的工艺条件，需要更换个别的设备。

但是目前 BOPP 薄膜的生产方法主要有管膜法和平膜法。

管膜法属双向一步拉伸法，平膜法又分为双向一步拉伸和双向两步拉伸两种方法。

一、管膜法

管膜法具有设备简单、投资少、占地小、无边料损失、操作简单等优点，但

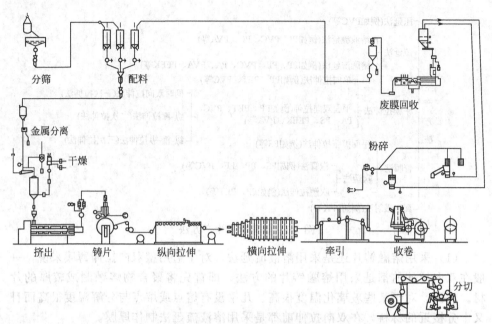

图 2-2　单层平面挤出-双向拉伸塑料薄膜生产工艺流程

由于存在生产效率低、产品厚度公差大等缺点，自 20 世纪 80 年代以来几乎没有发展，目前仅用于生产 BOPP 热收缩膜等特殊品种。双向一步拉伸法制得的产品纵横向性能均衡，拉伸过程中几乎不破膜，但因设备复杂、制造困难、价格昂贵、边料损失多、难于高速化、产品厚度受限制等问题，目前尚未得到大规模采用。

这种方法是将经挤出机塑炼的熔体通过环形口模而形成薄壁圆管，并被牵引装置牵引上升（也有水平方向或向下引出的），从口模注入的空气将圆管充气并使管胀大而形成膜泡，同时用空气将其迅速冷却，使热膜泡在离开口模上方的某距离处固化而膜泡的形状不再发生变化（此处称为冷凝线），此后，固化的薄膜被夹持在两辊筒之间，并将膜泡进行拉伸，然后收卷，即得产品。

1. 用干混料吹制扭结膜

我国食品级硬 PVC 扭结膜的生产，起初是由意大利、日本和奥地利等国引进的生产线，其后国内也开发了这种设备，以硬 PVC 食品包装膜机组出售。此机组以干混料为原料，它是由上料装置、排气式挤出机、旋转口模、冷却装置、牵引和卷取装置等组成的。

据文献介绍，PVC 扭结膜的生产设备是由高速加热/冷却机组和食品包装膜吹制机组两部分组成的。混料时，先按配方计量，高速加热混合机在低速运转下，分批加入 PVC 树脂、固体润滑剂、液体添加剂、MBS 和丙烯酸加工助剂，然后转入高速运转，待温度升至 110～120℃时将物料卸入冷混机中进行混合，当料温低至 40℃即可卸料。

2. 用粒料吹制薄膜

将干混料经塑炼制得的粒料具有加料方便，空气及挥发物含量少，添加剂分散均匀及部分凝胶化的特点，因此可采用普通单螺杆挤出而不必用排气式挤出机。

吹膜机组是由单螺杆挤出机、环隙口模、冷却装置、牵引装置及收卷装置等组成的。口模一般为中心进料式，这种口模从底部受连接套支撑，在机械上可以旋转或摆动口模一部分以改变薄膜厚度分布。

二、平膜法

平膜法生产的 BOPP 薄膜由于拉伸比大（可达 8～10），所以强度比管膜法高，薄膜厚度的均匀性也较好。平膜法而双向两步拉伸法设备成熟、生产效率高、适于大批量生产，被绝大多数企业所采用。目前，平膜拉伸膜的生产方法分为两大类：两步法和同步法。

同步法双向拉伸工艺过程为：原料干燥→熔融挤出→冷却铸片→铸片测厚→同时双向拉伸→热定型→薄膜测厚→牵引、切边→收卷→分切→包装入库。

两步法双向拉伸工艺是先进行纵向拉伸再进行横向拉伸，其他工序与同步法双向拉伸工艺基本相同，两步法双向拉伸技术有一个最大的缺点：弓形效应大。

这种效应会导致生产相当大一部分拉伸膜产品无法满足最终用户的非常严格的使用要求，高质量的印刷包装中，同步法双向拉伸工艺可以有效地改善弓形效应问题，生产的拉伸膜具有品质均衡性好的特点，具有良好的市场前景。影响我们所有人的形势是倾向单一能源供应的趋势，很少有专业工程师做到这一点，以及它对生产线系统经验的需求，选择供货商时应格外小心，展望未来，拉伸膜的使用将稳步增长。

本章以单层双向拉伸塑料薄膜为基础，介绍平面挤出-双向拉伸法成型加工有关知识。

第二节　双向拉伸塑料薄膜设备与选择原料

双向拉伸薄膜生产线是由多种设备组成的连续生产线，包括干燥塔、挤出机、铸片机、纵向拉伸机、横向拉伸机、牵引收卷机等。其生产流程较长，工艺也比较复杂。

可以说，生产 BOPP 薄膜的设备是所有塑料加工设备中最为复杂的设备之一。在 BOPP 行业，生产 BOPP 薄膜的设备简称 BOPP 薄膜生产线。它包括电器控制系统、原料系统、挤出机系统、过滤器、模头、铸片机、纵拉机、横拉机、边料回收系统、电晕处理系统、测厚仪、卷取系统和分切机等。生产薄膜的幅宽为 4～8m 不等，薄膜的层数有一层、二层、三层；最多的可达七层。目前使用最多的是 ABC 三层共挤出生产线，每一层都配备一台挤出机。生产速度一般为 120～300m/min。我国 BOPP 膜生产设备主要来源于国外生产 BOPP 膜生产线的大公司，如德国的 BRUECKNER 公司、日本三菱重工、法国的 CELLER 公司和 DMT 公司。可喜的是，近期我国在汕头也有生产 BOPP 生产设备的公司，而且有些生产线已投入市场使用。一般生产优质的双向拉伸塑料薄膜，除需要先进的制膜技术和良好的生产设备之外，选用优质而稳定的原材料也是一项十分重要的条件。这是因为即使在生产最简单的单层塑料拉伸薄膜时，通常都需要使用 2～3 种原料（例如空白切片、含改性添加剂的母切片或其他改性树脂切片、回收料）。而所有的原材料又直接影响着薄膜的机械、热、电、光学等性能和薄膜的表观质量，并与薄膜的成型加工性能有密切关系。

因此，在生产塑料薄膜之前，首先就是选定原材料，细致检查和确定各种原材料的基本特性是否符合要求。其次，根据原料中添加剂的成分、功能、含量、粒度、分散状况等因素，精心选择改性切片的品种，计算有关改性切片的用量。关于是否使用回收料，生产时加入多少回收料，则取决于生产产品性能的要求。一般回收料只是加在性能要求不很高的产品内。对于力学性能、电气性能、洁净度要求很高的薄膜是不能加入回收料。对于多层复合拉伸薄膜，还要根据产品性能要求分别选择主体材料、外层材料。

为了确保薄膜性能稳定，并能根据市场的需要及时改进产品质量，目前世界上一些大的薄膜生产厂，几乎都建立了自己的原料生产线，使用自己生产的专用树脂。然而，我国大多数的薄膜生产厂仍然以选购原料进行加工为主。这样，在生产薄膜时薄膜的性能往往受到原料性能的制约。

第三节　分筛、输送与混合设备

一、分筛

一般，粒状的聚合物切片都需要进行分筛，回收料是否需要分筛主要取决于回收的方法。对于粉碎后直接掺入新料的回收及用团粒法生产的回收料，一般是不需要分筛的。对于挤出造粒回收料最好是在回收后立即分筛，用前就不必再次分筛。分筛过程比较简单，在大型薄膜生产线上，原料的分筛、原料的输送能力通常都等于薄膜生产能力的 2～3 倍。这样既可以实现集中送料，又能够节省人力，减少能量消耗。如图 2-3，Ulfines 是唯一可以做到很大的筛分面积。

稳定的 Pre Flos 精密悬浮筛，具有很高的筛分分离效率。高精度、大处理量、噪声低、筛选范围广、维修低的最优级筛分机，其他筛机不能类比，如图 2-4。

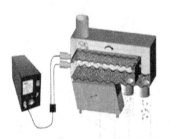

图 2-3　Ulfines 超声波筛分机

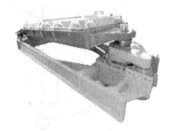

图 2-4　Pre Flos 精密悬浮筛

二、物料分筛

一般塑料粒料都是采用大袋商品包装。使用时首先用吊车将大袋吊到接受平台上，然后将原料倒进加料斗。

在加料斗的入口处，一般都设有一个特大网孔的栅栏，它既不会影响投料速度，又能分离混入原料的大型杂物（纸、塑料膜、编织袋等）。至于混入原料中过长或过细的物料则是使用振动筛进行分筛。

振动筛是位于加料斗的下方。振动筛是由两层不同孔径的筛网组成的。上筛网孔径较大（约 8～10mm），下筛网孔径较小（约 3mm）。图 2-5 为原料分筛流程示意。分筛时，原料通过旋转阀定量地加入振动筛，此时，小颗粒的粉料就会被震落到筛底，从下筛网底下的槽板流出。过大的粒料被上筛网阻挡，从上筛网面上流出，中间层是精选的物料，精选的物料首先落入一个小料斗，然后用气流输送法将其送至料仓。

振动筛是支撑在压缩弹簧上，电动机经减速器带动一个偏心轮旋转，使振动筛产生振动。振动筛的生产能力取决于振动筛的振幅（凸轮的偏心量）、振动频率（即减速器出轴速度）及筛面的斜度。

三、金属杂质的分离

为了防止新料、回收料中可能混入金属或者在原料运输过程中落入金属而损坏挤出机，在物料进入挤出机料斗之前，必须装设一台金属分离器，将物料中混入的金属及时排除。

常用的金属分离器有永磁铁式与电感式两种。

1. 永磁铁式金属分离器

永磁铁式金属分离器是利用永磁铁吸铁的原理，将它制成交错排列棒状组合架，放在与物料接触的通道中。

这种永磁式金属分离器的特点是结构简单，价格便宜，占地面积小，设备不需维修。但是，也存在许多不足之处，主要表现在：只能吸附碳钢金属，不能吸附不锈钢及有色金属；吸附的金属只有在接近磁棒时，分离器才能起分离作用；

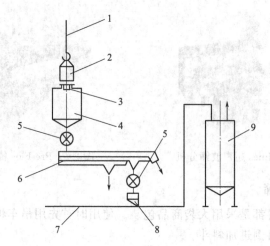

图 2-5 原料分筛工艺流程示意

1—吊车；2—大料包；3—过滤栅；4—料斗；5—旋转加料器；

6—振动筛；7—送料管；8—下料斗；9—料仓

在使用过程中磁铁分离器必须定期抽出清理。所以，这种分离器的分离效果不够理想，有很大局限性。

2. 电感式金属分离器

电感式金属分离器是利用电磁感应器作为传感器，通过电磁阀控制汽缸，使下料管摆动及时分离出带有金属的物料。

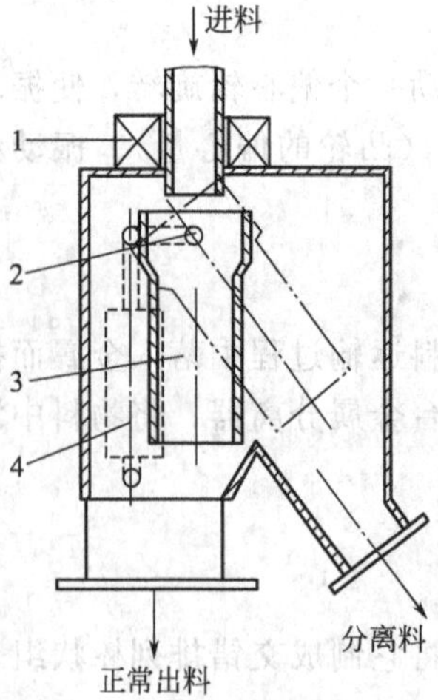

进料

1

2

3

4

正常出料

分离料

图 2-6 电感式金属分离器的结构示意

1—感应线圈；2—转动轴；

3—下料管；4—气缸

这种装置可以分离碳钢、不锈钢、有色金属等各种金属。更突出的优点是灵敏度很高，所以它在现代化的大型薄膜生产线上得到广泛应用。

图 2-6 为电感式金属分离器的结构示意。正常工作时，物料从顶部入口管直接落下，当物料中混有金属物质时，由于金属分离器感应线圈磁场的变化使控制汽缸动作，将下料管拉向分离器的侧面，并对准排料管，及时排出含有金属的物料。金属排出后，下料管又退至正常工作位置。

电感式金属分离器最好是安装在挤出机料斗的上方。因为这样可以很彻底地分离出混入物料的一切金属。但是，对于需要干燥的物料，应当考虑干燥的物料在进入挤出机料斗之前，其温度可能高达 $150 \sim 180 ℃$。此时，温度对金属分离器的控制元件会产生很大的影响。为了适应高温的要求，必然要增加设备制造成本。为解决这一矛盾，大多数的薄膜生产线是将电感式金属分离器安装在干燥系统之前，放在接受料斗的下面。

四、添加剂配料

1. 母料（含有添加剂或颜料）

一般生产双向拉伸薄膜时，无论是单层膜还是共挤复合膜，都要使用两种或多种物料。各种物料的性能往往存在很大的差异，主要表现在：母料是含有较高浓度添加剂或颜料的树脂，主要用于改进产品的性能或加工性能，其性能与空白料差异较大；各种物料的分子量可能各不相同；某些回收或粉碎直接回收用料与空白切片密度相差很大；物料的吸湿状况可能各不相同；改性树脂具有特殊性能。因此，在加工之前必须准确计量各种原料的加入量，有时还需要将配好的原料混合均匀。

配料的准确性与混合的均匀性主要影响产品的物理力学性能（如薄膜的雾度、拉伸强度、表面性能等），有时也会影响薄膜的成膜性。

2. 配料

如果将各种原料按一定的质量比堆放在一起称为配料。以下配料的方法一般有两种。

（1）**体积计量法**　常用的体积计量装置有螺杆加料器与旋转阀加料器两种。它们是靠螺杆恒定螺槽或旋转阀的旋转叶片之间恒定的容积进行计量送料，送料量多少是由螺杆或叶轮的转速来决定。这种方法受物料颗粒大小、物料密度的影响最大。尤其是使用螺杆式加料器，物料在螺槽中可能产生逆流，在某种程度上会影响计量准确性。所以，它们只适用于配料计量精度要求不高的场合。

（2）**质量计量法**　质量计量法种类繁多，主要分为机械式与电子式。

机械式计量装置是利用天平的原理，首先进行称量，然后利用震荡加料器将物料均匀加入料斗。这种方法常用于小型生产装置中。

在大型薄膜生产线上，一般都是利用电子式计量装置来称取物料的质量。这种装置是利用支撑容器的压力传感器作为感受元件，利用料斗增重或减重的方法来称量容器内的加入量或卸出料量。这种方法的灵敏度取决于传感器的灵敏度和称重的量程。

一般从上述的情况可以看出，使用不同的计量方法和设备，计量的精度是不相同的。按计量精度高低来排列，各种计量方法有以下的规律：体积计量＜失重法计量＜有搅拌器动态电子计量＜静态电子计量。

五、原料输送

一般，原料在输送压力低于 0.1MPa 的称为低压输送（即低密度输送），输送压力高于 0.1MPa 的称为高压输送（即高密度输送）。

通常的塑料薄膜生产线中，原料进入挤出机之前都需要进行远距离的输送。例如，将原料加入大料仓以及从大料仓送到配料装置等过程。由于这些设备相距较远，原料输送数量又很大，在输送的过程还要防止被污染。因此，必须选用适当的远距离送料方法。

原料远距离输送最常用的方法是采用气流输送法。在这种方法中，根据输送气流压力高低不同，气流输送法又可以分为低压输送与高压输送两大类别。

1. 原料的低压气流输送

低压气流输送法主要包括压送、吸引、压吸组合等三种方式。这类气流输送的特点是设备简单，操作方便，投资费用少。缺点是能量消耗大，物料磨损大，噪声大，容易产生物料堵塞现象，输送高度与距离有一定限制（图 2-7）。

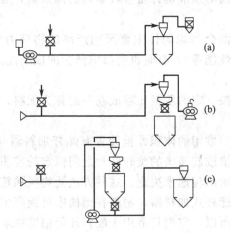

图 2-7 常见低压气流输送方法示意
(a) 风送法；(b) 真空上料；(c) 风送真空组合上料法

在低压气流输送方法中，最常见的方法是使用一台高压罗茨鼓风机，将旋转阀落下的物料吸入风管，然后用大量空气，以相当高的速度，将筛选原料吹入料仓顶部的旋风分离器，最后沉降在料仓内，含有粉尘的空气经过布袋除尘器再次过滤后，排入大气。

使用低压气流输送法最关键的问题是选择送风的压力、管线直径、物料的走向、旋转阀的结构及配备一个结构合理的物料吸入口。旋转阀是由一个叶轮及阀体组成。

2. 原料的高压气流输送

高压气流输送特点：一般是物料输送速度低，混合比高，耗气量低，物料磨损小，管道磨耗小，收尘净化简单，噪声低，断料时也容易处理，重新启动快。而且，由于使用的压缩空气是经过严格的处理，对物料无污染，输送过程还可以附加冷却、加热、干燥、增湿等过程。

另外，脉冲送料法可以输送 0.5～10mm 的粒料，输送路程可达 100～800m，每小时输送量达 5～50t，需要空气压力为 0.05～0.6MPa，输送速度为 3～10m/s。

以上这类输送方法是一种密相气力输送法，20 世纪 60 年代中期这种方法就用于推送物料。高压气流输送法是利用脉冲气刀式的栓流气力来输送物料。由于气刀周期地开闭，在输送管道中相间地形成料栓和气栓。

常用的高压气流送料方法有间歇输送与连续输送两类。

（1）高压间歇输送 这是一种断续送料方法，在输送过程中具有很高的料气比，能自然成栓，设备费用低，罐内的物料可以完全排光。因此，这种方法应用范围很广。其不足之处是辅助送料时间较长；料罐必须符合压力容器的要求；装置占用空间较大；料罐需要限量投料；阀门较多，维修不便。

间歇密相气力送料方法有两个过程。

① 加料过程 关闭出料阀及充气阀，将充气罐放空，打开加料阀即可将料放入罐内。加入物料的数量一般是采用控制加料的时间或控制加料器的转速来限定。

② 充气送料过程 将进料及排气阀关闭，打开充气阀及气刀阀，物料在重力及罐内压力作用下，不断流入输送管道，与此同时脉冲发生器控制电磁阀，使气刀阀频繁地动作，不断将料柱切成小料柱，并利用料栓靠前后空气净压差将其推向贮料罐。

在这种方法中，上述两个过程是交替进行的。

（2）连续高压脉冲输送法 一般这种方法的特点是：送料连续，占用空间小，容易调节送料量，控制简单，动力消耗低，是一种十分理想的送料方法。但是，设备投资费用很高。为了克服间歇送料的缺点，实现连续送料的目的，可以采用以下两个途径。

① 组合式加料罐连续送料法 这种方法是将两个料罐并联或串联组合成一个系统，工作时始终有一个料罐处于高压排料状态，所有的程序均由编程控制器自动控制。这种方式投资费用较低，但是占用空间却较大。

② 高精度旋转阀连续送料法 连续旋转供料器的核心设备是高精度旋转阀，这种旋转阀可以使物料顺利卸出，完全阻隔高压气体通过。这种阀门的出现，冲破了普通旋转阀只能用于吸送或低压输送的局面，可以直接进行高压输送物料。目前，这种阀门已被德国、美国、日本等国八个公司开发与垄断，产品已在欧美与中国市场投入和合作生产。

六、物料的混合与设备

1. 配料与混合

普通 BOPET 薄膜所使用的原料主要是母料切片和有光切片。母料切片是指含有添加剂的 PET 切片，添加剂有二氧化硅、碳酸钙、硫酸钡、高岭土等，根据薄膜的不同用途来选用相应的母料切片。聚酯薄膜一般采用一定量的含硅母料切片与有光切片配用，其作用是通过二氧化硅微粒在薄膜中的分布，增加薄膜表面微观上的粗糙度，使收卷时薄膜之间容纳有极少量的空气，从而防止薄膜粘连。有光切片与一定比例的母料切片通过计量混合机进行混合后进行下道工序。

2. 物料混合器

当挤出混有多种组分材料时，配好的原料在送到后加工设备之前，都必要经过一个混合器将原料混合均匀。

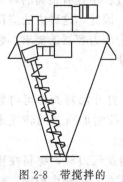

图 2-8 带搅拌的
物料混合器

最典型的混合装置是使用一个带有搅拌器的锥形容器，见图 2-8。容器内有一个平行锥体母线的搅拌螺杆，它除了可以慢速地自转外，还可以沿容器中心线进行公转。物料在容器内被螺杆不断由下往上提升，同时又被周向搅动，实现充分地混合。

锥形容器及搅拌器均是由不锈钢制成。螺杆的传动装置均设在容器的顶部。

这种混合器的特点是物料混合的时间可以根据工艺需要进行设定，物料容易混合均匀。有些生产线在这种混合容器上还安装压力传感器，使这种混合器同时具有称量料斗的作用。这种混合器的缺点是物料磨损较大，设备投资费用较高，占用的空间较大。

目前，有的薄膜生产线也采用 KENICS 静态混合器作为物料的混合器。该混合器是安装在几种物料的计量加料器出口的集料器下方。当计量的物料通过螺旋输送器或传送皮带或振动槽，在恒定时间内均匀地送到集料器时，物料靠本身的自重，经过静态混合器的各元件，将物料进行不断分流又不断混合。

静态混合器的优点是不需要其他动力及特殊的维护，设备投资少，结构简单。但是，它对各种物料下料的均匀性有较高的要求，否则也难以混合均匀。静态混合器的工作原理及结构在本章的挤出铸片系统中另有详细介绍。

对于需要干燥处理的物料，混合后要通过气流输送管道，将其送至约 2m³ 的接受料斗内。该料斗位于（结晶）干燥器的上部，作为干燥系统的供料容器。料斗内装有高、低料位检测器，用于控制进料量及料位报警。料斗的下面装有手动截止阀，用于停机时中断进料。对手不需要干燥处理的物料，就不必装设该料斗，配好的物料经混合器可直接送至挤出机的料斗内。

第四节 原料结晶和干燥设备

一般聚合物分子链被分裂成较小部分的反应过程。根据聚合物降解时所受的作用及反应机理不同，通常分为热降解、氧化降解、机械降解、化学降解和生物降解等类型。研究聚合物降解反应有着很重要的意义。如在聚合物成型过程中防止热降解的发生，可提高产品质量和使用寿命。该过程也可用来制取有价值的小分子物质，如天然聚合物在生物酶作用下，从蛋白质分解成氨基酸；从纤维素或淀粉等制取葡萄糖。在合成聚合物方面，也利用降解过程回收单体、制取新型聚合物，如嵌段及端基聚合物等。此外，制备出可以自然降解的聚合物，对于解决高分子材料公害、保持生态平衡也起着重要作用。

通常，聚合物降解是发生在碳-杂链（C-N、C-O、C-Si 等）处。因为，碳-杂链的键能较弱，稳定性较差，而碳-碳键的键能相对较强，稳定性较好，除非在强烈的条件和有降低主链强度的侧链时才可能发生降解。

聚合物水解后，分子量产生明显下降，下降的程度与水分含量有关，与加热温度与加热时间有关。表 2-1 显示不同含水量 PET 切片降解情况。

表 2-1　不同含水量 PET 切片降解情况

水分含量/%	数均相对分子质量	特性黏度/(dl/g)	相对黏度
约 0	21182	0.692	1.388
0.01	18974	0.64	1.356
0.05	13866	0.50	1.273
0.10	8894	0.38	1.203

对于塑料切片这类的干燥处理，聚合物加工前必须将树脂进行严格的除湿处理。

比如对于有吸湿倾向的高聚物（例如 PET、PA、PC 等），在进行双向拉伸之前，须先进行预结晶和干燥处理。这样做的目的是：进一步提高聚合物的软化点，避免其在干燥和熔融挤出过程中树脂粒子互相粘连或结块；往除树脂中的水分，防止含有酯基的聚合物在熔融挤出过程中发生水解或产生气泡。

一般 PET 的预结晶和干燥设备采用带有结晶床的填充塔，同时配有干空气制备装置，包括空压机、分子筛除湿器、加热器等。预结晶和干燥温度为 $150 \sim 170℃$，干燥时间约 $3.5 \sim 4h$，干燥后的 PET 切片湿含量要求控制在 $(30 \sim 50) \times 10^{-6}$。

另外，聚丙烯、聚苯乙烯类聚合物，其主链是碳-碳键相连，侧基为甲基或苯环。因此，这些聚合物稳定性较好，加工前如果原材料中水分含量较低，就不需要专门进行干燥处理。然而，多数薄膜生产线为了确保加工的稳定性、提高产品质量，一般都要配备一台简单的干燥处理器或采取其他措施减小降解。

一、干燥过程的影响因素

原料的干燥处理的过程实质是用加热的方法使原料含水率降低的过程，对于结晶聚合物来说，干燥过程除了降低含水率外，也是充分结晶的过程。

1. 分阶段干燥原理

塑料切片的干燥处理是在高于树脂玻璃转化温度（T_g）以上的温度下进行的。在此温度下结晶聚合物会很快结晶，并且在外部加热（及结晶放热）的作用下，切片中未结晶的部分会被软化，或者结晶较细，较不完整的部分会发生熔化。因此，切片在干燥的初期，如果没有及时地搅动，就会出现切片相互粘连，甚至结成大块（已结晶的切片则无此现象）。

2. 影响干燥速度的因素

（1）降速干燥阶段　一般为物料干燥降速阶段。此时，切片的空穴内与氢键结合微量水分向表面气化的速率低于切片表面水分气化速率；干燥过程是湿切片表面逐渐变干、气化表面不断向内移动、内部温度也不断升高、内部水分逐渐减少的过程。因此，水分由内部向表面扩散率是逐渐下降的，干燥速率越来越低。这个阶段干燥时间就需要很长。

（2）恒速干燥阶段　一般切片干燥效果（切片含水率下降）明显，吸附于切片表面及细孔中的机械结合水很容易排除。实验表明，干燥 10min 水分含量就可由 0.29% 下降到 0.16%。

3. 切片干燥工艺要求与工艺条件

根据切片干燥原理可以看出，强化干燥效果必须具备以下条件。①选定适当的预干燥-干燥处理时间。②减小干燥介质的水汽分压，即减小进入干燥器的空气湿含量与进入预干燥器（结晶器）加热气体的湿含量。热空气的湿含量越低，与切片的湿含量差值越大，切片中的水分越容易被空气带走。③要选择适当的加热温度与加热程序。④防止切片粘连，促使切片均匀受热。⑤在选择物料及设备时，尽量增大干燥面积。

一般切片干燥的工艺条件是与使用的干燥设备有密切关系。这里，我们以易水解的聚酯为例，当它们采用气流干燥与真空干燥两种不同干燥设备时，干燥的工艺条件有很大区别，具体数据见表 2-2。

表 2-2　PET 切片干燥工艺条件

干燥条件	气流干燥		真空干燥
	恒速干燥（结晶）	减速干燥	结晶、干燥
加快表面水气化速度	湿空气排放	—	抽真空
·空气干燥处理			
预除湿	—	6~10℃水冷	—
化学除湿	—	ClLi 或分子筛	—
·气流量/(m³/s)	1.5	2.5	—
风压/kPa	2.16~2.94	2.94~4.90	—

续表

干燥条件	气流干燥		真空干燥
	恒速干燥（结晶）	减速干燥	结晶、干燥
• 搅拌方式	沸腾床、机械搅拌	自重沉降	旋转或搅拌
• 真空度/MPa	—	—	约0.1
加热温度/℃	140～170	约180	140～150
干燥时间/min	约20	>90	360～480

　　一般从表 2-2 可以看出：在预干燥阶段，应该采用略低的加热温度，并要施加外力（气流或机械）使切片充分搅动，及时排出蒸发的水分，此阶段所用的时间比较短；在干燥阶段则需要采用较高加热温度，使用较长的干燥时间，并要求干燥介质含水率尽量小；在真空干燥时，由于传热效率低，所用干燥时间长，但干燥效果好。

二、干燥方式及各种干燥器性能的比较

　　尽管塑料切片干燥方式种类繁多，但是，归纳起来主要有气流干燥与真空干燥两大类。为了便于使用者选择干燥装置，这里，对几种典型的干燥装置作一简单介绍。

1. 气流干燥

　　这种干燥方法是流态化原理在干燥中的应用，大多数工业用的气流干燥装置都是连续生产装置，其特点是传热、传质速率高，干燥能力强，设备结构简单，设备投资较低。但是也存在能量消耗大的问题。目前，这类设备在国内外得到广泛应用。我国近 20 年引进的 BOPET、BOPA、BOPP、BOPS 薄膜生产线及涤纶纺丝生产线，普遍采用这种方法。

　　在气流干燥方法中，按物料的流动方向来分可以分为立式、卧式两种。

　　（1）立式气流干燥器　古老的单层圆筒式干燥器（图 2-9），目前在工业生产中已被淘汰。工作时，干燥热空气从筒底进入，穿过多孔板，把从顶部加入的切片吹起，物料在筒体内呈沸腾状态，切片上下翻动，彼此碰撞，进行传热、传质。当使用这种方法时，必须严格地控制气流速度，严格控制进出料量。否则，在生产过程中容易出现切片反混和短路，引起切片干燥不均匀。此外，这种方法能量消耗很大，干燥效率低。所以，只能用在小型挤出机、注塑机上。

　　近几年来，在纺织、制膜工业中，立式连续干燥设备用得比较多，其种类也多种多样，各种立式干燥器之间的主要区别在于干燥系统中是否使用预干燥器、预干燥器的形式、干燥器的内部结构、干燥空气的来源。

　　通常，对于最终含水率较低的干燥系统（PET、PA）都是由预干燥器和干

燥器两部分组成的。图 2-10 为多层圆筒沸腾床干燥器。图 2-11 为一种组合立式预干燥器-干燥装置的工艺流程图。对于最终含水率比较高的聚合物（PP、PS），可以只用一个立式干燥器。

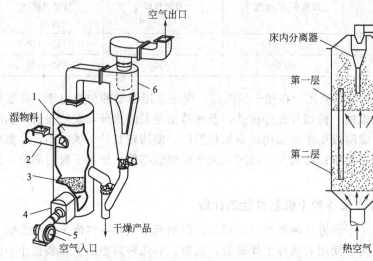

图 2-9　单层圆筒沸腾床干燥器

1—沸腾室；2—加料器；3—多孔板；
4—加热器；5—风机；6—旋风分离器

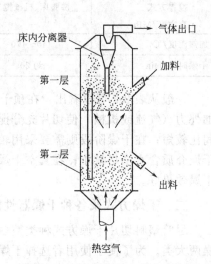

图 2-10　多层圆筒沸腾床干燥器

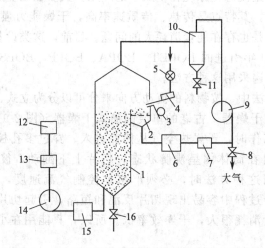

图 2-11　组合立式预干燥器-干燥装置的工艺流程

1—干燥器；2—预干燥器；3,9,14—风机；4—振动加料器；5—旋转阀；6,15—加热器；
7—过滤器；8—排气阀；10—旋风分离器；11,16—阀门；12—预除湿器；13—除湿器

国内锥形流化床按操作分有两种型式：一种是浓相溢流出料，近年来国内较

多在流化造粒方面使用；另一种即喷动床干燥，是由床顶出料，产品在旋风分离器内收集或间歇操作床底出料。这种结构比流化床结构简单，设备小，产量大，干燥强度高、床层等温性强、不发生局部过热。过去仅适用于大颗粒物料（聚氯乙烯），近年来已发展至能应用于细粒物料的干燥。目前在塑料、谷物、制药等部门使用。但因动力消耗较大，使用受到一定限制。

当使用预干燥器-干燥装置的干燥系统时，其预干燥器可以使用以下几种类型。

① 热传导式搅拌干燥器　在一个带有夹套的卧式槽形干燥室内设置多种形状的中空或实心的搅拌桨叶，在夹套或中空的搅拌桨叶内充以热介质，湿物料在搅拌桨叶的翻炒下呈机械流化状态，与传热壁面或热气流充分接触而达到干燥的目的，此类干燥器统称为热传导式搅拌干燥器。

② 带搅拌的预干燥器　干燥热空气从容器底部进入，从顶部排出，物料在预干燥器内受到搅拌器的搅动免于结块、加速表面水分蒸发。

③ 较短的卧式沸腾床预干燥器　如图 2-11。

④ 振动式预干燥器　经过结晶、预干燥的物料然后进入立式干燥器。在干燥器内通过干燥气流表面扩散及较长的停留时间，强化了减速干燥能力。目前，用得最多的立式干燥器是沉降式干燥器，即塔内的物料靠自重自然沉降，不断与底部上升的干燥热气流进行热交换。

个别的薄膜生产线也有采用带有翻板的塔式干燥器。这种干燥器内部有多层带孔的翻板，顶部加入的物料可以在每层板上按照规定的时间作短暂地停留，并能均匀地与干燥热空气进行热交换，然后打开翻板，使物料落入下一层。这种结构的干燥器传热好，有助于物料的混合。但翻板的传动系统较复杂，机械故障多，故应用并不广泛。

在组合立式干燥器中，气流的循环过程是：室内洁净空气→用冷冻水表冷器进行预除湿＋化学除湿器→加热器＋干燥器→预干燥器内循环、部分排入大气。也可以省掉预除湿和化学除湿器，直接选用压缩空气。

（2）卧式沸腾床干燥器（图 2-12）　又称流化床，这种干燥器也是一种连续式干燥器，它是由空气过滤器、加热器、沸腾床主机、旋风分离器、布袋除尘器、高压离心风机、操作台组成，由于干燥物料的性质不同，配套除尘设备时，可按需要考虑，可同时选择旋风分离器、布袋除尘器，也可选择其中一种，一般密度较大的如冲剂及颗粒干燥只需选择旋风分离器，密度较轻的小颗粒状和粉状物料需配套布袋除尘器，并备有气力送料装置及皮带输送机供选择。它是一个狭长的加热箱，内有许多垂直的挡板，把干燥器分成许多室。物料经过一个旋转阀，从干燥器的一端加入，从另一端放出。热空气从各室的底部经过筛孔向上吹动，并从出料口顶部的排气口排除。物料在各室内被热风吹起，呈沸腾状态，并逐次越过内部的隔板向出口端流动。物料在沸腾床内的流动速度与挡板高度、多孔板斜度与加热气流的风量、风压有关。各室加热空气的温度、湿度、流量均可以调节。

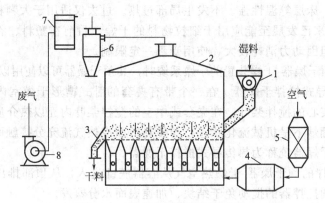

图 2-12　卧式多室沸腾床干燥器
1—摇摆式颗粒进料器；2—干燥器；3—卸料器；4—加热器；
5—空气过滤器；6—旋风分离器；7—袋滤器；8—风机

这种干燥器的进气速度在整个沸腾床的各部分是不同的。进料区为重流态化区。在这个区域里，气流的速度较高，电机带动旋转风门生成的脉冲的气流使物料预干燥（结晶）、防止物料结块，带走切片表面大量的水分。以后的区域流态化程度逐渐减小，在这些区域里，热风主要是起输送物料与加热、脱水的作用。从干燥器排出的热空气，部分经旋风分离器、空气热交换器排入大气，大部分经加热器再返回干燥器。

一般来说卧式沸腾床干燥设备热效率较低，操作稳定性差，对于易水解的原料，干燥设备需要很长。因此，应用范围受到一定的限制，只适用于中小型薄膜生产厂或最终水分含量可以较高的物料。对于大型薄膜生产线，如果物料又属于易水解的材料，通常这种干燥装置只作为一台预干燥器（结晶器），然后再与立式干燥器组合起来使用。

这种干燥设备的优点是流体阻力比较小，有利于热空气与物料进行热交换；只要加料量不过大，又有足够大的气流，可以有效地避免物料结块。在上述设备的基础上，近几年来为了充分利用热能、增大物料干燥时间，又出现了逆流卧式干燥器。这类干燥器有的设计成带内抄板的转筒式干燥器；有的设计成双螺杆卧式干燥器。由于加强了与内壁热传导作用，使用了强制机械输送物料装置，因此降低了能量消耗，提高了干燥能力。

（3）振动式干燥器　振动式干燥机是一种新型、高效、节能的干燥装置。它是依靠容器外部的机械振动力，使切片达到流化状态，流化的切片与底部吹上的热气流不断接触，使切片加热、水分蒸发。汽化的水分可以由热空气带出，也可以用真空泵抽出。

常用振动式干燥器也有卧式及立式两种。

① 多层圆盘振动干燥机（图 2-13） 图 2-13 所示为一种具有多层带孔塔板的圆盘振动干燥机。工作时，湿物料是从上部的进料口加入机内，在外加激振力的作用下，物料在具有一定斜度的圆盘上作圆周运动，每旋转一周便落到下一层塔板上，热风则从机器最底部向上流动，穿过各盘上的物料，与物料形成错流、逆流。含湿量大的气体由顶部排气口排出，其中一部分排入大气，大部分经过旋风分离器、过滤器、加热器再循环使用。干燥后的物料则由底部排料口连续卸下。多层圆盘振动式干燥设备的优点是可以连续化生产，操作简单，清理方便，易更换产品品种，可以防止物料结块，使用空气量较少，粉尘带出量少，机械效率高，节能效果好（可节能 30％～60％）。但是由于工作时整机是处于不停的振动中，也就存在弹簧容易疲劳损坏及噪声较大的弊病。

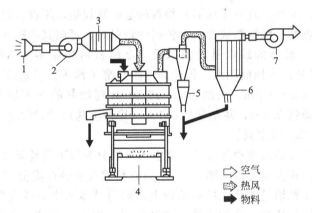

图 2-13　多层圆盘振动干燥机

1—空气过滤器；2—鼓风机；3—空气加热器；4—床体；

5—旋风分离器；6—袋式除尘器；7—抽风机

② 单层振动流化床干燥器 这类设备类似卧式沸腾床干燥器，区别在于使机器内物料浮动、流移的主要作用力不是干燥的空气，而是外加的振动力。设备内无竖直隔板，湿料从一端加入，在多孔板上水平振移，并与底部吹上的热空气进行热交换，排除切片中的水分。由于这种设备的长度有限，物料停留时间不能过长。因此只适用于小型薄膜生产线或作为预干燥器使用。振动式干燥器多用于中型生产工厂，有一些小型工厂也使用真空振动式干燥器（图 2-14）。

2. 真空干燥器

在干燥含水量较低的易水解的物料时，真空干燥器也是一种常见的干燥装置。真空干燥器的优点是机械化程度高，生产能力大，流动阻力小，容易控制，

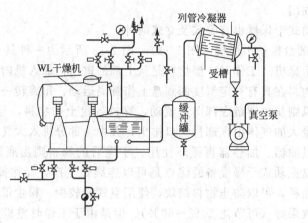

图 2-14　真空振动式干燥器

产品质量均匀。此外，真空干燥器对物料的适应性较强，不仅适用于处理散粒状物料，当处理黏性膏状物料或含水量较高的物料时，可向其中掺入部分干料以降低黏性。真空干燥器的缺点是设备笨重，金属材料耗量多，热效率低（约为50％），结构复杂，占地面积大，传动部件需经常维修等。目前国内采用的真空干燥器直径为 0.6～2.5m，长度为 2～27m，处理物料的含水量为 3％～50％，产品含水量可降到 0.5％，甚至低到 0.1％（均为湿基）。物料在转筒内的停留时间为几分钟到 2h，或更高。

根据物料在设备内搅动的方式，真空干燥器分为以下几种类型。

（1）偏心卧式真空转鼓（图 2-15）　偏心卧式真空转鼓类似圆柱形的旋转筒体，它的旋转支撑轴是在筒体的对角线上，轴与筒体的中心线夹角＞25°，其外部设有油或蒸汽加热套，筒体内物料的装料量一般小于筒体容积的 70％，工作时，由于筒体是低速旋转的，物料在重力与离心力的合力作用下，不停搅动，并与筒壁不断进行热交换，从物料中蒸发出的水分随时被真空泵抽出。这类设备在聚酯、尼龙薄膜厂及纤维厂均有广泛地应用。它更是用固相聚合法生产增黏聚酯切片必不可少的设备。

此类设备的内层材料均为不锈钢。根据设备的容量的大小来分，最常见的规格有 4m³、6m³、8m³、20m³、24m³、36m³。

（2）带内搅拌器的真空干燥器　图 2-16 是带内搅拌真空干燥器的一种形式——真空螺旋干燥器。筒体的外部设有油或蒸气加热套，筒内装有旋转的搅拌器。由于搅拌器不断地转动，改进了干燥器的传热、传质效果。这类装置是一种节能、高效型真空干燥器，生产能力高，如果搅拌器设计合理，可以实现既防止物料产生化学降解、减小机械磨损，又能保证物料最终含水率达 10mg/kg，并具有良好混合的作用。这种装置的缺点是难以清理与维修，设备较复杂，成本较高。

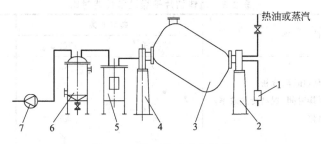

图 2-15 偏心卧式真空转鼓
1—疏水阀；2—右支座；3—真空转鼓；4—左支座；5—缓冲罐；6—冷凝器；7—真空泵

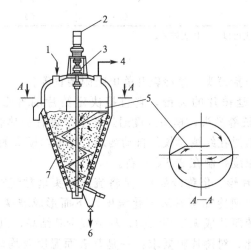

图 2-16 带内搅拌器的真空干燥
1—树脂；2—驱动电动机；3—机械密封；4—抽真空；5—旋转板；
6—出料；7—蒸汽管

所有的真空干燥器都是靠夹套内传热介质（油、蒸汽）进行加热，工作时转鼓内需要抽真空，故这类设备是属于受压容器。对于蒸汽加热的设备，蒸汽压力有时高达 0.4～0.6MPa。如果使用循环油进行加热，压力可以适当降低。

在设计真空系统时，需要考虑抽出空气的温度较高，含水率较大，抽出空气中可能含有部分聚合物粉尘。因此，真空系统中应该安装缓冲器，并且应该选用水环泵与机械泵的组合泵或水喷射泵、蒸汽喷射泵等，避免真空泵油乳化。

3. 各种干燥设备性能的对比

在选择聚合物干燥设备时，要考虑物料干燥能力、干燥质量、设备操作性能、能耗、投资费用等多种因素。表 2-3 显示各种干燥设备的对比情况。

表 2-3　塑料切片干燥设备性能对比

性　能	真空干燥		气流干燥
	搅拌式	转鼓式	
防止降解	○	○	×
防止切片机械损伤(压碎、成粉)	△	△	○
干燥能力(缩短干燥时间、提高传热效率)	△	×	○
简化操作、便于维修	×	△	○
自动化程度	△	×	○
混合作用	○	○	△
改进最终湿含量	○	○	△
一次性投资	×	△	○
能量消耗	○	○	×

注：○代表好；△代表可以；×代表较差。

4. 铸片系统

铸片系统主要包括模头、急冷辊和静电吸附装置等。

① 模头　是流延铸片的关键，它直接决定铸片的外形和厚度的均匀性。PET 常采用衣架型长缝模头，模头开度通过若干个带有加热线圈的推/拉式差动螺栓进行初调，并通过在线测厚仪的自动测厚、反馈给模头的加热螺栓进行模唇开度的微调。模头温度控制在 275℃左右。

② 急冷辊（铸片辊、俗称冷鼓）　是将流出模头呈黏流态的 PET 熔体在匀速转动的急冷辊上快速冷却至其玻璃化温度以下而形成玻璃态的厚度均匀的铸片。急冷的目的是使厚片成无定型结构，尽量减少其结晶，以免对下道拉伸工序产生不良影响。为此，对铸片辊要求：一是其表面温度要均匀、冷却效果要好；二是要求急冷辊转速均匀而稳定。铸片辊内通 30℃左右的冷却水，以保证铸片冷至 60℃以下。

③ 静电吸附装置　其作用是使铸片与急冷辊能紧密接触，防止急冷辊转动时卷入空气，以保证传热-冷却效果。静电吸附装置由金属丝电极、高压发生器及电极收放力矩电机等组成。其工作原理是利用高压发生器产生的数千伏的直流电压，使电极丝、铸片辊分别变成负极和正极（铸片辊接地），铸片在此高压静电场中因静电感应而带上与铸片辊极性相反的静电荷，在异性相吸的作用下，铸片与急冷辊表面紧密吸附在一起，达到排除空气和良好传热的目的。对非极性高聚物如 PP，采用静电吸附的效果不及具有极性的 PET，故 BOPP 双拉生产线铸片时，通常采用气刀法贴附。

④ 纵向拉伸（MDO）　纵向拉伸是将来自铸片机的厚片在加热状态下进行一定倍数的纵向拉伸。纵向拉伸机由预热辊、拉伸辊、冷却辊、张力辊和橡胶压辊、红外加热管、加热机组及驱动装置等组成。

预热辊：一般有 8 只，辊筒表面镀铬，一字形排列，温度 60～80℃。

拉伸辊：如是单点拉伸，有一只慢拉辊、一只快拉辊，表面镀铬。慢拉辊温度 80～85℃，快拉辊温度 30℃。

冷却辊：一般有 4 只，辊筒表面镀铬，一字形排列，温度 30℃、50℃。

张力辊：二只，分别位于第一个预热辊和第四个冷却辊的上方。

纵拉比：一般在 3～3.5 倍，它是通过慢拉辊与快拉辊之间的速度差而产生的。

横向拉伸（TDO）如下所述。

横向拉伸机结构比较复杂，它由烘箱、链夹和导轨、静压箱、链条张紧器、导轨宽度调节装置、开闭夹器、热风循环系统、润滑系统及 EPC 等组成。横拉机构有进膜、预热、拉幅、缓冲、定型和冷却等功能段。

横拉机的作用是将经过纵向拉伸的薄膜在横拉机内分别通过预热、拉幅、热定型和冷却而完成薄膜的双向拉伸。

横向拉伸的主要工艺参数有：拉伸温度：因经过纵向拉伸的薄膜已有一定的结晶取向度，故横向拉伸温度要比纵拉高 15～25℃，具体温度取决于薄膜的厚度和拉伸速度。

拉伸倍数：对于平衡膜，横向拉伸倍数与纵向拉伸倍数基本相同或接近；对于强化膜，纵向拉伸倍数要大于横向拉伸倍数。

热定型温度与时间：在生产非收缩性薄膜时，横向拉伸后必须进行热定型处理，目的是完善其结晶取向过程，消除内应力，增加尺寸稳定性。热定型温度应选择 PET 结晶速率最大的温度段，即 190～210℃，热定型时间约需 3～6s。冷却温度：热定型后的 PET 薄膜还要进行热松弛处理，最后进入冷却段风冷至 100℃ 以下。

第五节　挤出-铸片系统

目前，一般铸片的方法有两种，即聚合物在聚合后进行直接铸片法和聚合物切片经挤出重熔制片法。这两种方法的主要区别在于熔融塑料生成的方法不同。

因此，经挤出机熔融塑化均匀的树脂熔体，经过滤器挤压到机头，借助机头内阻流器（衣架型模头），将熔体均匀分配到模唇各点，挤出形成熔体膜，然后经过急冷辊冷却成膜片待用。

一般挤出-铸片的工艺条件为：挤出机输送段温度 200～220℃，熔融塑化段温度 220～260℃，均化段温度 240～260℃，过滤器（网）温度 250～265℃，熔体线温度 240～250℃，急冷辊温度 20～30℃。

铸片方法的优点是：它省掉了原料再次输送、配料、混合、预干燥、干燥、挤出等一系列的加工过程，大大简化了后加工的工艺流程，更主要的是由于它不需要二次熔融，减小了聚合物降解反应，对于提高双向拉伸塑料薄膜的物理、机械、电气等性能十分有利。此外，这种铸片方法还明显地节省后加工设备的投资费用，减少能量消耗、物料损耗。

铸片方法的缺点是：如果把合成系统全部包括在内，整个生产装置一次性投资非常大，生产技术更为复杂，所用生产设备不单单要满足成膜的需要，而且还必须解决一旦薄膜生产过程中出现故障，要及时转化和利用合成树脂的问题。此外，这种方法不便于更换产品品种，薄膜生产具有很大的局限性。

但是，目前绝大多数双向拉伸塑料薄膜的生产厂，并不选用聚合后直接铸片的工艺路线，而选用类似于图 2-17 的挤出铸片再拉伸的方法来生产拉伸薄膜。

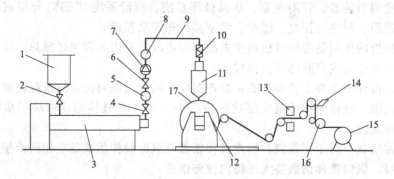

图 2-17 挤出铸片工艺流程示意

1—料斗；2—阀；3—挤出机；4,6—排污阀；5—粗过滤器；7—计量泵；8—精过滤器；
9—熔体管道；10—静态混合器；11—机头；12—冷鼓；13—测厚仪；14—辅助切刀；
15—辅助收卷机；16—牵引辊；17—附片装置

挤出铸片法是利用挤出机螺杆旋转产生的压力和剪切力，利用物料与机筒、螺杆的摩擦热和机筒外部传入的热量，将聚合物进行充分地塑化、混合、均化并强行通过机头的口模，在冷却转鼓上实现铸片的方法。用挤出法生产双向拉伸薄膜，最关键的问题就是要保持挤出熔体压力均匀、稳定，防止熔体过分降解及夹带气泡、未熔物料或焦料等异物，可以说这些问题也是衡量挤出系统性能的主要标准。

在这两种方法中，为了实现稳定出料，在聚合釜或挤出机之后都需要安装一台高精度的齿轮计量泵，多数设备还在管线中安装静态混合器；为了保护计量泵和能够滤出聚合物中较大的杂质，在计量泵的前面及后面都必须安装熔体过滤器。其基本工艺过程为：

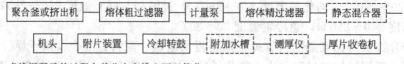

注：虚线框所示的过程在某些生产线上可以简化。

这里，我们重点介绍挤出铸片法。

目前，国内的双向拉伸薄膜及挤出生产技术渐趋成熟，双向拉伸薄膜应用范围广，因为挤出设备不同，我们将挤出铸片法分为：单螺杆挤出机、双螺杆挤出机、熔体计量泵法、熔体过滤器、熔体管道、静态混合器、机头（模头）、冷却转鼓（又称冷鼓或急冷辊）及附片装置、辅助收卷机等分别加以介绍。

一般经过结晶和干燥处理后的 PET 切片进进单螺杆挤出机进行加热熔融塑化。为了保证 PET 切片良好的塑化质量和稳定的挤出熔体压力，螺杆的结构设计非常重要。除对长径比、压缩比、各功能段均有一定要求外，还特别要求是 Barrier 型螺杆，这种结构的螺杆有利于保证挤出物料的良好塑化、挤出机出口物料温度的均匀一致、挤出机的稳定出料和良好排气，并有利于进一步提高挤出能力。

一、单螺杆挤出机-计量泵法

1. 单螺杆挤出机的基本结构

（1）普通单螺杆挤出机　在挤出机中，普通单螺杆挤出机使用得最普遍。但是，单螺杆挤出机混炼效果差，不适于加工粉料，提高压力后逆流加大，生产效率低。它的特点是：挤出系统由一根螺杆和机筒配合组成，结构见图 2-18。这种挤出机只要更换不同结构形式螺杆，就可以完成各种热塑性塑料的挤出成型工作。

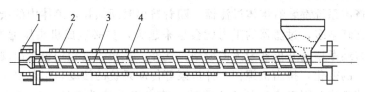

图 2-18　单螺杆挤出机的螺杆机筒组合

1—机头；2—电加热器；3—螺杆；4—机筒

单螺杆挤出机的基本参数（标准 ZBG 95009.1—88 规定）。

（2）新型单螺杆挤出机　如图 2-19 为单螺杆挤出机的基本结构示意。单螺杆挤出机主要是由机筒、螺杆、螺杆的传动系统、机筒的加热和冷却系统及有关辅助设备（例如加料斗、支架等）组成的。

（3）计量泵法　在单螺杆或双螺杆挤出机计量泵法中，用于生产双向拉伸塑料薄膜的挤出系统上都装有计量泵、过滤器等装置，因此拉伸塑料薄膜用的挤出机与普通的单螺杆挤出机相比，又有许多特殊的要求。下面分部分来介绍单螺杆挤出机的结构及有关要求。

（4）传动部分　单螺杆挤出机的传动系统是由电动机、联轴节、减速箱、大型挤出机减速箱的冷却系统、轴承等组成。通常，挤出机使用的电动机是直流电

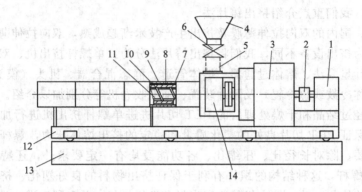

图 2-19 单螺杆挤出机的基本结构

1—电动机；2—联轴节；3—传动箱；4—料斗；5—金属波纹管；6—阀门；7—保温套；
8—加热套；9—冷却水管或风道；10—机筒；11—螺杆；12—活动机架；
13—机座；14—冷却水套

动机或变频调速交流电动机。速度变化的范围为 1∶(6～10)。其功率大小取决于挤出物料的品种、薄膜的生产能力及螺杆结构等因素。对于年产 3500t 聚酯薄膜生产线，挤出机电动机的功率约 160～80kW。

其中，一台完善的挤出机，其传动系统应该能够保证挤出机机头的熔体压力始终处于基本稳定状态，从而实现薄膜厚度均匀不变的目的。在实际生产过程中，由于挤出系统都装有熔体过滤器，随着挤出时间加长，熔体中的杂质在滤网上积聚量逐渐增多，过滤器的阻力就会越来越大，势必造成机头压力逐渐减小、挤出机压力逐渐增高并出现较大的波动。此外，在挤出过程中也会出现由于物料起始塑化点的变化，挤出机螺杆、计量泵等传动系统的波动，引起机头压力的变化。为了消除这些因素产生的不良影响，挤出机的传动系统一定要适应这些变化，并能及时改变螺杆转速。在单螺杆挤出法中，维持机头压力稳定不变最常用的一种方法是采用压力反馈控制装置。它们相互之间存在如下的关系：

$$挤出机电动机 \xrightarrow{P_1} 粗过滤器 \xrightarrow{P_2} 计量泵 \xrightarrow{P_3} 精过滤器 \xrightarrow{P_4} 机头$$

一般计量泵进出口的压力是决定挤出压力稳定性最重要的因素。实践证明只要泵前压力 P_2 基本稳定 [(3～7)MPa±0.05MPa]，泵速稳定。那么，进入机头的熔体压力 P_4 的变化就十分缓慢。根据这一原理，生产中就可以通过检测 P_2 压力值，反馈控制挤出机螺杆转速，实现稳定 P_4 值的目的。

通常，也就是说，当 P_2 值降低时，应相应地加快螺杆转速，反之亦相反。这种控制方法在过滤器阻力不过高的情况下使用，效果很好。然而在生产的过程中，随着生产时间加长，精过滤器前的阻力逐渐增大（P_3），压力 P_4 必然出现缓慢的下降。需要根据薄膜（或挤出片）的厚度变化情况，利用生产系统的测厚反馈系统，自动调节冷却转鼓的线速度或计量泵的转速，弥补上述变化引起薄膜厚度变薄的不足。这是生产中行之有效的方法。为了防止挤出机电动机过载引起电动机及螺杆损坏，挤出机的电气与传动系统都要装有安全保护装置，如过流保护器、剪切销、安全键等。

（5）上料设备与进料方法　料斗的进料方法有很多种。小型生产装置是以人工加料、弹簧上料为主。一般，小型挤出机加料斗是一个带有锥形底的圆柱形筒体，它是由不锈钢材料焊接而成的。其容量至少能容纳半小时挤出料量。在料斗的底部装有一个截止阀，它的第一个作用是在挤出机检修或停机时，能够终止向挤出机供料。第二个作用是当挤出机在空螺杆开机时，可以手动控制此阀门，实现缓慢加料，避免挤出机启动时下料太快，物料堵在进料区，使电动机过载。料斗锥体的侧面最好安装一个带阀门的排料管，以便在更换薄膜品种或长期停机时，很容易将料斗内的物料排放出来。料斗的顶部有一个带盖的手孔，用于处理异常故障。有些直接使用粉碎废料的薄膜生产线，为了将松散的粉碎料和新料能够均匀混合，防止物料在料斗下方造成"架桥"，将挤出机上方的料斗做成具有搅拌-提升结构的"旁通道"加料斗，图 2-20 为这种料斗的结构示意。

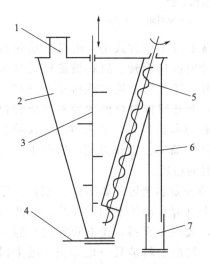

图 2-20　旁通道加料斗结构示意
1—进料口；2—料斗；3—提杆；4—卸料阀；
5—螺旋提料器；6—下料管；7—挤出机下料口

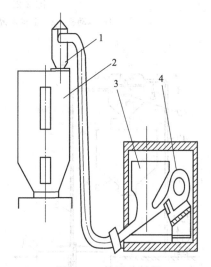

图 2-21　鼓风上料器
1—旋风分离器；2—料斗；
3—加料器；4—鼓风机

对于大型挤出机生产装置，一般都是采用高料位自重下料。有时也采用弹簧上料和真空上料法等。对于自重下料装置需要注意防止物料在下料口出现"架桥"现象。

① 鼓风上料装置　如图 2-21 所示。它是利用风力将料吹入输送管，再经旋风分离器进入料斗。该装置适用于输送粒料，不适于输送粉料。

② 弹簧上料设备　弹簧上料装置结构简单，这种装置是把一根螺旋弹簧装在橡胶管内，弹簧直接由电动机驱动，在橡胶管内高速旋转，结构形式见图 2-22。

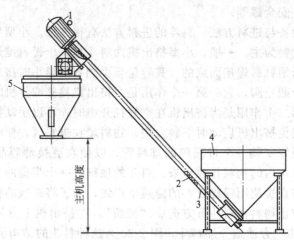

图 2-22　弹簧上料结构示意

1—电动机；2—上料弹簧；3—输送管；4—原料箱；5—料斗

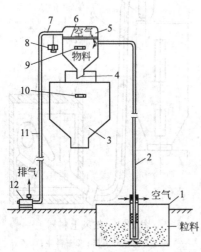

图 2-23　真空加料示意

1—贮料箱；2—吸料管；3—大料斗；4—卸料阀门；5—密封料斗；6—过滤网；7—风门；8—电磁吸铁；9，10—光电管；11—排气管；12—抽真空风机

弹簧上料工作方式是：电机带动弹簧在橡胶管内高速旋转，原料被旋转的弹簧推动上升，橡胶管上端对准料斗处开有一排料口，上升到排料口处的原料被旋转弹簧的离心力抛出料口，进入料斗。这种上料装置结构简单、操作方便，适合于粉料和粒状料的输送。

③ 真空加料装置　如图 2-23 所示。原理是靠光电管自动控制加料动作。打开自动开关，大料斗无料，光电管收到光源射出的光，发出上料信号→电动机、吸尘器启动抽真空→电磁吸铁动作打开风门→密封料斗呈真空将卸料阀门关闭→开始吸料至密封料斗→料高度超过光电管切断电源，光电管接收不到光而发出停止信号→电动机、吸尘器停转，停止吸料→风门关闭→料靠自重打开卸料阀门进入大料斗→光电

管 9 接通，风机将再次启动上料，直到大料斗中料高超过光电管 10，停止上料。以上动作重复进行。需注意周围温度、光照（大料斗有玻璃镜）会引起光电管动作混乱。

④ 薄膜生产线所用的真空料斗　干燥物料进入真空料斗后，由于真空的作用，能使干燥的物料与大气隔绝，防止干燥后的物料再次吸湿。同时，料斗抽真空有助于及时排出挤出机螺杆中物料之间的空气及物料相变时产生的低分子物、溶剂、水分等气体。这样就可以进一步减少熔体夹带气泡，减少树脂氧化反应、水解反应。因此，真空料斗是一种提高薄膜质量很好的设备。但是，这种料斗动力消耗大，要增大设备的投资费用。

薄膜生产线所用的真空料斗，一般都是组合式料斗。这种料斗能克服单个真空料斗在常压进料时，由于间歇失去真空而影响挤出质量的弊病，保证挤出机料斗始终处于恒定的真空条件。图 2-24 所示为挤出机组合真空料斗的工艺流程。对于常压进料的串联真空料斗，使用时首先关闭 3、8，打开 1，将干燥物料投入料斗 2 内。此时，料斗 4 仍然保持真空状态，待物料装满料斗 2 后关闭 1，打开 8，将料斗内的空气抽空。当料斗 4 内缺料时，料位计发出信号，开起 3，将料斗 2 中的物料投入料斗 4 中。

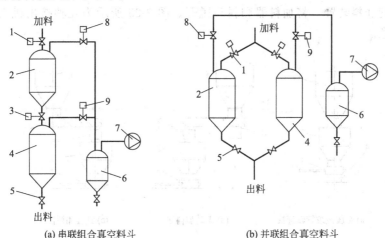

(a) 串联组合真空料斗　　　　(b) 并联组合真空料斗

图 2-24　挤出机组合式真空料斗

1,3,5—下料门；2,4—真空料斗；6—缓冲罐头；7—真空泵；8,9—电磁阀

一般对于并联式真空料斗，两个料斗是轮换使用的，其中一个必须保持真空向挤出机加料。另一个料斗可以处于常压状态，进行加料。对于真空进料的真空料斗，下料时只需打开 1，即可放料，物料装满后将阀门关闭即可。这种料斗一般是位于真空干燥器的下方，它可以减少真空干燥器的放料时间，节省能量消耗。

上述上料设备中每个完善的料斗都装有高精度的料位传感器，这是因为料斗内物料的高度与挤出机下料口处物料压力有关，它影响物料进入螺杆的能力与挤出机出料稳定性。选用高精度的料位传感器，可以灵敏地控制加料速度，使料面保持一定高度。常用的料位传感器有电容式、音叉式、光电式、超声波式等多种结构。也可以选用电子式压力传感器，用称重的方法计量料斗内物料数量。电容、音叉、超声波式等料位计是装在料斗侧面，上下共两只，其高料位计的作用是监视料斗内料面高度并且在物料超过高料位计时，控制进料阀门停止进料。低料位计则只起报警和保护挤出机的作用。当物料低于低料位计时，电气控制系统会发出报警信号，并在延长一定的时间后，使挤出机螺杆自动停止转动，避免螺杆在无料情况下空运转，防止螺杆与机筒出现严重磨损。电子压力传感器是装在支撑料斗的支撑座上。装有压力传感器的料斗，物料的进出口必须采用软连接，否则会影响计量精度。在设计挤出机料斗与下料口之间的连接方式时，需要考虑挤出机在工作时，机身受热引起的膨胀问题，挤出机随温度变化会产生一定量的轴向伸缩。因此，挤出机料斗上端或下端必须有一端是采用软连接，绝不允许完全使用刚性连接。

对于常用软连接的方式有：利用弹性金属波纹管或硅橡胶管；采用振动加料器或螺旋加料装置，将加料器和料斗脱开。图 2-25 所示为几种挤出机料斗连接方式示意。

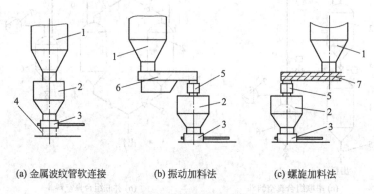

(a) 金属波纹管软连接   (b) 振动加料法   (c) 螺旋加料法

图 2-25　几种挤出机料斗的连接方式示意

1—供料仓或干燥塔；2—挤出机料斗；3—截止阀；4—金属波纹管；
5—硅橡胶联结管；6—振动加料器；7—螺旋加料器

一般需要干燥处理的物料，挤出机料斗的外部应该包上保温材料，防止热量散失，减小能量消耗。

挤出机料斗的形式主要取决于挤出物料的性能。对于不需干燥的物料，料斗不用保温、密闭。对于需要干燥处理的物料，只要物料在料斗内停留时间不过长，料斗的排气性及保温性能较好，挤出机周围的湿度不是过分的高，选用常压料斗也足以满足生产的要求。在特殊情况下，对于极易水解的聚合物，则需采用以下方法防止吸湿。

⑤ 薄膜生产线所用的真空料斗注意事项

a. 向挤出料斗内充入干燥的惰性气体　常用的惰性气体有氮气、二氧化碳气等。由于它们含湿量低，充入料斗后，外界大气就不能进入料斗。而且，充入的惰性气体还有防止树脂熔融时氧化、降解的作用。

b. 提高料斗内空气的温度　根据物料中的平衡水分是随温度升高而减小的原理。在生产薄膜过程中，采取措施尽量保持干燥后物料具有较高的温度或在生产能力较小的挤出机料斗内，安装红外加热器，在一定限度内可以起到减小干燥物料吸湿的作用。

（6）挤出机机筒（料筒）及其加热冷却系统

① 机筒　挤出机的机筒是在内部压力可达 150MPa，工作温度为 180～350℃ 的条件下工作的。所以，机筒必须选用耐温、耐压、高强度、耐磨的合金钢或内衬合金钢的复合管材。目前，国外以 Xaloy 合金为主，硬度 $R_c58～64$，在 482℃ 时硬度无明显下降。国内中、小型挤出机的机筒大部分是使用 38CrMoAl 氮化钢制成。

挤出机的机筒是平直的整体或分段对接成一体的厚壁圆筒，筒的内壁加工精度十分高。为了实现提高产量、均匀出料的目的，最有效的方法之一是加大挤出机螺杆直径和螺杆的长径比，适当加长加料段的长度，使物料在加料段产生足够的压力，使物料进入机筒后能紧靠近筒壁，克服机头、熔体过滤器的阻力。为了提高挤出机的进料能力，有些生产厂推荐在挤出机进料处，使用带槽加料衬套。

② 轴向开槽加料衬套　带槽加料衬套是装在挤出机下料口处，衬套内壁开设许多纵向沟槽，并带有一定的锥度，其作用是增大塑料与机筒的摩擦力，防止颗粒料随螺杆旋转，增大送料角，加快粒料轴向输送速度（输送效率由 0.3 提高到 0.6）。此外，还可以提高挤出机的生产能力，降低挤出机的单耗，使机筒内物料最高压力提早形成，减小挤出量对机头压力变化的敏感性。

③ 机筒加料口　机筒加料口的形状和位置与加入物料有关，良好的加料口应该是下料畅通，适应加料器的要求，便于清理，便于设置冷却系统。

对于具有机械搅拌的加料器，其加料口多为圆形的，这样有利于搅拌头靠近加料口。对于强制加料的挤出机，有时加料口设在机筒的侧面。

目前一般挤出机上用得最多的是电阻加热方法。其次是电感应加热法和载热体加热法。

电加热器由电阻丝绕制而成，主要有带式加热器、铸铝加热器和陶瓷加热器。带式加热器的结构是将电阻丝夹在云母片中，云母片作绝缘衬料，外面覆盖不锈钢皮，然后再包围在机筒或机头上。这种加热器的体积小，尺寸紧凑，调整简单，装拆方便，韧性好，价格便宜。带式加热器电阻丝易氧化受潮，使用寿命短。

铸铝加热器是将电阻丝装入金属管中，周围用氧化镁粉填实绝缘，变成一定形状后再铸于铝合金中，将两半铝块包在机筒上即可通电加热。铸铝加热器比带式加热器使用寿命长，可防氧化、防潮、防震、防爆，传热效率高。陶瓷加热器是由电阻丝穿过陶瓷管、块，然后固定在不锈钢皮外壳中，同带式、铸铝加热器安装方法相同。它的使用寿命长，维护方便。

具体说明如下。

a. 电阻加热法　电阻加热机筒方法结构比较简单，它主要是让电流通过电阻比较大的导线（电阻丝），产生热量，并传导给机筒。这种方法制作的加热器有：带状加热器、铸铝加热器和陶瓷加热器。

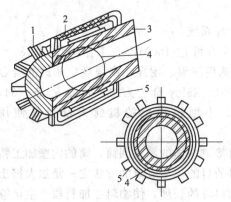

图 2-26　电感应加热装置结构
1—硅钢片；2—冷却水；3—机筒；
4—电流；5—线圈

b. 电感应加热法　电感应加热装置结构见图 2-26。

电感应加热装置的工作方法是：机筒外圆周装有线圈，线圈外围再装导磁硅钢片；当线圈有电流通过时，硅钢片和机筒形成封闭磁路，交变的磁通感应使机筒产生电流，机筒由于有一定的电阻值而产生热量。电感应加热方法的应用，使机筒加热升温较快，结构组成件的工作寿命也较长，但是电感应加热装置的组成器件比较复杂。

c. 载热体加热法　用水蒸气或油作载热体加热机筒，水蒸气需要有锅炉设备和管路输送。油的热源是电阻加热器。两种加热方式所用设备都比较复杂、造价高、温度控制难度也大，所以，现在已经很少应用。但是，这种加热方式，温度柔和均匀，非常适合于热敏性塑料的加热。

④ 机筒的冷却　由于塑料在挤出过程中，所需要的热量是来自机筒外部加热（加热时存在一定的热惯性），以及来自物料与机筒、螺杆或塑料之间相对运动产生的摩擦、剪切热。当物料温度过高时，需要及时将热量排出，以免影响产品性能。因此，在挤出机的每个加热段处，都需要装有一套冷却器，实行冷-热PID控制。

一般鼓风冷却的特点是温度波动小，冷却速度缓慢，系统体积大，噪声大，冷却效果与环境温度有关，同时也影响环境的温度。由于机筒冷却方式主要分为风冷、水冷两种。风冷却是在每个加热段装设一台小型鼓风机。在加热器的内或外表面设有一定的沟槽，以便提高冷却效果及提高加热均匀性，防止空气无规则流动。风冷却的冷却效果取决于鼓风风量、风压、空气温度与机筒表面温度之间的温差、传热面积、传热系数及空气流道的设计。

另外，水冷却是在加热器内侧装设水环或水管，用通入的冷却水进行冷却，冷却水的通入量是用电磁阀控制的。这种冷却方法的特点是：冷却速度快、系统体积小、无噪声、对环境温度无影响。此外，由于多数都是使用未经软化处理的冷却水，也存在水管容易堵塞和锈蚀的问题。目前这种冷却方法应用十分广泛。

对于循环油加热系统，油的冷却是通过列管式热交换器，用冷冻水带走过多的热量。

在挤出机冷却系统中，值得注意的是在所有挤出机进料口处都必须安装冷却水夹套。挤出机加料口的冷却装置结如图 2-27 所示。冷却水套内通入 15～30℃软水，其作用是防止物料过早受热变黏而堵塞下料口、提高进料能力；另外，冷却水套也起阻止挤出机机身的热量传至螺杆的止推轴承与减速器，确保传动系统正常工作。冷却软水最好使用一套独立循环系统，减小软水的消耗。

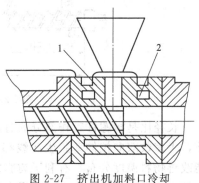

图 2-27　挤出机加料口冷却
装置结构示意
1—料斗座；2—冷却水套

一般挤出机的各段加热器的功率分布基本相同，只是在工作时，温度的控制范围有所区别。挤出机各加热段的温度的高低是与加工物料的品种有关，与熔体黏度、物料降解情况、塑化程度等有关。此外，各段温度的设定还必须与螺杆的结构相对应。

通常，对于双向拉伸塑料薄膜的挤出机，一定要严格控制各加热段的温度波动。通常，挤出机各段的温度波动都要≤±1℃。从温度分布情况来看，一般来讲靠近加料口的加热区温度最低，压缩段的温度最高，此后则应以保温为主。

（7）挤出机通用螺杆　螺杆是挤出机重要的部件之一，它的结构、加供情况与薄膜的质量、产量、能量消耗等有密切关系工作时螺杆的转动，对聚合物粒子产生挤压推力，使其在料筒中移动、压实、增压、剪切、吸热、摩擦生热。在移动的过程中，物料得到混合、塑化，玻璃态的物料变为黏流态的熔体，最后从口模流出。

螺杆的工作状态决定了螺杆必须使用高强度、耐磨（及耐腐蚀）的合金钢制成。国内常用的材料一种是 38CrMoAl，经渗氮处理，氮化层厚度一般在 0.4～

0.6mm 之间。表面硬度为 R_c 60～65。另一种是 40Cr 钢，表面镀铬，铬层厚度为 0.05～0.1mm。对于要求不高的挤出机，螺杆材料也可以使用 45 号钢。国外常用的材料为 34CrAlNi7、31CrMo12、31CrMoV9 等氮化钢，表面硬度达 HV1000～1100。或喷涂 Xaloy 合金或炭化钛涂层。螺棱表面硬度为 R_c＞56，表面抛光到 R_a＝0.4μm。

　　一般，代表螺杆结构特征的基本参数主要有：直径、长径比、压缩比、螺距、螺槽深度、螺旋角、螺杆与料筒的间隙、螺纹头数、螺棱宽度等。螺杆直径在一定程度上代表挤出机的生产能力。螺杆直径增大，生产能力提高。挤出机生产能力是与螺杆直径（D）的平方成正比。图 2-28 为普通单螺杆的结构示意。

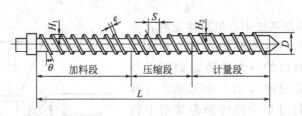

图 2-28　普通单螺杆结构

　　长径比是指螺杆工作部分的有效长度（L）与直径（D）之比，即 L/D。目前，大多数双向拉伸薄膜生产线都采用 $L/D \geqslant 30$ 的单螺杆挤出机。L/D 增大，能改善物料温度分布，有利于树脂的混合、塑化，减小螺杆中的漏流和逆流，减小挤出压力脉冲现象，有助于提高挤出机生产能力。但 L/D 过大时，会使热敏性塑料受热时间过长，引起树脂过分降解。而且由于 L/D 太大，螺杆的自重增加，悬臂度加大，螺杆挠度增加，容易引起螺杆与料筒磨损，并增大了挤出机的传动功率及加工制造上的困难。相反 L/D 过短，容易引起混炼、塑化不良。螺旋角 θ 是指螺纹与螺杆横断面的夹角。随着 θ 值增大挤出机生产能力得到提高，物料的剪切作用和挤出压力却要减小。通常，螺杆的 θ 值是取 17°41′，即选择螺距等于螺杆的外径。压缩比一般可以用几何压缩比来表示。即可简化为螺杆加料段最后一个螺槽的容积与均化段最初一个螺槽容积之比。它表示塑料通过挤出机全长时被压缩的倍数。压缩比越大，塑料受到的挤压作用越大。压缩比的大小是与物料性能、物料形状等因素有关。螺槽深度是一个变值，对于常规三段螺杆来说，加料段的螺槽深度最深，均化段最浅，压缩段是一个连续渐变区。螺槽深度主要影响塑料的剪切速率。螺槽越浅，剪切速率越高，越有利于料筒壁与物料间的传热及摩擦生热，越有利于提高物料混合及塑化效率。但生产能力则要降低。

　　物料沿螺杆向前移动时，经历着温度、压力、黏度等变化，这些变化在螺杆的全长范围内是不同的，根据物料变化特点，通常把常规螺杆分为加料段、压缩段和计量段三个区段。

① 加料段　加料段螺纹深度是恒定不变的。其作用是将固体的物料送往压缩段。物料在此段被机筒传入的热量预热，物料间的空气及其他气体可从物料间的间隙排往料斗。从加料段长度 L_1 来看，对于结晶型聚合物，螺杆加料段的长度要比非结晶聚合物要长些（$L_1=30\%\sim65\%L$）。非结晶聚合物加料段的长度 L_1 一般为 $10\%\sim25\%L$。

② 压缩段（也称塑化段、熔融段）　在螺杆的压缩段螺槽的容积是逐渐变小的。通常是采用等螺距、槽深渐变的结构形式。压缩段的作用是压实物料，使该段的固体物料转变为熔融物料（产生相变），并且排除物料间的空气（由于物料被压缩，空气通过固体物料之间的间隙向加料段流动）。在压缩段，物料在螺杆强大剪切、压缩作用下，产生摩擦热，同时又接收机筒供给的热量，足以使物料在压缩段最后阶段基本熔融。

压缩段的长度与物料性质有关。对于 PET、PA 类聚合物，由于它们的熔化温度范围很窄，在熔点显微镜下可以发现，结晶 PET、PA 树脂在低于它们的熔点一定值时，物料一直是保持固体状态，而在接近熔点时很快变软、熔融。因此，对于这类材料，螺杆的压缩段可以较短些。一般为 $3\sim5D$。在生产非结晶聚合物时，情况就不相同，应该选用较长压缩段的螺杆 $50\%\sim60\%L$。

③ 计量段（均化段）　在普通单螺杆中，计量段螺槽的容积基本上是恒定不变。该段螺槽深度较浅。其作用是将熔融的物料定量、稳压挤出并使螺杆产生一定的背压力，进一步加强熔体的剪切、混合作用，使物料进一步均化。

计量段的工作特性主要取决于该段螺槽深度和计量段的长度。计量段螺槽深度加深，挤出能力增大，与此同时逆流量也更快地增大，因此槽深不宜过大；槽浅有利于物料进一步塑化和均化，在机头阻力较大时，生产能力变化较小。但过浅容易使物料产生降解。计量段的长度对螺杆的工作特性和挤出熔体的质量有一定的影响。长度增大，工作特性较硬，物料受剪切作用时间长，有利于物料的分散和混合。但过长会使物料温度升高，容易产生热降解。

（8）挤出机特种螺杆　三阶螺杆式塑化注射装置，与前面介绍的斜角螺杆式塑化注射装置不同之处，是这种装置中增加 3 个蓄料筒。三段式全螺纹的普通螺杆由于加料段输送固体物料的效率较低，一般只有 $20\%\sim40\%$，而且随着螺杆速度的提高输送效率反而下降；熔融段固体床和熔池同处一个螺槽中，会出现一部分物料不能彻底熔融、碎块中部分气体不能排除，另一部分物料又容易过热，挤出时熔体的压力、温度、产量波动较大。因此，这种螺杆不能适于加工一些特殊塑料。

一般工作时，先由螺杆部分把塑料混合塑化成熔融状，经单向阀被螺杆转动力推入蓄料筒内，然后蓄料筒柱塞把熔融料由液控阀控制，推入注射缸内。开始注射时，液控阀关闭、注射柱塞在注射油缸活塞推动下前移，把熔融料经喷嘴，高速注入模具空控内，完成一次塑化注射工序。这种有蓄料筒的塑化注射结构型耳，由于熔融料蓄量较大，可一次成型较大注射件，注射量准确、工作效率较高。三阶螺杆式结构组成，见图2-29。

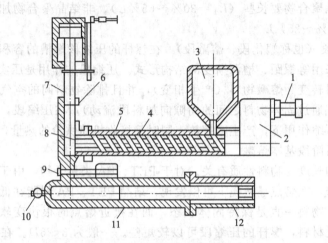

图 2-29 三阶螺杆式结构组成

1—电动机；2—减速箱；3—料斗；4—螺杆；5—机筒；6—蓄料筒；7—柱塞；
8—单向阀；9—液控阀；10—喷嘴；11—柱塞；12—注射油缸

为解决普通螺杆存在的这些问题，除了可以在工艺上通过提高螺杆转速和提高机筒温度、从设备上改进加料结构、增大螺杆长径比等使之得到改进外，更有效的方法是改进螺杆结构，选用新型螺杆代替普通螺杆。

① 分离型螺杆 目前，有一种称为"分离型螺杆"已广泛用于生产塑料薄膜（如图2-30所示）。这种螺杆是在螺杆的压缩段，设有主副两条螺纹。

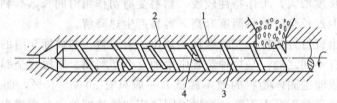

图 2-30 分离型螺杆

1—固相槽；2—液相槽；3—主螺纹；4—附加螺纹

一般分离型螺杆的设计原理是基于物料熔融是始于加料段的末端。首先在螺杆与机筒接触的表面处形成一层熔膜，随着物料不断向前推移，固体床表面的熔膜逐渐增加，并在螺纹的推进面逐渐汇成熔池，此时在靠近螺纹推进面处设置一条外径小于主螺纹的附加螺纹，就可将固、液相及时分离开来。在此之后，如果将固相槽的深度或宽度逐渐减小，液相槽深度变深或宽度增大。就可以适应固体床体积逐渐减小，液相槽体积逐渐增大的变化。从而可以提高了固体床与机筒壁的热交换能力，提高固体床的熔化速率，加快液相输送速度，同时也使部分未熔物料，在越过附加螺纹的螺棱时，受到强烈的剪切作用，加速熔融，从而使两相物料受热均匀，减少挤出脉冲，并有利于排出固体物料中的气体。国内分离型螺杆种类很多，一般如主副螺纹的螺距不等，螺槽深度一致的 BM 螺杆；主副螺纹相等，螺槽深度不等的 Barr 螺杆；改变熔融段槽深实现固液分离的熔料槽分离螺杆；以及 XLK 螺杆等。我国的设备中常用分离型螺杆的具体结构有 5 种，其特点是：A 型附加螺纹导程加大，附加螺纹在主螺纹之前，起止点封端；B 型主副螺纹导程相同，固体槽渐浅，熔体槽渐深，附加螺纹在主螺纹之前，起点封端；C 型变主螺纹为附加螺纹，其后缘设主螺纹，起点封端，其他同 B 型；D 型附加螺纹在前，起止点不封端，固体槽渐浅，熔体槽渐深；E 型主副螺纹导程均增大，附加螺纹增大得更多，起点封端。为防止螺槽内物料有较大的突变，最好选用 D 型和 E 型螺杆。

一般为克服普通螺杆存在的问题，有些螺杆则采用在局部位置上设置一些混炼元件来改进螺杆的工作性能的。例如，安装屏障混合头，分流元件（销钉或动态混合器等）。通常也将这些螺杆称为屏障型螺杆、分流型螺杆。

② 屏障型螺杆　塑料加工中，挤出机机筒内膛不管是光滑式还是沟槽式都可以采用屏障型螺杆与之相配套使用。现今，屏障型螺杆的使用是一种行之有效的方法。然而屏障型螺杆的发展已经存在一个渐进的变化，从应用于欧洲市场的早期 Maillefer 设计即交替屏障型螺杆设计，到 Dray/Lawrence 设计即采用并行的屏障型螺杆设计。

以下介绍的屏障型螺杆是在一段外径等于螺杆直径的圆柱体上，开设两组纵向沟槽，一组是进料槽，其出口是封闭的。另一组是出口槽，其进口是封闭的。进、出料槽相间设置。两槽之间的一个凸棱的高度比螺杆外径略小，能够使进料槽的熔体越过此棱进入出料槽。如图 2-31 是一种常用的直槽屏障型混炼头。

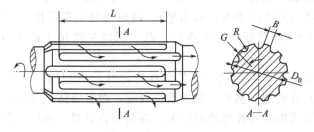

图 2-31　直槽屏障型混炼头

55

一般屏障型混炼头一般都装在计量段内，它的作用是可以产生高压；促进未熔固体料进一步熔融；提高熔体混合和均化作用。工作时，料流被分成多股细流流入进料槽，在压力和螺杆的推动下，熔体和小于屏障间隙的未熔固相碎片，就会越过凸棱，进入出料槽。此时，未熔固体碎片在强烈的剪切作用下，产生大量的摩擦热、加速熔融。此外，物料受挤压和螺杆旋转的作用，熔体在进、出槽内产生涡流，不但能强化细小固相和熔体的热交换、加速固相的塑化，还可以进一步提高物料的混合作用。

销钉式混炼螺杆是一种常用的分流型螺杆。销钉的安放位置、数量和大小与加工的物料有关，与设置的目的有关。如果是为了提高混炼、均化效果，实现低温挤出，销钉一般设置在均化段。如果是为了增加熔融速率，销钉一般是装在压缩段，以便提高局部剪切力，促使固体粒子熔化，促使物料充满螺槽并压实。此时挤出机的产量会降低 5%～15%，还会使熔体温度增高。对于排气式挤出机，则主要装在排气段。

DIS 螺杆也是一种分流型螺杆。DIS 螺杆的混炼元件与屏障型螺杆相类似，都有流入槽和流出槽，但在 DIS 螺杆中，熔体从流入槽流向流出槽时，熔体不是经过两槽之间的凸棱，而是穿过螺杆的分流孔。图 2-32 所示为 DIS 混炼元件的外形。

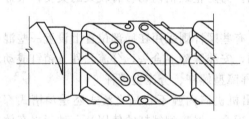

图 2-32　DIS 混炼元件外形

DIS 混炼元件的位置是在螺杆计量段的末端。通常，一根 DIS 螺杆装有 4～6 个混炼元件。DIS 螺杆的作用是改善熔体在垂直于流动方向及流动方向的温度均匀性，实现充分混合，改善熔体质量均匀性。

DIS 混炼元件是一个长度为螺杆外径的 1.2～1.5 的柱塞，圆周上开有流入槽、流出槽，其旋转方向与主螺纹一致。流出槽与流入槽之间用螺杆上的分流孔将其连贯起来，使流入槽的中止点与流出槽的起点相通。但是，这两种槽在圆周方向上的排列次序却完全不同。

一般 DIS 动态混合器有两种类型。一种是高剪切型（有 9 个流入、流出槽），一种是低剪切型（有 6 个流入、流出槽）。高剪切型主要适用于 LDPE、HDPE、PP、GPPS、软 PVC 等低黏度的物料，低剪切型主要用于硬 PVC 等高黏度的物料。

使用 DIS 混合器，对于提高薄膜厚度均匀性是有利的，对于改善不相容物料的混合性能是有利的。然而，加工费用较高，而且熔体经过远距离输送后，已被混合的物料又可能受管线加热的影响，降低混合效果。所以，在生产塑料拉伸薄膜时尚未广泛使用。

2. 熔体齿轮计量泵

熔体计量泵。熔体计量是通过高精度的齿轮泵来实现的。齿轮是被高精度的驱动系统带动，泵体外面都具有加热套。为了提高加热的均匀性及防止出现过热现象，加热套最好选用导热油套或特殊蒸气加热套进行加热。在加热套的外面还要有良好的保温层。

计量泵的作用是保证向模头提供的熔体具有足够而稳定的压力，以克服熔体通过过滤器时的阻力，保持薄膜厚度的均匀性。熔体计量泵通常采用斜的二齿轮，泵的加热温度控制在 $270\sim280℃$。

单螺杆挤出机具有一定熔体计量、挤压的作用。但是，熔体离开挤出机之后都要经过阻力很大的熔体过滤器及狭窄的口模。因此，单螺杆挤出机的背压较大，熔体逆流量也较大。尤其是在生产流动性较好的物料时，由于黏度小、剪切应力小，压力对螺杆挤出机的挤出量的敏感性就十分明显。

此外，用双螺杆挤出时，由于螺杆中心距受螺杆啮合条件的约束，配比齿轮和止推轴承的空间较小，因而轴承承载能力有一定限度；由于双螺杆具有强烈进料的功能，并且这种挤出机的挤出量与加料量的均匀性密切相关，加料不均就会引起出料量波动。

因此，为了确保机头具有足够高而稳定的压力，实现薄膜具有良好的厚度均匀性，在双向拉伸薄膜生产线上，无论是使用单螺杆挤出机还是使用双螺杆挤出机，在挤出机的出口处都要安装一台高精度的计量泵。

用齿轮泵计量时，严格地说每个齿轮的啮合点瞬间输液量也是由小到大，再由大到小不停地变化着。即存在周期性微小的波动。这是无法消除的。波动的大小与齿轮参数有关。例如与齿轮的齿数、齿顶高系数、齿轮啮合角、重叠系数等因素有关。

为了进一步提高计量精度，目前，有的公司采用三齿轮泵。这种泵输液量的波动较二齿轮泵要小些（日本三菱公司认为使用三齿轮计量泵，挤出机出口压力波动可由 $0.15MPa$ 降至 $0.05MPa$）。然而，在实际使用过程中，由于齿轮泵之后都装有阻力很大的熔体过滤器，过滤器具有缓冲压力的作用，因此，只要改进齿形结构，二齿轮计量泵基本能够满足生产要求。

通常，计量泵是在 $230\sim350℃$ 的温度下使用，工作压力为 $6\sim15MPa$。为了保证双向拉伸塑料薄膜纵向厚度均匀不变，在生产过程中计量泵常常采用两种控制方式。一种是计量泵速度不变，精过滤器阻力增大时，用自动调节冷却转鼓线速度的方法来适应这一变化。另一种方法是随着过滤器阻力增大，自动调节计量泵的速度，适当加大泵出量，保证进入机头熔体压力不变。这两种控制方法在自动化较高的双向拉伸薄膜生产线上都可以实现，操作人员可以任意选择（工业生产中选用恒定计量泵转速，自动调节冷鼓线速度最为普遍）。

二、双机挤出法

双机挤出法又称串联挤出法或阶式挤出法或二级挤出法。单螺杆挤出机结构简单，使用范围广，制造成本低，是目前生产双向拉伸塑料薄膜生产线中应用最多的挤出设备。但是，这种设备在大幅度提高生产能力时，需要加大设备的尺寸（螺杆直径、螺杆的长径比），从而也要增加设备的投资，增大设备能量消耗。双机挤出机相当于将一台 L/D 较大的单螺杆挤出机分解成两台串联在一起的挤出机机组。第一级挤出机的作用是使物料接受外部加热器传入的热量，在螺杆的剪切、压缩下达到半熔状态，定量向第二级挤出机供应物料。通常，第一级挤出机比第二级挤出机的直径、槽深、加热功率都要大些，L/D 较第二挤出机长，转速也快；第二级挤出机主要由熔融物料压缩区与计量区组成。其作用是将聚合物充分熔融、塑化并通过高剪切作用，使物料均匀混合、计量挤出。我们首先从在普通单螺杆挤出机中分析，一般物料在未熔之前，螺杆对物料有连续混炼与输送的作用。如果要提高产量，就要加快螺杆转速、加快物料输送，这样势必影响混炼效果。熔融情况又与生产条件有关，主要取决于螺杆结构、加热条件、螺杆转速、物料性能等因素。当其他条件不变时，螺杆速度越快，物料的初始熔融点就向螺杆前端推移。因而，也就可能出现熔融、混合不充分，甚至有时会在熔融中残存固体物料。此外，在采用减少单螺杆挤出机计量段的槽深，提高剪切速率，实现提高物料的混合和塑化效率的目的时，又必然会降低挤出机的产量。所以，通过提高螺杆转速增加挤出生产量是有一定限度的。

为了克服上述存在的问题，可以对单螺杆挤出机进行一系列的改造。例如，通过改进螺杆结构，使用 BM 螺杆代替普通单螺纹螺杆，以及使用特殊的混合头加强物料混炼作用。这些措施在某种程度上，对提高挤出机的产量、改进塑化混炼效果是有成效的。然而，最根本的办法还是增大螺杆直径，加大螺杆的长径比。

双机挤出机有许多种类：第一级挤出机可以是单螺杆挤出机，也可以是双螺杆挤出机；彼此可以垂直放置，也可以平行放置。物料从料斗进入第一挤出机后，经过进料区、压缩区、计量区（可有、可无）被塑化、压缩，然后送入第二挤出机。第二挤出机的速度可以调节，并可以稳定在预定值之下，其头部的压力是通过压力传感器，无级调节第一挤出机的螺杆转速，改变第一挤出机的出料压力以及控制物料的熔融温度来加以恒定。

利用这种挤出机可以实现熔融压力变化<0.2%，熔体温差<0.2℃。

（1）双机挤出的特点

① 有利于改善产品质量　当物料进入第二挤出机时，它是处于半熔状态。因此，第二级可采用低温挤出，而且温度很容易控制。这对于改善挤出稳定性、

改善熔体质量十分有利。当物料进入第二挤出机时，立即被第二挤出机的螺杆分割成（或剖成）薄层。这样，第一级的物料在第二级中可以得到均匀地塑化、混炼。而且，由于第二级螺杆转速通常为普通挤出机的两倍，物料在高速剪切作用下又能够增加混合作用。

② 挤出量大　在实际生产过程中，一台 $\phi90mm/\phi115mm$ 双机式挤出机的挤出量，就可以达到 $\phi200mm$ 单螺杆挤出机的挤出量。一台 $\phi15mm/\phi150mm$ 串联挤出机的挤出量，就相当于一台 $\phi250mm$ 单螺杆挤出机的产量。表 2-4 列出不同串联挤出机聚丙烯的生产能力。

表 2-4　串联挤出机的生产能力

螺杆直径/mm	聚丙烯挤出量/(kg/h)	螺杆直径/mm	聚丙烯挤出量/(kg/h)
$\phi90/\phi115$	800～900	$\phi150/\phi200$	1800～2200
$\phi115/\phi150$	1200～1400	$\phi200/\phi250$	3600～4000

③ 良好的排气效果　在普通单螺杆挤出机中，物料中的空气、挥发物、水分等是靠压缩时从加料段固体物料之间的间隙穿过，从挤出机的料斗排出。这种挤出机往往出现（特别是在高速生产时）排气不充分的现象。如果使用二级排气挤出机，这种现象就可以完全避免。因为它可以在第一挤出机和第二挤出机的交接处进行排气，并通过控制第二挤出机的挤出速度，很容易消除溢料或缺料问题。

④ 功率消耗低　在高速单螺杆挤出机中，物料在挤出机的加料段、压缩段需要外部供给足够的热量，而在浅槽的计量段又需要冷却，这样，在同一根螺杆上就会出现明显地热量干扰问题，造成能力大量损失。

双机挤出法是将螺杆上传热功能不同的区段截然分开。其中，第一级挤出机以外加热为主，第二级除了在开始挤出时需要进行加热外，正常运行时则以绝热操作或外部冷却为主，因此，明显地减少热量损耗。

⑤ 增大了加工自由度　常规单螺杆挤出机的产量加工可变因素的增大，无疑使这种机器能够处理许多难以加工的物料，使生产的产品质量也能大为改善。

⑥ 减小螺杆磨损，有利于设备加工　单螺杆挤出机中磨损最大的地方是输送固体或物料半熔处。在双机挤出法中，第一级挤出机螺杆的 L/D 比普通单螺杆挤出机的 L/D 小，可明显地减小磨损量，即使有磨损，重新更换零部件都十分容易。

⑦ 有利于清理螺杆　由于双机挤出机螺杆的 L/D 小，在生产不同的物料（特别是生产不同颜色的物料）时，螺杆很容易取出清理，物料损失少。

⑧ 可以进行低温挤出。

双机挤出法占地面积较大，两台挤出机的控制系统要求很高。

(2) 双机挤出机设计要点

① 螺杆设计与最佳速度比　第一级螺杆应能向第二级螺杆提供尽量均匀而充足的半熔聚合物，第二级螺杆应在适当温度及允许速度下提供高剪切速率。第一级螺杆速度 N 与物料熔融能力有关，第二级螺杆速度 N' 与剪切速率有关。一般 N，是普通挤出机的两倍。当 N 变化时 N' 要相应改变，实现既不溢流又不缺料，排气区物料最好处于半熔状态。

② 连接部分　第一和第二级连接部分应满足以下要求：保证物料均匀流动；无滞留现象；能良好地排气。

由于该区域的温度影响制品的性能，所以此处的温度控制十分关键；有些挤出机的压力检测装置也安装在此处，以便控制第一级的混合情况。

③ 控制高速挤出物料的状态　高速挤出时，第二级挤出机的剪切速率很高，并以绝热挤出或冷却为主，确保良好的挤出质量。

④ L/D 与螺杆直径　第一级挤出机的螺杆直径较大，第二级螺杆直径则较小。例如第一级螺杆直径为 115mm，第二级则为 90～100mm。关于挤出机的长径比 L/D，第一级可选 12～16，第二级可选 7～12。

⑤ 传动功率　第一级的传动功率是利用固体输送原理计算出来的，设计时要考虑物料的形状、硬度、熔融特性等因素；第二级则可近似按熔融流体输送原理进行确定。在实际应用中，传动功率可以根据普通单螺杆挤出机的资料进行适当地选择。

⑥ 要适应物料的性能　例如，在生产聚丙烯薄膜时，其两台挤出机的螺杆结构、直径、长径比、速度等就与生产聚酯薄膜的有所不同。生产聚丙烯时，第一级熔融挤出的螺杆直径及长度可比聚酯挤出机小些，螺杆转速却要高些，第二挤出机则与聚酯相似，只是长径比要大些。

三、双螺杆-计量泵直接挤出法

一般若挤出量不是太大，推荐选用排气式双螺杆挤出机。这种挤出机有两个排气口与两个抽真空系统相连接，具有很好的抽排气、除湿功能，可将物料中所含的水分和低聚物抽走，因而可以省往一套复杂的预结晶/干燥系统，节省投资并降低运行本钱。挤出机温度设定从加料口到机头约为 210～280℃。

早在 1984 年 EISE 就提出用双螺杆挤出机直接挤出制品的理论，经过多年不断完善，1992 年日本 JSW 公司正式使用排气式双螺杆挤出机-计量泵直接生产易水解塑料薄膜的生产工艺。其工艺流程与典型单层膜类似，只是没有干燥系统。具体流程为：

　　在这个方法中，不同组分的原料按一定的比例，分别通过各自的计量加料器进入挤出机前的集料管，并经过一台静态混合器或者一台专用混合器，实现物料的均匀混合。然后，进入排气式双螺杆挤出机，物料在挤出机的螺杆、机筒作用下，进行塑化、混炼，并通过两个排气口及时将混入物料的水分、气体排出，最后挤向齿轮计量泵。此后薄膜的生产过程则与单螺杆挤出法完全相同。

　　1. 排气式双螺杆直接挤出制片法的工作原理

　　双螺杆挤出法能够直接生产各种聚合物片材的主要原因是这种方法充分利用了排气式双螺杆挤出机的以下功能。

　　（1）充分利用双螺杆挤出机能很好排除混入物料中的水分、空气、低分子物，可以防止物料出现较大的降解　双螺杆挤出机是有强制送料功能的挤出机，不易产生局部积料及堵塞排气孔的问题。而且，在排气口处，由于螺杆突然变深，物料压力骤降，部分被压缩的气体及气化物会释放出来，及时被真空泵抽出；部分包藏在物料中的气体，在排气区由于物料膨胀、发泡以及受到螺杆强烈的搅拌、剪切作用，使物料表面不断更新、气泡破裂，最终也能被真空泵抽出。经过这样两次压缩与排气，混入物料中的水汽及气体基本上可以排除干净，避免物料产生强烈的水解反应，能够保持物料原有的物理力学性能。

　　由此可见，双螺杆排气式挤出机比单螺杆挤出机有更好的排气效果，这是省略结晶干燥装置、实现直接挤出最基本的条件。

　　（2）利用双螺杆挤出机有强制输送物料、自洁性好的功能　双螺杆挤出机输送物料的工作原理与单螺杆挤出机完全不同。单螺杆挤出机物料输送是靠物料与机筒、螺杆的摩擦系数的差值进行推进。双螺杆挤出机则是采用"正向输送"进行强制推进。对于啮合型同向双螺杆挤出机，物料在螺槽与机筒壁组成的小室中呈螺旋线运动，啮合处两螺杆圆周上各点运动方向相反，相对速度很大，物料以螺旋"∞"字形运动。而且，螺杆啮合间隙很小。因此，物料不会粘在螺槽上，物料在双螺杆挤出机内停留时间比较短，减小了树脂降解反应；物料的强制输送和强烈搅拌又大大提高了物料的混合、塑化效果；此外，强制送料的作用，使物料在挤出机内经历的变化十分接近，有利于改善挤出片材的质量稳定性。

　　（3）利用双螺杆挤出机有良好的混炼作用，物料可以得到充分热量，加速塑化，减小料温波动，提高挤出片材的产量与质量　物料在双螺杆挤出机中塑化所需的热量，除了接收机筒外部加热器供给的热量，物料与机筒、螺杆及本身相对运动产生的摩擦、剪切热以外，物料在双螺杆啮合间隙处，尤其是选用特殊的剪切混合元件时，受剪切、挤压、混合的作用也产生热量，提高了物料塑化、混合作用，明显改善了受热均匀性。

　　因此，在双螺杆挤出机中，物料不容易降解、变质，有利于提高产品质量的均匀性。此外，从能量消耗的情况来看，双螺杆挤出机可以比单螺杆挤出机减少 50%。

2. 用排气式双螺杆挤出机生产塑料薄膜的关键问题

由于双螺杆挤出机的工作原理与单螺杆挤出机的不同，而且利用排气式双螺杆挤出机又可以省略原料的干燥系统。因此，该挤出系统就要有以下特殊要求：①设有有效排气系统；②合理设计螺杆结构；③配备高精度定量加料器及过载安全保护装置；④双螺杆挤出机压力反馈控制系统。

四、单螺杆排气式挤出机-计量泵法

排气式单螺杆挤出机与普通单螺杆挤出机相比，最主要的区别是挤出机螺杆结构不同，机筒设有排气口。

图 2-33 为典型二阶排气螺杆的结构示意。排气螺杆的基本参数有：螺杆直径、长径比、螺杆的特征深度、泵比、压缩比、排气段螺槽深度、排气段的长度、螺杆各段长度分配等。这里我们只介绍排气螺杆与普通螺杆不同之处。

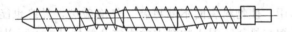

图 2-33 典型二阶排气式单螺杆的结构示意

排气螺杆由于需要经过二次压缩、塑化，还要具有一定长度的排气段，因此其长径比要比普通螺杆的大；排气螺杆的第二计量段的螺槽深度和第一计量段的螺槽深度之比称为排气挤出机的"泵比"（h_2/h_1）。它是设计排气螺杆时一个十分重要的参数。比值越大冒料的可能性就会减小，但在机头压力较低时，会增加挤出不稳定性。比值越接近 1 时，冒料可能性越大。一般泵比为 1.5～2.0 之间；排气螺杆在每个阶中都有压缩段，各阶都存在压缩比，但是由于物料在各压缩段的状态不同，密度不同，各段压缩比的大小也应有所区别。

排气段螺槽深度和长度就是决定排气效果关键的参数。一般排气段的长度为 2～6D（D 为螺杆直径）。这里从影响排气效果的因素分析可以知道，要提高排气挤出机的排气效率，必须降低排气段的物料流量；适当地降低物料充满程度；增加排气段的长度和增长物料在排气段的停留时间；增强物料在排气段承受的剪切应变。

一般排气螺杆各段长度的分配，对于不同的物料、不同的生产能力、不同的设备情况是不相同的。考虑到在第一阶内物料在进入排气段前需要基本塑化，故该段的长度较长，一般约为螺杆全长的 53%～60%，最长不超过 2/3；第一加料段的长度，对于结晶聚合物来说是第一阶螺杆长度的 60%～65%，对于非结晶聚合物则取 50%；关于压缩段的长度，对于结晶聚合物（如聚酰胺），第一压缩段长度较短（如 1D），对于非结晶聚合物（如聚苯乙烯）可取 5～6D。由于物料在第二阶已经熔融，所以第二压缩段的要比第一压缩段短，一般不大于 2D。

为提高挤出的稳定性，在可能的情况下，应适当地增加第二计量段的长度。一般第二计量段与第一计量段的长度比可为 1.8~0.8；减压段的长度一般不大于 1D。

从图 2-34 其结构设计图分析，排气式挤出机的排气口的设计也影响排气效果，它一般位于排气段的中间位置。排气口开设角度有 3 种：排气口垂直向上；水平放置；与水平方向成 45°角。向上放置不易冒料，但观察、清理不方便。水平位置则相反，45°位置较好。排气口的形状以长方形为主，其长边约为 1~3D。为了减小物料因离心力的作用被螺杆甩出，可以将排气口的中心线向螺杆旋转方向偏移一定距离，并且在机筒上开一个吸料角（约 20°）。

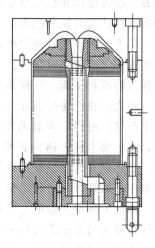

图 2-34　长方形排气口剖面图

因此，由于物料的性能上的差异，单螺杆排气式形式也不相同。对于易水解的物料，一般是选用多阶排气式（二个排气段），对于水分敏感性不明显的物料，选用二阶排气式（一个排气段）足以满足需要。

举例图 2-35 所示为二阶单螺杆排气式挤出机的结构示意。挤出时，原料从加料口加入挤出机，物料在第一阶螺杆中，经过等距、等深的加料段将物料向前推进，并加热物料，然后在经螺槽渐浅的压缩段将物料压缩、熔融达到基本塑化的状态，最后经第一计量段（较浅、等深）进入排气段，在排气段里螺槽突然变深，熔融聚合物的压力骤然降至零或负值，熔体中的受压气体及挥发物就会释放出来，并使熔融塑料膨胀、发泡，物料在排气段螺杆的搅动和剪切作用下，气泡

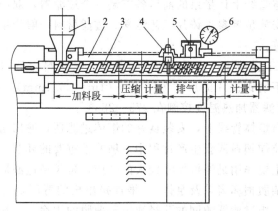

图 2-35　二阶单螺杆排气式挤出机结构示意

1—料斗；2—机筒；3—螺杆；4—节流阀；5—排气口；6—真空表

破裂、逸出熔体并被真空泵抽走，脱掉气体和挥发物的熔体在螺杆的第二阶进一步压缩和计量，挤向机头。

对于三阶排气式挤出机，物料还要经过一次排气和塑化，然后才挤向机头。要实现排气式挤出机排气良好、挤出稳定，就要求各计量段的生产能力相等，即使各阶的流量平衡。这样挤出机头部的压力才能控制在一定的范围内。

总之，我们通过前面已介绍了单螺杆-计量泵法生产薄膜所用的设备及它们在生产薄膜过程中所起的作用。使用这种方法的先决条件是原料含水量不能过大，对于易水解的物料必须进行严格的干燥处理。这样势必要增多很多生产设备，必然增大能量消耗及增加操作过程。为了解决这个问题，目前有些薄膜生产线采用单螺杆排气式挤出机-计量泵法使生产过程得以简化。

因此上述举例说明，使用排气式挤出机铸片可以省掉干燥过程的原因是因为排气式挤出机在挤出过程中可以排出物料中的水分、气体、低分子物、残余单体等，能够减少降解反应，满足制膜的要求。所以这种方法现已用于生产 PS 等双向拉伸塑料薄膜。

五、熔体过滤器

一般在熔融聚合物中，无论原料如何纯洁，始终会含有一定数量的这样或那样的杂质。例如：碳化物、灰尘、凝聚粒子、晶点、金属粉、包装运输中带入杂质等。在挤出过程中，熔体中存在杂质，除会损坏计量泵外，更主要的是要影响薄膜质量及薄膜收率。主要表现在：杂质黏附在模口上使铸片出现条纹；杂质夹杂在挤出片材中，轻则使薄膜出现晶点、鱼眼，影响薄膜电性能及表观性能，重则无法拉伸成膜。

因此，安装熔体过滤器是为了往除熔体中可能存在的杂质、凝胶粒子、鱼眼等异物，常在熔体管线上计量泵的前后各安装一个过滤器，双向拉伸塑料薄膜生产线熔体过滤器安放位置参见铸片工艺流程。过滤材料一般为不锈钢的网或烧结毡或粉末烧结片等。

通常，BOPET 薄膜生产线采用碟状过滤器，其材料为不锈钢网与不锈钢烧结毡组合而成。不锈钢碟片的尺寸为 $\phi12in$（$1in=25.4mm$），过滤网孔径一般在 $20\sim30\mu m$，过滤器加热温度控制在 $275\sim285℃$。

总之，在挤出熔体管线上，安装良好的熔体过滤器，滤出熔体中的大粒杂质及未熔物是双向拉伸塑料薄膜生产过程中一项非常重要的环节。

粗过滤器的主要作用是滤掉尺寸较大的杂质，延长精过滤器的使用时间，保护计量泵（防止杂质损坏齿轮及泵体），增加挤出机的背压，有助于物料压缩时排气与塑化作用。粗过滤器滤网的孔径取决于薄膜的用途，一般在 $30\sim70\mu m$ 范围内。常用粗过滤器有四种，即切换式板状过滤器、碟式（圆盘式）过滤器、管式（蜡烛式）过滤器、切换带式过滤器。

（1）切换式板状过滤器　滑板式板状换网器是由换网驱动器及网板两部分组成。这种装置可实现不停机快速更换过滤网。使用这种过滤器最关键的问题是滑板的密封问题。这种过滤器过滤面积虽小，但使用却十分方便。可以用于各种塑料薄膜生产线。

（2）碟式（圆盘式）或管式（蜡烛式）过滤器　这两种粗过滤器的过滤面积很大，使用时间长，现已广泛用于大型薄膜生产线上（图2-36）。

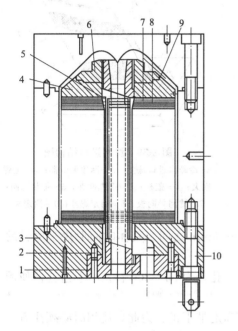

图2-36　碟式过滤器的组装

1—管口法兰；2—定位销；3—端盖；4—压紧
法兰；5,9—密封圈；6—压紧螺母；
7—隔离架；8—滤碟；10—螺栓

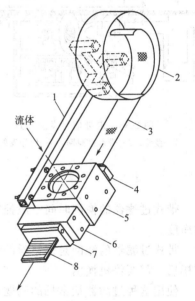

图2-37　带式连续切换过滤器的结构示意

1—支架；2—滤网箱；3—过滤网；4—进
口法兰；5—过滤器主体；6—冷却室；
7—出口法兰；8—用过的滤网

（3）切换带式过滤器——自动换网器　精过滤器一般以盘式为主，有些物料（例如聚丙烯等）也使用管式。精过滤器滤网孔径大小是根据拉伸塑料薄膜的用途及厚度进行选定的，一般为 $10\sim30\mu m$。主要作用是保证薄膜质量，提高薄膜成膜性。

1. 几种熔体过滤器的结构

（1）切换带式过滤器　这种过滤器通常用于熔体黏度较高的塑料薄膜生产线上。其结构如图2-37所示。

换网时，过滤器接到走带的信号，先关闭冷却室和出口法兰的冷却水，并使该处的力口热管加热，待这里的凝固物料熔化后，在挤出压力的作用下，带形滤网便向下移动，开始换网。在走带的同时，带网拨轮使信号发生器（图 2-38）不断地向控制室发出信号，当达到设定的时间时，立即接通冷却室和出口法兰的冷却水，使该处的聚合物熔体凝固，抵抗挤出压力，于是完成一个换网周期。

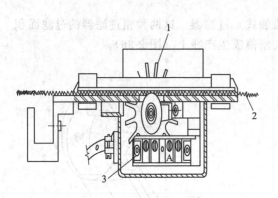

图 2-38 走带信号发射装置

1—拨轮；2—带形过滤网；3—信号发射器

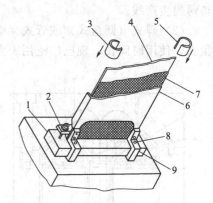

图 2-39 滤网进口结构图

1—冷却水进口法兰；2—网边调节器；3—上弹性夹；4—盖板；5—下弹性夹；6—带状滤网；7—滤网导向板；8—固定螺丝；9—固定夹

带式过滤器的换网时间一般控制在 4～15min 之间。具体时间取决于原料的洁净度。

带式过滤器的滤网是镍铬丝的编织网。孔径为 90～200 目。一卷过滤器使用完毕后，需要停机换网。

使用这种过滤器最常见的问题是断网和走带不正。为此，使用时必须注意正确设定走带周期和精心调节网边调节块（图 2-39）。

（2）管式（蜡烛式）过滤器 图 2-40 所示为聚合物熔体管式过滤芯的局部结构剖面。这种过滤器也是塑料薄膜加工过程中常见的一种过滤器。它由多根管状滤芯与过滤器体组合而成，滤网材料为不锈钢滤网或不锈钢纤维毡，形状为管状（蜡烛式）。为了增大滤芯的过滤面积，有时将所有的网或毡均作成折叠翅片状。使用时熔融塑料从管外流向管内，熔体中的杂质被护网及过滤材料滤除，达到过滤的目的。滤网的孔径也是根据产品用途进行选择。

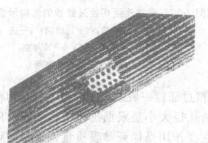

图 2-40 管式过滤芯的结构示意

管式过滤元件由于承载压力及使用寿命有限，而且，管与管之间的间隙较大，熔体在过滤器内停留时间较长。所以这种过滤器多用于生产非热敏性塑料薄膜或作为一次性使用材料的塑料薄膜（如聚丙烯薄膜）生产线上。

（3）碟式过滤器　一般碟式过滤器由筒体及滤芯两大部分组成，滤芯包括芯柱、法兰、端头、压紧螺母、滤碟、金属骨架等。另外，滤碟断面结构见图 2-41 所示。

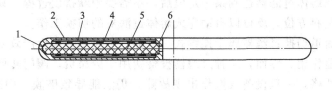

图 2-41　滤碟断面结构
1—外圈；2—粗网；3—滤网；4—多孔支撑板；5—网状骨架；6—支撑环

目前，为了便于过滤器的装卸，在设计过滤器的结构和确定安装位置时，一般容易消除过滤器热膨胀的影响。碟式过滤器最好是垂直安装在熔体管线上，熔体的进、出口的方向最好位于熔体管线的同一侧。大部分工作时，熔融塑料从滤碟之间辐射状金属骨架的空隙中流向过滤表面，在熔体压力作用下，穿过粗网 2、滤网 3、多孔支撑板 4、网状骨架 5，最后从支撑环 6 的侧孔流出，进入过滤器的出口流道。

其中，最主要区别在于滤蝶表面过滤材料不同。滤蝶的直径一般以直径 $\phi 305mm$ 为主。

精过滤器的总过滤面积与薄膜生产能力有关，过滤面积越大，使用时间越长，更换过滤器造成的物料损失越少。所以在有条件的情况下，应尽量选择较大的过滤面积。一般单只精过滤器的过滤面积为 $4 \sim 22m^2$。近来市场上出售的滤碟一般有不锈钢粉末烧结型与不锈钢纤维烧结毡型两种。

设计过滤器筒体的内径尺寸要经过精确计算，是在高温锻造、镜面加工制成的。表面粗糙度达 $R_a = 0.2\mu m$。材料为 X20CrNi17.2（AISI431）。在 300℃下最大操作压力可达 25MPa。

（4）双流道切换式过滤器　如图 2-42 是双流道切换式过滤器工作原理。

目前，这种过滤器是由两个并联的圆盘式或蜡烛式过滤体组成。在两个过滤器的加热套之间及过滤器的进、出口处，各装一个高精度调节阀（锥

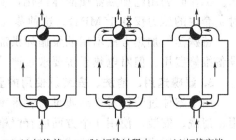

(a) 切换前　(b) 切换过程中　(c) 切换完毕

图 2-42　双流道切换式过滤器工作原理

形三通阀）。在正常工作时，熔体只从其中一个过滤器流过。当它的压力达到某一极限值后，借助于转换装置启动调节阀，使部分熔融物料逐渐进入已充分预热的备用过滤器。备用过滤器内的空气通过顶部排气口不断排除，直到熔体充满为止。最后转换顶部阀门，新过滤器就逐渐取代旧的过滤器，完成过滤器切换工作。

德国 BARMAG 等公司在一次展品上推出一种双流道切换式过滤器。这种过滤装置可以在熔体过滤器达到某一定值后，不需要中断挤出过程，只需通过转动换向阀改变出料方位，就可以自动完成熔体过滤器的切换工作。

这种双流道切换过滤器属于连续式过滤器。它对于提高生产效率、减小物料损失具有明显作用。然而，这种过滤器投资费用十分昂贵，阀门转换时，压力控制要求十分严格，一旦设备或操作出现故障，仍然能导致破膜、中断薄膜生产。在实际应用中，由于切换成功率低，失去了"连续切换"的优点，所以这种装置尚未被广泛应用。绝大多数的薄膜生产厂仍然采用间歇式过滤器。

2. 过滤器的加热系统

过滤器阻力较大，熔体在过滤器内停留的时间较长，为了既不影响熔体流动，又不使熔体产生过分降解，过滤器简体外面都必须安装加热套与保温套。最常见的加热套是循环油加热套、电加热套以及特殊蒸气加热套。

循环油加热套是由油泵、热交换器、油管、膨胀罐等组成（油膨胀罐位于挤出机顶部的高位处），加热油通过油泵进行循环加热。这种加热方式可以控制加热温度在＜1℃之内。其不足之处在于长期使用后，由于（停机、开机等因素造成的）温度波动及传动件磨损等原因，管线的法兰连接处或油泵密封处会出现漏油现象。这样不但要增加维修工作量，也会污染环境，甚至可能出现火灾。

电加热套结构简单，对环境无污染小，热效率较高，但是加热均匀性较差，不宜用于加工热敏性塑料薄膜。

特殊蒸气加热套是一个真空加热套。这种加热套是一个带电加热器的不锈钢密闭夹套。夹套内部抽成真空，加入适量的特殊、高纯度液体，然后将其密封起来。工作时利用电加热器使液体汽化，实现蒸气加热的目的（加热温度＜300℃时，套内的压力仅 0.16MPa）。这种蒸气加热套的结构见图 2-43 示意。

特殊蒸气加热方法不用油泵循环供油，可避免加热套出现的加热死角，减少设备维修费用。但对电热系统要求较严。

3. 滤碟选用、清洗、安装及使用的要求

由于熔体过滤器对产品质量与收得率有举足轻重的影响。因此，对滤碟的选用、清洗、安装、使用 4 个方面应有严格的要求。

（1）选用优质滤碟　滤碟是过滤熔体里面杂质的基本元件，其质量好坏取决于如下条件。

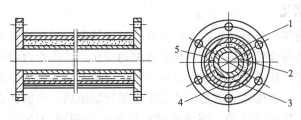

图 2-43　特殊蒸气加热套的结构示意
1—外套；2—内套；3—特殊加热介质；4—电加热器；5—保温层

① 孔隙均匀性、孔径状况、有无局部缺陷　起过滤作用的滤网，其开孔大小是根据产品用途进行选择的。一般 BOPET 薄膜生产线使用精过滤器的孔径实例见表 2-5。一个优质的滤碟，滤网孔径应是均匀的，平均孔径应符合生产厂的要求，网面不得有局部缺陷。否则杂质会从薄弱处短路、穿过过滤器。

表 2-5　生产不同产品时选用精过滤器网孔的实例

滤网孔径	用　途
$<15\mu m$	厚度$<8\mu m$ 的薄膜、高档磁带、电容薄膜
$20\sim30\mu m$	厚度约 $12\mu m$ 的包装薄膜
$30\sim40\mu m$	厚度$>30\mu m$ 的包装薄膜、电工膜、护卡膜

② 耐压能力高、变形小　在生产较薄的塑料薄膜时，由于滤网孔隙较小，滤网两面压力差大，容易使过滤器产生变形或冲破滤网。为提高滤碟耐压能力，不仅要选用好的过滤材料。而且里面的多孔支撑板、金属骨架的结构及加工质量也要合理、良好。

③ 中心支撑环两面平行状况　组装后过滤碟的中心环是处于受压状态，两面是相邻滤碟的密封面。因此中心环的两个平面必须平行，以免出现局部漏料。

④ 零件焊接质量高　滤碟外圈、中心支撑环与滤网的材质是不相同的，焊接时一定要保证焊接质量，避免出现漏料现象。为确保滤碟的使用可靠性，所有滤碟在使用前必须逐一进行质量检测。不符合标准的一律不能安装使用。滤碟的检测项目包括：平均透气值、气泡点压力平均值、污垢容纳量等。

（2）过滤元件清洗方法　用过的过滤器从熔体线上卸下后，应立即送到加热烘箱内，在熔融温度下，首先要将过滤器内残存的物料尽量放出。然后，取出过滤器，并在热状态下迅速将过滤元件组合体拆出。对于难以回收或回收价值不高的过滤器，卸下的过滤元件可以丢弃，不必回收。除此之外，必须采用某种清洗处理的方法，将过滤元件清洗干净并重复使用。

过滤元件（碟或柱）的清洗方法有焚烧法或化学处理法。具体采用什么方法取决于物料的性质、清洗设备的状况。

六、熔体管道

熔体管道的作用是将挤出机、计量泵、过滤器等与模头连接起来，以让熔体从中通过。并且整个管线必须适应热胀冷缩的变化，熔体管内壁要求非常光洁且无死角，熔体管串联起来的长度尽量短一些，以免熔体在其中滞流，停留时间过长而产生降解。一般熔体管道是由均质无缝钢管制成的，内壁镀铬，由于管内的熔体是在高温、高压下流动，因此管的内壁要达到镜面光洁度（$0.3\mu m$ 以下）。在 300℃ 下可承受 25MPa 的内压。熔体管的外壁都有加热器，熔体管的加热方式与计量泵的加热方式相同。也分为电阻加热、油加热、特种蒸气加热。加热方式可根据产品的性能、投资情况进行选择。在生产热敏性塑料薄膜时，一般都采用后两种加热套。加热温度波动应该＜±1℃。加热套外面都装有保温层，减少热量损失。

总之，来自挤出机的熔体被挤进到熔体管后，分别流经粗过滤器、计量泵、精过滤器后进进模头。假如是三层共挤生产线，在模头上方还配置一个熔体分配器。过滤器、计量泵和熔体管等可以用电加热，也可用导热油夹套加热。熔体管加热温度控制在 275～285℃。

七、静态混合器

熔体流过熔体管时，沿着管壁的熔体温度与熔体中心的温度有较大的温差。为使进模头的熔体温度均匀一致，以保证模头出料均匀，须在熔体管连接模头整个内部安装若干组静态混合器，熔体流过静态混合器时，会自动产生分-合-分-合的混合作用，从而达到均化熔体温度的目的。

比如在热敏性塑料薄膜生产线上，熔体在进入机头之前都要通过一组静态混合器。静态混合器的作用是使管道内熔体不断分流又不断混合，目的是改善熔体径向温度分布及熔体黏度梯度不均匀性，减小熔体的脉冲，弥补螺杆（除 DIS 螺杆外）引起的径向质量不均匀性。所以，静态混合器亦称均质器。

一般静态混合器是安装在熔体管线中，不占用额外的空间，不需要传动装置，消耗动力小，剪切作用小，熔体温升很小，结构简单，无密封问题，它与物料黏度和组分无关。所以，可作为混合器、反应器、热交换器等使用。

八、机头（模头）

长缝型机头是挤出片材的成型模具，是决定铸片外形、尺寸最关键的装置。长缝型机头按其内部的流道形式可分为鱼尾机头、支管式机头、衣架型机头和螺杆分配机头等类型。

长缝型机头的内部结构（支管直径、倾斜尺寸、定型段长度等）是根据塑料的种类性能、熔体流动特性等因素进行设计的。目的是确保在整个出口处熔体的流速均匀一致，制品厚度均匀，避免机头内部出现死角，避免熔体引起降解。

目前，在 BOPET、BOPA、BOPP 等薄膜大生产线上，大多数的机头均属于 T 形衣架式结构。少数 BOPP、BOPS 薄膜也采用鱼尾型机头。

（1）鱼尾型机头　鱼尾型机头的型腔类似鱼尾。这种机头与其他形式机头的最大区别是内腔没有支管，型腔的形状比较特殊。

（2）支管式机头　这种机头的内部有一个管状的型腔，所以通常称为支管式机头。机头内支管的作用是可以稳定挤出压力和分配熔体。

（3）衣架型机头　这种机头有一个像衣架的支管，又有鱼尾型机头的鱼尾部分。因此，它兼有支管式机头和鱼尾型机头的优点。这种机头的支管扩张角很大，机头内压力分布十分均匀。适用于多种塑料的加工。可以生产 1000～5000mm 宽的片材和板材，是目前双向拉伸塑料薄膜生产线使用最广泛的一种机头。

对于共挤法生产复合薄膜的机头也有两种基本类型。其一是在普通单层薄膜挤出机头的上方安装一个进料块，挤出的各种物料在进料块的汇合处三层合为一体，汇合熔体然后经单层机头挤至冷鼓表面。这种机头通常用于生产熔体黏度相近似的三层复合膜。各层的厚度取决于对应挤出机的挤出量。这种机头的成本较为低廉。其二是专用共挤出机头，挤出的各种熔体分别进入机头内的各自流道，最后在接近机头出口处的汇合口汇合，并很快流出机头。用这种机头挤出的复合片材，各层的厚度比较均匀，熔体之间相互混溶量较少，主要用于生产熔体黏度相差较大的、要求分层均匀度较高的塑料薄膜。这种机头不足之处是加工费用较高。图 2-44 为两种共挤复合薄膜机头结构的示意。

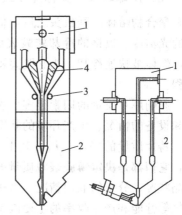

(a) 熔体在进料块　　(b) 熔体在机头内
会合的复合机头　　　会合的复合机头

图 2-44　两种共挤薄膜机头结构示意

1—进料块；2—T 型机头；3—分层
调节销；4—合流调节片

共挤复合膜的剖面形状可以根据使用者的需要进行设计。选用剖面的类型，主要取决于薄膜表面的性能。此外，还要考虑如何回收利用薄膜废边的问题，以便设计各种熔融材料在汇合口的宽度。

机头体都是安装在重型、稳固的横梁上，目的是减小机头的震动。有的支架还可以使机头快速移离冷却转鼓，便于检修机头。这种支撑结构在工作时必须将机头固紧。机头的顶部装有排气罩，用于排除熔体释放的热量及低分子挥发物。排气管必须接至室外防止污染环境。

挤出熔体在离开唇口尚未贴附冷鼓表面时，料流的行为受到挤出压力、出料时的离膜膨胀率、附片作用力、冷却转鼓的牵引力、机唇周围气流情况等综合因素的作用。欲实现熔体很少黏附唇口、均匀出料的目的，安装时必须仔细调节机头与冷却鼓中心垂线的距离，精心调节唇口的出料角度及唇口至冷却鼓的距离。在较先进的设备中，机头角度是可以在一定范围内任意扭转的。通常出料角（与冷却鼓中心垂线的夹角）为 $30°\sim36°$ 之间，有些为垂直向下或水平放置。角度的大小和熔体冷却前附片方式、附片作用力大小、冷却鼓的直径及位置等有关。

生产 BOPET、BOPA 薄膜使用的机头，其机唇表面一般是不镀铬，而是采用高级不锈钢材制作的。因为镀铬会使唇口变钝，挤出时物料容易粘在唇口，导致挤出片材出现条纹，机头用过一定时间后需要拆下检修，而且一旦铬层损坏，又很难修复。生产 BOPP、BOPS 等薄膜使用的机头，机唇内表面一般都是经过镀铬处理的。这样可以降低机头成本，提高机头的加工性能。

九、冷却转鼓（又称冷鼓或急冷辊）及附片装置

聚合物熔体离开机头之后，借助于附片装置的外力作用，迅速贴附在低温、高的光洁度、镀铬的冷却转鼓表面上。由于高温熔体和冷鼓能够及时进行热交换，熔体被快速冷却，当它脱离剥离辊后，就形成固体厚片。这个过程称为铸片过程。

影响厚片质量的因素很多。例如，原材料的性能和质量、铸片以前的成型工艺和设备的情况、生产环境的状况等。

铸片质量的好坏，从外观上来看，主要表现在铸片的形状、尺寸、外观质量，它们都是决定薄膜表观质量的主要因素；从微观上来看，主要表现在厚片的结晶状况、分子的取向情况、熔体的降解情况。这些都是决定薄膜物理、机械、电气等性能和产品收率的主要因素。由此可见，铸片的过程也是生产优质薄膜十分关键的一步。

铸片装置是由冷却转鼓、剥离辊、冷却水循环系统、传动系统、附片装置、排气罩、静电消除器等组成的。现代的铸片装置还具有片材测厚、牵引、切割、辅助收卷等一系列配套设备。为了深入了解该装置的结构及其作用，这里我们分 5 个部分加以介绍。

1. 冷鼓铸片的方式

用冷鼓进行铸片的方式很多，最常见的基本类型有 4 种，参见简图（图 2-45）。即冷鼓-静电附片（或真空抽吸）；多鼓-气刀；接触对辊；冷鼓-气刀、水槽。

铸片方式的选择是由聚合物品种、产品的用途及生产能力决定的。其中单只冷鼓-静电附片或真空抽吸法主要用于生产熔体黏度低的聚酯、聚酰胺类薄膜。此时，冷鼓直径很大、加工精度高、传动精度高，附片能力要求也很高。

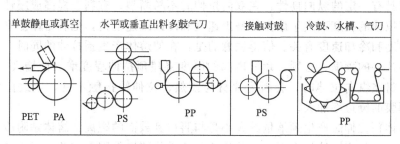

图 2-45　常见铸片方式示意

对于熔体黏度较高的聚丙烯薄膜，大多数是使用单冷鼓-气刀、水槽式，也有使用多鼓式。对于冷鼓-气刀、水槽式的铸片法，冷鼓直径较大，片材冷却速度快，冷却温度和片材的结晶度容易控制，薄膜透明度较高，生产能力大。在使用这种方法时，一定要提供专用低温冷却软水。

在多鼓式铸片法中，冷鼓直径较小，冷鼓的数量一般为三个，片材是双面冷却，片材尺寸均匀，光泽度好。但生产能力较低，设备费用较高。适于生产聚苯乙烯等薄膜。

2. 铸片过程中冷却工艺及设备条件对拉伸塑料薄膜的加工和产品性能的影响

（1）冷却速度对片材结晶情况的影响　PET、PP、PA 等结晶型聚合物片材的结晶情况与熔体冷却速度有密切关系。冷鼓表面温度越低，热传导越好；片材贴附鼓面越紧，熔体冷却速度就越快。此时，片材结晶度小、球晶细而均匀，有利于聚合物拉伸取向。所以，在挤出 PET、PA、PP 片材时，多采用低温快速冷却（＜35℃）方法。然而，冷鼓表面温度并非越低越好。在某些情况下，也需要使用较高的温度进行冷却。例如，在生产双向拉伸聚丙烯（BOPP）电容级薄膜的时候，薄膜表面有时常要求粗化，生产时需要适当地提高冷鼓表面温度（90℃），使铸片产生一些较大的 β 型晶粒，具有一定的结晶度。用这种片材进行双向拉伸时，β 型晶粒向密度更大的 α 型晶粒转化，在晶间形成微小的沟槽，塑料薄膜的表面粗糙度明显增大。又例如在生产非结晶 BOPS 薄膜时，这种材料不存在冷却速度对结晶的影响问题。此时，适当提高冷鼓表面温度（60～90℃）是有利于增大冷鼓对熔体的黏附性，并可以减小熔体的颈缩量，减小能量消耗。

（2）冷鼓对熔融聚合物的预取向作用　聚合物熔体从机头的模唇流出后，在一般情况下，熔体挤出速度均低于冷鼓表面线速度，聚合物熔体在黏流态下拉伸变薄的同时，必然引起部分分子链解缠、滑移和取向。即产生了"预拉伸"。从第一章聚合物熔体的末端行为可以知道，铸片时使挤出片材产生适当的预拉伸，有利于消除可逆弹性应变的不利影响、减小膨胀比。对于结晶型聚合物，预拉伸的应力大小还影响结晶过程，适当地预拉伸有利于晶粒细化及生成准晶结构。这种片材具有一定的纵向韧性，在双向拉伸时不易断裂，有利于提高成膜性。

预拉伸的程度取决于熔体的挤出速度和冷鼓线速度比，也和熔体黏度、冷鼓表面温度和冷却速度有关。值得注意的是：在使熔体产生预拉伸的同时，也要设法减小片材的颈缩。否则，片材边部的厚度将随预拉伸程度增加而增大。而且，这种片材在纵向拉伸时，会因为片材与预热、拉伸辊接触不良，导致拉伸不均匀，薄膜的废边率加大。

熔体预拉伸时产生颈缩量的大小是与唇口到鼓面的距离、熔体贴附冷鼓的能力、唇口的开度、熔体在唇口处的流速与冷鼓线速度等因素有关。减小铸片颈缩最有效的办法是：提高附片能力，减小模唇与冷鼓表面的距离，适当地调节模唇的开度。

(3) 冷鼓的尺寸精度、运行精度、结构对挤出片材厚度及产品质量的影响　在挤出铸片过程中，机头和冷却转鼓就相当于熔体的成型模具，是直接赋予熔体必要加工条件的装置。它与片材厚度及其内在质量有密切关系。冷却转鼓对铸片的影响主要表现在：冷鼓的尺寸精度、运行精度会影响挤出片材的厚度均匀性及表观质量；冷鼓内部结构、传热情况会影响片材的聚集态状况。

冷鼓的大小是由产品的品种、产品厚度、生产速度与产品质量要求决定的，要保证挤出熔体要有足够的冷却时间。目前，较先进的高速薄膜生产线，冷鼓的最高线速度达 $70\sim100\mathrm{m/min}$。此时，冷鼓的直径较大（大于 1.6m），低速生产时，冷鼓直径相对较小。

冷鼓尺寸精度是指冷鼓的正圆度、圆柱度、同心度等，这些精度值在设备加工及安装时要加以严格控制，一般要小于 0.01mm。冷鼓运行时的振幅也要≤0.020mm。无论宏观还是微观的转速精度都应≤±0.05%。为此，冷鼓表面需要进行精加工，鼓体需要进行平衡处理。

冷鼓表面的光洁度是影响片材表观质量的重要因素。通常，冷鼓表面是镀有厚度约 0.1mm 的铬层，硬度为 $62\sim65$ （R_c）。当表面加工精度达到粗糙度 $R_t\leqslant$ $0.1\mu\mathrm{m}$ 时，光洁度应当在 (0.2) 以上。这种冷鼓可以用于制作表面性能极好的薄膜。但是，它的缺点是片材容易出现较大的颈缩量。为此，有的设备生产商就推荐使用中心与边部具有不同粗糙度的冷鼓，其理由是利用提高冷鼓中间部位光洁度，使薄膜获得良好的表面性能；通过增大冷鼓边部区域的表面粗糙度，减小铸片时产生的颈缩量。

冷鼓内部结构对铸片质量的影响，主要是指由于冷鼓内部冷却水流道结构和流向不同、传热效果不同对铸片质量的影响。为了提高传热效果，减小冷鼓的横向温差与传热死角，冷却转鼓都设有内套，内套上焊有导流片。冷却水在导流片之间的流道内有规律地流动。

目前，大型薄膜生产线所用的冷鼓主要是平行流道和螺旋式流道两种结构，流道中冷却水的流动方向一般都是从冷鼓的一端流向另一端，然后返回热交换器的单向流动。严格来说这种冷鼓鼓面横向温度总是存在或多或少的偏差。如果需要进一步减小冷鼓鼓面横向温差，就必须采用错流式平行或螺旋式流道。图2-46示意出单向流动平行和螺旋式流道冷鼓的结构。图2-47示意出错流式冷鼓流道的结构。

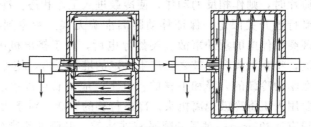

图 2-46　单向流动冷鼓的流道结构示意

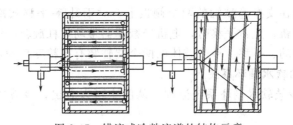

图 2-47　错流式冷鼓流道的结构示意

平行流道冷鼓的导流片是平行于冷鼓的母线。这种冷鼓的结构比较简单，水流阻力小，停留时间短，流速较快（1m/s）鼓面温差可降至0.5℃以下。

螺旋式流道冷鼓的导流片为螺旋形排列，冷却水在鼓内停留时间较长，为了减小冷鼓表面横向温差，并提高传热效果，必须提高冷鼓进水和出水的水流速度。

（4）冷鼓温度对铸片表观性能的影响　冷鼓温度及其传热速度不仅影响聚合物的结晶性，而且也影响熔体的附片效果。适当地提高冷鼓温度有利于挤出片材贴附鼓面，有利于排出片鼓之间的气体，对防止铸片产生气泡、波纹等表面质量缺陷有一定的作用。温度过低，挤出片材则会在冷鼓表面上出现滑动或翘曲。

3. 冷鼓的传动系统

冷鼓的传动系统包括冷鼓回转的驱动系统及冷鼓位移的驱动系统两部分。冷鼓回转驱动系统是使冷鼓能够平稳运转、达到预期工作速度的驱动系统。它由高精度的直流电动机（或交流变频调速电机），能消除震动、减小传动间隙的蜗轮减速器及弹性联轴节或皮带或不带齿的行星摩擦辊等组成。有的设备在冷鼓的主轴上还安装电磁制动器，用于进一步提高冷鼓的传动平稳性。这些传动的零部件都安装在冷鼓的一侧，可随冷鼓一起升降及平移。冷鼓位移系统的主要作用是便于操作人员清理机唇和便于及时、方便清除机头流出的废料。该系统可以采用只有大距离升降的位移方式，也可以采用小距离升降与大距离水平位移两组传动的组合方式。

当附片系统或挤出系统出现异常现象时，按动电钮可以使冷鼓立即退出工作位置；当需要铸片时，则作相反的动作，使冷鼓进入工作状态。冷鼓升降或水平位移的行程是受行程开关限定，保证移动距离准确无误。考虑到在生产的过程中，有可能出现突然停电的意外事故。突然停电后，由于挤出机内的压力很高，熔体会继续外流，将在机头和冷鼓之间产生一定的堆积压力，使冷鼓和机头受到损伤。因此，在驱动冷鼓的升降和平移的丝杠上，应留有可以手动旋转的位置，在必要的时候要用人工将冷鼓脱离机头。冷鼓位移的距离，对于大距离升降式的冷鼓，最小行程应＞600mm；对于升降平移式冷鼓，升降的距离约100mm，水平位移量应大于冷鼓的半径。冷鼓位移的距离均由限位开关控制。使冷鼓旋转的传动系统是固定在支撑冷鼓轴的两个侧板上，对于升降-平移式冷鼓，两侧板的下面还有限位滑轨。正常平移时，电机经减速器带动丝杠旋转，使冷鼓的侧面支撑板在滑轨上滑动、平移。冷鼓鼓体的两个端轴装有高精度自动对中球面轴承。

4. 冷鼓内的软水循环系统

图 2-48 为冷鼓软水循环系统流程。从图中可以看出，冷鼓的传热过程实际包括以下内容。

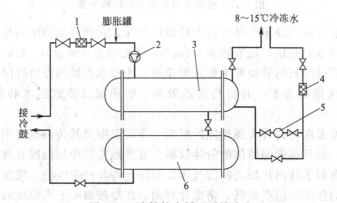

图 2-48　冷鼓软水循环系统流程

1—管道过滤器；2—循环水泵；3—列管冷却器；4—管道过滤器；5—电磁阀；6—电加热器

① 通过鼓内高速循环的低温软水与冷鼓进行热交换，带走熔体传给冷鼓的热量。

② 循环软水通过一个辅助热交换器，被冷冻水冷却。热交换器是一个列管式冷却器，管外通入 8～15℃冷冻水，管内为待冷却的循环软水，8～15℃冷冻

水是由制冷系统专线供给，温度基本恒定。

③ 在循环软水系统中，还装有一台电加热器，电加热器主要是在刚刚开机时或软水温度过低时才开始工作，以确保循环水的温度不变。

值得注意的是：为了保证循环软水能及时将熔体的热量带走，循环水必须与冷鼓外套完全接触，绝对不允许鼓内积存空气。所以，在开始向冷鼓内注水时，一定要打开冷鼓外缘侧面的排气孔，将鼓内的空气全部排除。

5. 附片装置

铸片时，高温熔体落到光滑而低温的冷鼓表面后，如果没有任何附加外力的作用，熔体必然要从鼓面上滑落下去。即使可以铸片，在铸片过程中，塑料片材和冷鼓之间往往会夹带一部分空气，这部分空气就会成为从熔体向冷却转鼓传热的主要阻力，从而极大地影响"急冷"效果，导致结晶聚合物片材内部结晶状态恶化，同时还将破坏冷却的均匀性，使结晶聚合物片材结晶不均匀、片材表面质量不均匀，严重时会造成较大的颈缩或产生波纹、皱纹等缺陷。因此，在铸片系统中通常都要配备一种附片装置。

十、辅助收卷机

辅助收卷机是位于纵向拉伸机的入口处（有的塑料薄膜生产线在纵向拉伸机的出口处也安装一台），其作用是在挤出片材尚未稳定之前或纵、横拉伸某一工序出现临时故障时，将厚片临时储存在卷芯上。从操作的角度来看，还可以利用辅助收卷前的特殊切割装置，加快向纵（或横）向拉伸机的穿片速度。

图 2-49 所示的厚片收卷机包括三部分：驱动端、气动顶紧夹头、卷芯。

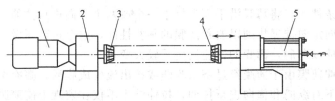

图 2-49　厚片辅助收卷机
1—电动机；2—减速箱；3—固定夹头；4—活动夹心；5—汽缸

驱动端有一台电动机，电动机经减速器带动一个位置固定的锥形夹头旋转。电动机的速度可用电位器来调节。气动顶紧夹头是在驱动端的另一端，它与一个汽缸相连，汽缸可以控制锥型夹头水平移动，夹住或放开卷芯。卷芯是一个空心直管，一般直径为 6in（152.4mm）的纸管，也可以是塑料管，长度由挤出片材的宽度来决定，通常卷芯的长度要比片材最大宽度大 200～300mm。

对于较先进的双向拉伸塑料薄膜生产线，在辅助收卷机的前方，都装有一套可以自动横切的切刀。当需要把辅助收卷机上的片材引入下游设备时，首先将切刀移进片内，停在距片材边缘约150mm处，然后将切刀插入铸片，接着就可以手工剪断片边，将剪下的边片穿入下游设备。此时其余的片材继续卷在卷芯上。当穿片工作完成后，再按动电钮，使切刀进行横向切割，将片材完全切断。最后切刀自动退到原始位置。这种穿片方法，不但穿片速度快，而且还可以避免在穿片失败时大量片材堆积在下游设备里面，减少人工进入高温设备清除废膜和废膜污染设备的次数。

第六节　薄膜双轴取向拉伸

一般薄膜双轴取向拉伸，又称平面双向（轴）拉伸。是拉幅塑料薄膜的生产方法之一。

塑料薄膜按纵横两个不同方向进行平面内的互相垂直拉伸。此时材料分子沿纵、横两个方向取向。双轴拉伸可分逐次拉伸和双向同时拉伸。双轴拉伸薄膜纵向和横向的强度差别小。一般在材料的玻璃化转变温度以上和熔点以下进行。

众所周知，用熔融铸片法制得的片材，无论是物理性能还是力学性能都不能充分发挥材料应有的功能，往往都要进行拉伸取向处理。

塑料片材的拉伸取向，分为单向拉伸与双向拉伸两大类。在实际应用中，尽管单向拉伸会使聚合物在拉伸方向的性能有所提高，但性能改善的程度依然有限，只有在垂直的两个方向上进行双向拉伸后，才能真正实现最理想的改进。

平面双向拉伸的方法有许多种类，实际应用中要根据产品的性能的要求、生产的规模及生产技术、设备的特点来确定。这里，我们分别介绍各种拉伸方法的工艺特点及有关设备的情况。

在加热条件下，将薄膜沿平面坐标中一个或两个方向进行拉伸，使得大分子链沿拉伸方向定向伸展排列以改善薄膜的某些性能，这个过程叫做塑料薄膜的拉伸取向。拉伸取向后，薄膜的性能发生了较大变化。

双向拉伸薄膜由于薄膜经过挤出吹塑或挤出流延成膜后，骤冷至高弹态，然后在高弹态下对纵向和横向进行拉伸，拉伸结果不仅在宏观上使薄膜变薄，而且在微观上使高聚物分子发生应力方向上的整齐排布，即定向（或称取向）。高聚物分子的定向大大提高了高聚物的物理力学性能，可以使用更薄的薄膜或壁厚更小的制品而获得成倍增长的力学性能，在节省高聚物材料的基础上获得好的包装性能，满足包装要求。

拉伸取向后，薄膜的强度大大提高了，但是薄膜均失去了热封性，其引发撕裂强度有些提高，但继发撕裂强度大大降低，稍一用力就使整个膜被撕裂。因此，薄膜分切的刀就要求十分锋利，切口要求整齐平整，不能有任何切痕。双向拉伸薄膜除适用于食品、医药、服装、香烟等各种物品的包装外，还大量作为复合膜的基材。

如上海物豪之双向拉伸薄膜的加工方法有吹胀法双向拉伸、逐步双向拉伸和同步双向拉伸三种。

一、吹胀法双向拉伸法

吹胀膜（inflation film）可以用英文 I 表示，例如：吹胀法生产的聚丙烯薄膜，称为 IPP 膜。

（1）工艺特点　吹胀法双向拉伸工艺的特点是：设备投资少，仅仅是平膜法的 1/15～1/10；操作较简单，占地面积小；拉伸的倍率比较小，仅为 5～7 倍；冷却效率较低，因此生产速度比较低，通常为 30～60m/min。

（2）工艺流程　PP 原料→挤出机挤出厚膜→水骤冷→在加热导管内加热（到临界的高弹态的双向拉伸温度下）→纵向牵引辊快速牵引 5～7 倍→冷却→收卷，在定型设备上放卷→逐级加热到定型温度→在定型温度的辊筒下保持一定时间→冷却辊逐渐冷却→电晕处理→收卷成品。

（3）操作参数　以采用原料为日本生产的 F-5361（OPP 专用牌号）为例。厚膜挤出温度为 220℃、230℃、240℃，连接器 240℃，模唇温度（口模）230℃厚膜管温度误差控制在 2% 以内，骤冷冷却水温 5～10℃。由于 PP 是典型的结晶聚合物，因此要用骤冷的方法使 PP 来不及结晶，而成无定形态，然后再加热到高弹态下进行双向拉伸。对于结晶型聚合物来说，骤冷是十分必要的，而对于无定形聚合物来讲，如 PVC 可以直接冷却到拉伸温度进行双向拉伸，但无定形聚合物无法使已定向了的分子热定型，受热就会收缩，可以生产热缩性薄膜。

拉伸箱内共有三段加热，由段长 2.5m 的管状加热器构成，加热段先加热空气，用热空气鼓入厚膜中来加热厚膜，加热器装在夹辊前，两个加热段和一个拉伸段均分别装有三对夹辊（由一个钢辊、一个橡胶辊组成），拉伸段加热功率 5.5kW。

二、逐步双向拉伸法

逐次拉伸法是将挤出的塑料片材分别经过纵向、横向两次拉伸完成取向过程的方法。在这种拉伸方法中，目前大多数是采用先进行纵向拉伸，然后进行横向拉伸的纵-横两次拉伸法。

该方法主要优点是产品性能容易控制，操作较为方便，拉伸后可在同一台横拉伸机内完成必要的热处理、冷却处理。生产速度最高可达 350m/min。但是，这种方法由于在横拉伸、热处理时会损坏分子的纵向取向，所以难以制作强化薄膜（纵向力学性能远大于横向力学性能的薄膜）。此外，这种方法由于热处理是在横拉机内进行的，也难以制作纵向热收缩为零的薄膜。

这种方法是使用 T 形口模先经挤出流延出厚膜，然后骤冷；骤冷的厚膜在加热辊筒的加热下，加热到双向拉伸温度，经逐级增速辊筒纵向拉伸 8～10 倍，然后边缘用夹具夹紧后，夹具在导轨上呈"八"字形，进行横向拉伸；最后热定型，冷却，电晕处理，分切成一定幅面后收卷。

各种逐次双向拉伸方法的拉伸过程是不同的，但是它们使用的基本设备十分相似。下面我们较详细地介绍这种拉伸方法有关单机的结构及相关的工艺情况。

1. 纵向拉伸（简称 MDO）

纵向拉伸是将挤出的厚片，通过多个高精度金属辊筒进行加热，并在一定的速度梯度下，将片材纵向拉长，使聚合物分子进行纵向取向（和定型、冷却）的过程。所用的设备称为纵向拉伸机。

纵向，拉伸可以分为如图 2-50 所示的大间隙单点拉伸、两点拉伸和小间隙单点、两点、多点拉伸三种类型。

纵向拉伸机主要是由多个加热、冷却辊筒，（红外加热器），辊筒的传动系统，穿片装置，张力、温度、速度等控制装置所组成的。辊筒内的加热介质可以采用循环加热的油或水或蒸汽。用水进行加热的优点在于：软水易得、成本低、安全、检修方便、清洁。从传热的角度来分析，由于水的密度大，热导率较高，可以减少循环水量。其缺点在于当纵向拉伸温度需要高于 100℃ 时，循环水必须使用加压水。水压有时高达 0.7MPa。此时加热系统就要加以改进，辊筒要采取更好的密封措施；用水循环容易结垢，对水质要加以限制；机械密封损耗大（使用寿命为 3～6 个月）。图 2-51 为常用加压水循环系统的示意。

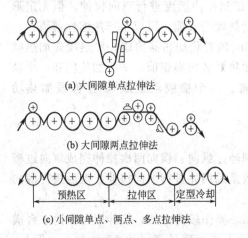

(a) 大间隙单点拉伸法

(b) 大间隙两点拉伸法

(c) 小间隙单点、两点、多点拉伸法

图 2-50　典型纵向拉伸机的种类

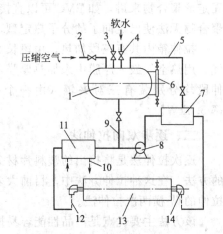

图 2-51　加压水循环系统示意

1—膨胀罐；2—压缩空气管；3—安全阀；4—软水进口；5—玻璃液位计；6—排气管；7—电加热器；8—循环水泵；9—补充水管；10—冷冻水；11—热交换器；12—金属软管；13—辊筒；14—连接头

2. 横向拉伸（简称 TDO）

塑料片材的横向拉伸是在横向拉伸机（简称拉幅机或横拉机）内完成的。图 2-52 为横向拉伸机的俯视图。

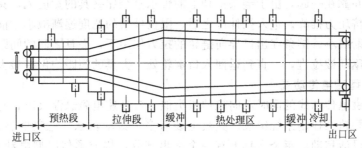

图 2-52　横向拉伸机俯视图

横拉机有两条无端回转的特殊链条，链条上装有夹具，可紧紧夹住片材的两个边缘，并支撑在可变幅宽的导轨上，借助于两条链夹的同向、同步运行。片材首先在略有增幅的预热段进行预热，在有较大扩张角的拉伸区内进行横向拉伸，然后在乎行及有收缩的热处理区内进行热处理，使薄膜定型及松弛（有些塑料薄膜不需要热处理）。最后在乎行的冷却区进行冷却，完成薄膜的横向拉伸工作。

三、同步双向拉伸法

纵向和横向拉伸是在一个能加速的展幅机上完成的，这种一步完成纵横两个方向上的拉伸定向薄膜有两大优点。第一，可以用来制造不能使用逐级拉伸技术生产的塑料薄膜。这是因为上述薄膜极易结晶，而拉伸可以促进结晶，进行双向逐步拉伸时，经纵向拉伸后的薄膜，结晶速度已迅速提高，难以再进行横向拉伸。因此，结晶速度快、结晶度高、容易结晶的聚合物不适宜逐步双向拉伸工艺，而只适宜同步双向拉伸工艺。第二，可以生产超薄薄膜，降低成本，提高透明度，同步双轴定向法可生产 0.5～1.55m 厚的薄膜。

同时双向拉伸设备的主要类型如下。

1. 伸曲链条式

图 2-53 为一种伸曲链条式同时双向拉伸机的示意。这种拉伸机的夹具，装在无端循环链条上，链条通过电动机、减速器、链轮构成的传动系统，使其在特定的导轨上运行。夹具之间的距离是取决于链

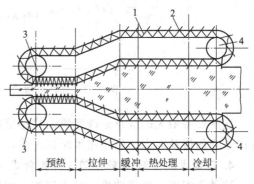

图 2-53　伸曲链条式一次拉伸机示意
1—链条；2—夹具；3—进口链轮；4—出口链轮

条前后两排链轴之间的限位轨道的宽度，并随限位轨道宽度的变化而改变。幅宽则靠调幅装置来调节。当链条离开入口链轮时，夹具之间的间距由最大变为最小，在整个预热段，链轴之间的限位导轨达到最大宽度，链条呈完全摺曲状态，夹具彼此并靠在一起，由于链条销轴上的轴承直径比夹具的宽度大，夹具完全靠轴承间的挤压力推移。进入拉伸区之后，限位导轨的宽度逐渐减小，前后链轴间的阻力逐渐减小，链条在出口导向链轮的拉力作用下，夹具之间的间距就逐渐增大，链条逐渐被拉直，一直到返回入口链轮处，夹具的间距均保持最大值。

2. 线型磁电传动式

线型磁电传动式的同时双向拉伸机类似一台高速电磁悬浮火车，它仅由独立的夹具、导轨及控制系统组成。夹具上装有多个滚动轴承，稳定地靠在导轨上，可沿导轨灵活移动，每个夹具上有一个突出部分，构成类似线型电动机的动片。整个导轨内都装有短芯定子线圈。当定子线圈被充以三相交流电时，产生电磁波与夹具上的磁铁作用，就会使独立的夹具在导轨上与电磁波同步移动。

3. 螺杆传动式（图 2-54）

这种类型的一次拉伸机，夹具主要靠变螺距的螺杆、链轮或附设环状输送器的驱动进行运行。除在拉伸区螺杆的螺距是递增的、拉伸机入口的外侧夹具是递减的外，其他区域夹具基本是等距的。这种传动方式可使夹具具有较大的驱动力，夹具运行是可靠的。美国 ESSO 研究设计公司 1965 年申请了专利。1972 年德国 KAMPF 公司向 ORWO 工厂提供了两条这种类型的 BOPET 薄膜拉伸机。

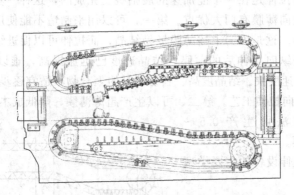

图 2-54　螺杆传动式一次拉伸机示意

这种设备最大的缺点是改变纵向拉伸倍数比较困难，需要更换驱动螺杆。然而由于它的传动力大，生产速度可以加快，所以可以用来生产塑料薄膜。

4. 辊组纵向拉伸-导轨横向拉伸组合式（图 2-55）

这种类型的一次拉伸机，纵向拉伸是利用拉伸机进出口处辊组的速度差，横向拉伸是利用限位器或非刚性连接夹具的强制扩张，实现同时双向拉伸的目的。

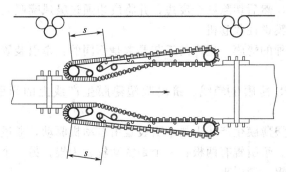

图 2-55 辊组-导轨组合式一次拉伸机示意

一般平膜法双轴拉伸（包括同步法和逐步法）与吹胀法双轴拉伸相比，具有以下优缺点。

（1）投资大，厂房面积大，一个 8m 宽的逐步双轴拉伸薄膜流水线需要长达100m 以上的厂房，要求的技术精。

（2）生产速率高，可达 120～150m/min，产量大，年产量达 0.4 万～1.2 万吨。

（3）双轴拉伸比大，可达 8～10，更能提高性能。

双向拉伸薄膜的拉伸和分子取向是在稍高于聚合物的二级转变温度而低于熔点温度下进行的。

四、纵-横-纵三次拉伸法

目前纵-横-纵三次拉伸法这种方法主要用于生产强化薄膜。

一般纵-横-纵三次拉伸法的生产过程是经过第一纵向拉伸机拉伸的挤出片材，进行横向拉伸、冷却后，需要在第二纵向拉伸机内再次进行小倍数的纵向拉伸、定型、冷却，最后进入热处理机，完成薄膜的最终定型、松弛、冷却处理。

比如利用纵横二次拉伸的方法制作纵向强度高、纵向伸长率小的塑料薄膜是十分困难的。这是因为纵向取向的聚合物分子，在横向拉伸时会出现解取向；分子纵向取向过高，横向拉伸时很容易破膜。因此，为了生产这种特殊的薄膜，就出现了上述纵-横-纵三次拉伸法。一般这种方法的缺点是工序多，穿片次数多，三次拉伸后的薄膜很难穿入热处理机，生产过程中，一旦出现破膜很难处理，生产能力受到很大影响。

第七节 薄膜牵引装置

薄膜牵引装置是指双向拉伸机之后，直到薄膜收卷机之前，薄膜所通过的所有设备。这个装置的作用是将拉伸的薄膜展平、冷却。利用薄膜测厚仪检测薄膜的纵、横向厚度，然后切除两个废边，并将废边通过吸风嘴吸入粉碎机，最终以恒定的速度将薄膜送往收卷机。

一般不同品种的薄膜，生产的工艺要求是不同的，牵引装置的具体结构也不完全相同。

如下以 BOPS 薄膜生产线、挤出吹塑薄膜生产线上的牵引装置组成装置为例。

一般挤出吹塑薄膜生产线上的牵引装置由电动机驱动，通过减速箱减速后带动牵引钢辊运动。牵引辊有两根：一个是主动辊，为辊；另一个是辊面包一层橡胶层的被动橡胶辊，牵引辊。

(1) 装置作用　装置作用就是：橡胶辊工作时紧压在主动钢辊上，夹紧薄膜。它们牵引由成型模具口挤出，经吹胀、冷却固化的薄膜，输送给卷取机，主动钢辊的牵引转动速度由挤出吹膜工艺条件来决定。在整个生产过程中，主动辊可按工艺条件要求无级调速变化，以满足生产工艺要求，保证正常生产。

(2) 对牵引辊的工作原理　①装配后两牵引辊面的接触线应与成型模具、风环和人字形夹板的中心线垂直并相交，以保证挤出模具口的膜泡管始终沿着一条中心线平稳运行；②牵引辊距模具口的距离不能小于膜泡管直径的 3～5 倍，以保证膜泡管的充分冷却；③橡胶辊与钢辊辊面的压紧接触力要均匀，牵引拉力在整个辊面上要相等，这能够阻止泡管内空气泄漏；④牵引运行速度稳定，可无级调速，且调速时能平稳、平滑过渡；⑤在牵引辊和卷取辊之间应加几根导辊和展平辊，必要时应加张力辊，以保证膜卷取捆平整，膜布松紧一致。

德国 Kiefel 公司最近开发了一种振动式牵引装置——Kirion T 专用于将管状吹塑薄膜重新修整成双层平挤薄膜。这套牵引装置将一个压紧辊安装在一个整体旋转盘上配备了新式坚固耐用的旋转芯棒系统用以提高设备的性能稳定性。

例如对于需要特殊检查表观质量的 BOPS 薄膜生产线，该区就要做成桥式；为了提高薄膜的表面张力，在切边之后还装有单面或双面电晕处理器；为了改进薄膜表面性能，有时需要进行表面涂覆等。图 2-56 为典型薄膜牵引装置的示意。

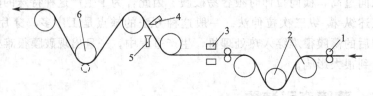

图 2-56　典型薄膜牵引装置示意

1—展平辊；2—冷却辊；3—测厚仪；4—切刀；5—吸边风嘴；6—牵引辊

下面我们介绍一下典型薄膜牵引机有关部件的结构与性能。

一、展平辊

在生产塑料薄膜时，当薄膜进入牵引装置、测厚仪、切除废边的切刀及电晕处理器等装置或辊筒之前，薄膜在拉伸应力的作用下，在两个设备或两个辊之间就会出现一些纵向皱纹。空间距离越大，皱纹也越严重。如果不及时消除这些皱纹，就会导致产品出现褶皱，薄膜厚度的测量值不准确或切割薄膜时产生缺口，以致出现薄膜断裂等弊病。因此，在上述的位置都要安装展平辊。

二、冷却辊

有些经过双向拉伸的塑料薄膜，虽然在拉幅机内已经进行了冷却处理，但是薄膜表面温度仍然大于50℃。如果这种的薄膜靠空气进行自然冷却并立即卷到收卷轴上，有可能引起产品出现或多或少的变形；而且，热的薄膜在经过薄膜测厚仪时，也会影响测量准确度。这种薄膜在进入牵引区之后，往往还需要经过1～2个镀铬、抛光的冷却辊（有些拉伸塑料薄膜不需要冷却）。冷却辊和其他辊筒一样都要经过动平衡处理。其内表面经过机械加工，内部设有夹套，有的冷却辊内夹套上还焊有螺旋形或平直的导流片。夹套内通入30℃循环水（流速约0.5m/s），将薄膜表面的热量带走。

冷却辊是利用马达，经减速器、平皮带进行驱动。其线速度与横向拉伸机保持同步，也可以进行单独微调，使牵引机与拉幅机之间的薄膜具有一定的张力。

冷却辊的两端装有锥形滚柱轴承，为了适应轴的热胀冷缩的需要，冷却辊的驱动端是固定不动的，另一端则可以有小量轴向滑移。

三、薄膜测厚仪

一般薄膜测厚仪是由一个可以横向匀速运动的扫描器和配套的检测、放大、显示、控制系统组成的。能源及检测器安装在同一个稳固的框架上，上下对称、同步移动。检测器接收的信号经放大、数字化，并用计算机进行处理。

薄膜测厚仪适用于各种材料的透光率和雾度值的测定。如果想制得厚度十分均匀的薄膜，在生产薄膜的过程中，就必须使用非接触、连续工作的薄膜测厚仪，及时检测、控制薄膜的厚度。每一条薄膜生产线至少要有一台测厚仪，有的薄膜生产线还安装两台（其中一台装在冷却转鼓与纵向拉伸机之间）。

此外，测厚仪都具一系列的自动补偿装置，以便补偿测量间隙变化、大气压力变化、大气污染等的影响。测厚仪中的发散的热量可以利用自然散热或强制（风冷或15～25℃冷却水）冷却方法加以消除。能源和检测器的外面都装有安全防护罩。

由于薄膜的性能、产品的厚度、设备的使用寿命及测量精度的要求不同。薄膜测厚仪的类型也不同。常用的测厚仪有放射性同位素型、X射线型、光电型等类型。

目前，先进的薄膜测厚仪，不但具有显示薄膜厚度的功能，而且还具有自动反馈控制薄膜的厚度的功能。测量的信息可以显示在高清晰度的彩色监视屏上，其中包括薄膜的纵向及横向断面厚度，横向剖面平均趋势，整个母卷横向扫描平均值及平均的趋势值，模头膨胀螺钉的加热功率分布等。反馈控制的功能包括：控制模头膨胀螺钉的加热功率或温度，调节薄膜的横向厚度；控制计量泵或冷却转鼓的线速度，调节薄膜的纵向厚度。对于具有两台测厚仪的薄膜生产线，第一台测厚仪的主要作用是在未拉伸之前，及时检测或检测、控制挤出片材的厚度，缩短调节薄膜厚度的时间，提高产品收率。

放射性同位素的种类很多，用于测量塑料薄膜厚度的同位素主要是钷 147、氪 85、铊 204 等，使用放射线同位素作为能源。

X 射线测厚仪是一种利用检测 X 射线穿过薄膜后的能量衰减值，来确定薄膜厚度的测量仪器。其特点如下：避免放射源对人体的危害；测量薄膜厚度范围大（几微米到几千微米）；检测器窗口尺寸小（5～100mm），检测精度高；X 射线测厚仪与同位素测厚仪相比优点有，检测器响应时间小于 $1\mu s$，比带有真空室的放射性系统快 10000 倍；传感器的测量精度比放射性同位素高 10～20 倍，薄膜越薄优越性越突出。

但是，X 射线测厚仪用于检测薄膜厚度的历史不长，还有待进一步完善。

四、薄膜导向辊及切边装置

在薄膜测厚仪的后面有一组导向辊，它是由两个主动的镀铬、抛光金属辊组成，其中一个辊的作用是保证穿入测厚仪的薄膜处于水平状态。另一个主要起导向作用。

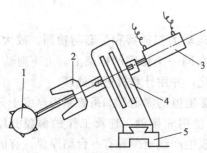

图 2-57　切边刀架示意
1—切刀固定盘；2—护套，3—气缸；
4—支架；5—导向连接板

在上述两个导向辊之间的空隙处，位于薄膜边缘各安装一组废边切割装置。虽然切割废边都是使用单面刀片，但是切刀的支架则有多种形式。例如，可以使用可扭转的圆盘刀架（图 2-57），只要用手扭转切刀轴，就可以更新刀刃，不会影响正常切膜。这种圆盘上都装有 5～6 把刀片，切刀盘的外面有一个防护罩。又例如，可以使用单臂固定刀架。即在薄膜的每一侧都装有两个单臂刀架，每个刀架上只安装一把单面刀片，两把切刀可以交替使用，也不影响正常切膜。无论哪一种切刀，切刀盘均与汽缸相连，切膜时汽缸将切刀推向薄膜，不需切膜时切刀可以脱开。在正常拉伸薄膜时，一旦发生破膜现象，切刀在断膜检测器的控制下，可以自动推出工作位置。

　　为了消除收卷轴上由于薄膜横向断面的局部区域出现厚度累积偏差而影响收卷质量，两组切刀座均安装在一块导向连接板上，连接板被 AC 伺服电动机经减速器及螺纹丝杠推移，使两把切刀能够在横向同步摆动。见图 2-58。切刀摆动幅度的大小和电动机的转向是用导板旁的接近开关来控制。通常摆幅量是≤±100mm。此外，每个切刀座也可以在连接板上单独横向移动，用于调节薄膜单边的切边量及适应横向拉伸倍数的变化。切刀位置调节完毕必须将刀座固紧。

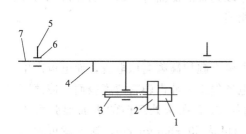

图 2-58　切刀摆动机构示意
1—电动机；2—减速器；3—丝杠；4—限
位开关；5—切刀架；6—滑座；7—滑板

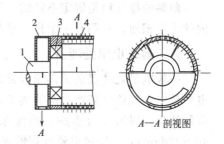

A—A 剖视图

图 2-59　真空多孔隔离辊
1—芯轴；2—排气箱；
3—轴承；4—多孔辊

　　被切除的废边在经过后一个导向辊时，受到压边辊或导向辊边缘吸气孔的作用，将边膜拉往该辊的下方。对于高速薄膜生产线，引下的边膜是用一把能够快速横切的切刀切断，对于低速薄膜生产线也可以用人工剪断，然后将废边手动送进吸风嘴，再吸往粉碎回收系统。

　　压边辊是一个从动辊，轴上安装滚珠轴承，外缘包橡胶或耐磨聚氨酯，压辊受汽缸控制，工作时将压辊压到导向辊上，破膜或非工作时将其抬高。利用边缘吸气孔牵引废边的原理与真空多孔隔离辊相同。

五、张力隔离牵引辊

　　张力隔离牵引辊的作用是强制牵引从拉幅机出来的薄膜，并以恒定的速度将薄膜送往收卷机，确保收卷的薄膜能够维持恒张力。由于生产设备不同，牵引辊的数量也不同。有的设备只在切边之后安装一个，有的设备在牵引区的进出口各装一个。

　　张力隔离辊有以下三种形式。

　　(1) 镀铬抛光金属导向辊-重型包胶压辊　在使用第一种张力隔离辊时，由于压辊靠两端的汽缸施加压力，必然形成两边压力大、边缘张紧力大，而中间张紧力小，引起薄膜横向张力不均匀。为提高牵引张力的均匀性，有的公司采用重型包胶从动压辊代替普通橡胶压紧辊。

（2）镀铬抛光金属导向辊-橡胶压紧辊　这是一种靠汽缸推动橡胶压紧辊，将导向辊上的薄膜夹紧并强制牵出的方式。

（3）真空多孔隔离辊　这种隔离辊的工作原理参见图 2-59。该辊由一个多孔金属辊及两端排气箱组成。多孔金属辊的辊面喷涂耐臭氧的特种聚氨酯弹性材料，以适应电晕处理的需要。辊上钻有许多孔径约为 3mm 的小孔，开孔面积约占辊筒表面积的 50%。辊内有许多平行母线的叶片，将多孔辊分成许多小室。该辊利用单独的传动系统驱动旋转。

两端的排气箱是固定不动的。排气箱靠多孔辊的侧面有一扇形的开口，与辊内的小室相通，外侧有一个排气管与风机相连。

六、薄膜电晕处理器

一般电晕处理机的工作原理是通过在电极上施加高频高压电流，使电极产生电晕放电，气体电离产生高能离子，在强电场作用下冲击塑料薄膜表面，使薄膜表面活化，以增加薄膜的表面湿张力。例如 PET 在未处理前的表面湿张力为 40～42dyn/cm，经过电晕处理的表面湿张力可达 50～55dyn/cm，这样就可大大提高印刷油墨或真空镀铝层对 PET 表面的附着力。特别的 BOPP 和 PE 膜，因是非极性聚合物，如不经电晕表面处理，根本无法进行印刷或镀铝。

电晕处理是将高频发生器产生的能量，通过电极在电极和电晕处理辊之间形成高压电场，电极使逸出的电子加速，相互碰撞，将能量输给空气，并激发空气分子产生发射光子，使空气电离和分解，形成臭氧和氧化氮。同时，高能的电子和离子轰击塑料薄膜表面，使其链状分子断裂，链断裂时产生的自由基与空气电晕产物发生氧化、交联反应，使薄膜表面产生极性基团，薄膜表面被激活，部分离子注入薄膜，使表面粗化，从而增大薄膜的表面张力，改善薄膜的印刷性能和黏合能力。

图 2-60 为一种塑料薄膜电晕处理机。电晕处理机主要由四部分组成，即包括高压发生器、电极、电晕处理辊和耐臭氧的排气罩。除此之外，在拉伸薄膜的生产速度大于 250m/s 的生产线上，为了使薄膜紧贴在电晕辊上，充分排除膜与辊间的空气，避免产生放电现象，需要在电晕辊的侧面再安装一个丁腈橡胶或硅橡胶压辊。

电晕辊是用耐高温、耐臭氧的硅橡胶制成的或喷涂特殊聚氨酯弹性体。电极与电晕辊之间的距离通过电极旁的间隙调节装置进行调节。

间隙的大小可由测量表显示出来。电极和压辊在无薄膜通过时，被各自的汽缸打开，工作时电极才靠近薄膜，压辊与薄膜接触。

电晕处理的强度（薄膜表面的润湿张力）是与电极的电压高低和电极-电晕处理辊之间的间隙有关，电极电压高，与处理辊的距离小，电晕处理效果强；与

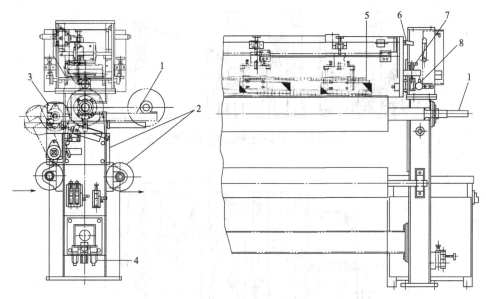

图 2-60　薄膜电晕处理系统

1—电晕辊；2—导向辊；3—压辊；4—空气过滤器；5—电极；
6—电极升降汽缸；7—电计间隙调节器；8—间隙测量表

薄膜、电晕辊之间是否夹入空气有关，如果膜辊之间夹有空气将会导致薄膜的背面也被处理；与电晕辊和电极表面清洁度有关，电晕辊和电极表面很脏，也会减弱电晕处理的效果。

七、牵引机支架

薄膜牵引区是由许多功能不同的辊筒组成的。目前各设备制造商根据薄膜生产工艺的实际要求，提出了多种设计方案。其目的是不但能够实现各种辊筒应有的功能，而且还能满足快速穿膜的需要。典型牵引机支架有以下 3 种。

1. 大间距交错支撑结构

法国 CELLIER 公司曾使用这种结构的牵引装置（图 2-61）。这种装置是将部分辊筒支撑在地面上，部分辊筒悬在吊梁架上。地面支撑辊筒与悬吊辊筒是相间配置。这种装置有利于人工穿膜，便于清理牵引机内的废膜及设备维修，但占地面积较大。

2. 小间距交错支撑结构

德国 BRUECKNER 公司制造的塑料薄膜生产设备均以这种结构为主（图 2-62）。在这种装置中，虽然各辊筒的支撑方式与上述的方式相似。但是支架的结构十分紧凑。穿膜时只需将膜顺着牵引机一侧的导膜槽通过即可。设备的其他

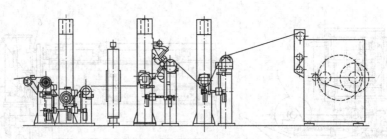

图 2-61　大间距交错支撑牵引支架示意

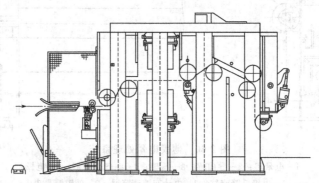

图 2-62　小间距交错支撑牵引支架示意

部位均装有安全栅网。

3. 单向支撑结构

德国 KAMPF、日本小林制作所等设备制造公司推荐使用这类牵引机。这种设备是将所有的宽幅辊筒都装在地面的支架上。为了穿膜方便，利用一条连续回转的链条或皮带，将薄膜带过各辊筒。这种结构特点是基础稳定、振动小、有利于高速生产，但穿膜很不方便。

第八节　薄膜收卷机

薄膜收卷一般是薄膜通过张力控制辊、展平辊、跟踪辊，最后缠绕在收卷机的卷芯上，完成薄膜成型加工的过程。卷芯上的薄膜（俗称母卷）一般只作为生产线的半成品。出厂前还要根据用户的需要进行再次分切复卷。

薄膜收卷机也是薄膜生产线上很重要的设备之一。其性能和质量的好坏会影响分切后成品的质量和收率。通常，拉伸薄膜是在一台宽幅收卷机内完成收卷工作。对于某些宽幅薄膜生产线也可以使用几台交错放置的窄幅收卷机，将薄膜进行分区收卷。先进的塑料薄膜收卷机包括：两个独立的收卷轴，一个卷轴回转盘及跟踪系统，卷轴传动系统，张力、压力控制系统，自动换卷系统，收卷轴摆动系统等。

收卷机的种类很多。这里，我们只列举两种典型的薄膜收卷机，并概括地说明其主要结构。一种是 BASTIA 公司收卷机（图 2-63）。

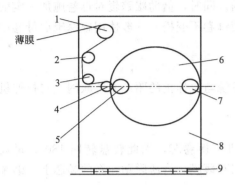

图 2-63 BASTIA 薄膜收卷机

1—张力检测辊；2—层平辊；3—导向辊；4—跟踪辊；
5—收卷辊；6—转盘；7—空卷芯；8—机架；9—滚轮

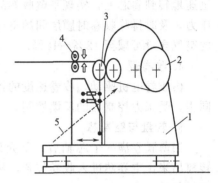

图 2-64 BRUECKNER 薄膜收卷机

1—收卷机机架；2—母卷；3—跟
踪辊；4—展平辊；5—切刀

一种是 BRUECKNER 公司收卷机（图 2-64）。从示意图中可以看出，一台完善的薄膜收卷机尽管具体结构形式有所不同，但它们都必须具有以下的功能。

收卷张力的控制包括张力的设定、张力衰减及张力补偿等，对薄膜收卷的质量影响很大。

一、薄膜收卷张力控制问题

薄膜在分切、复卷过程中的张力控制是指能够持久地控制薄膜在设备上输送时的张力的能力。这种张力控制对设备的任何运行速度都必须保持有效，包括设备的加速、减速和匀速。即使在紧急停车情况下，也应该有能力保证被分切薄膜不破损。张力控制的稳定与否直接关系到分切产品的质量。若张力不足，薄膜在运行中产生漂移，会出现分切复卷后成品纸起皱现象；若张力过大，薄膜又易被拉断，使分切复卷后成品断头增多。本节就薄膜在收卷过程中的张力控制问题进行深入分析。

二、薄膜收卷的原理

1. 张力检测辊

此辊是控制薄膜收卷时合理张力的主要部件，通常薄膜的张力通过张力辊两端轴承下方的压力传感器进行检测，检测的信号通过电子线路，控制收卷电动机的转速，以保证适当的收卷张力。

2. 展平辊

使薄膜展平，消除薄膜在拉伸应力作用下产生的一些纵向皱纹。

3. 跟踪辊

在收卷卷芯的前面装有一个可以改变位置的跟踪辊（也称压紧辊），其主要作用是将薄膜压靠在收卷卷芯上，实行接触收卷或小间隙收卷，以将平整的薄膜迅速地转到卷芯上，实现平整收卷的目的。同时，借助跟踪辊对母卷施加一定的压力，及时排除收卷时膜层间的空气，使母卷不变松。一般使用跟踪辊后母卷中的空气含量可减至 12%～18%。

4. 收卷辊

由收卷电机驱动，收卷速度的控制系统与拉伸机的驱动系统联网，与拉伸机同步，受张力控制器的反馈控制。

5. 转盘与空卷芯

当薄膜卷满一个芯轴后，不允许停机更换卷芯，因此转盘转回 180°，母卷转离出来，空卷芯进入收卷位置，然后切断薄膜，将薄膜贴在新的卷芯上，继续进行收卷。

三、薄膜张力对收卷质量的影响

为了牵引薄膜并将其卷到卷芯上，必须给薄膜施加一定拉伸并张紧的牵引力，其中张紧薄膜的力即为张力。通常由于薄膜的材料厚度及性能不同，以及选用的收卷方式也有不同，张力的大小可设定为 100～600N 之间。收卷张力的大小直接影响产品收卷的质量及收得率。张力过大，收卷过紧，薄膜容易产生皱纹；张力不足，带入膜层的空气量过多，母卷薄膜的密度小，薄膜容易在芯卷上产生轴向滑移及严重的错位，以至造成无法卸卷。分切时放卷轴产生大幅度摆动，影响分切薄膜的质量。所以收卷机必须具有良好的张力控制系统。

四、收卷辊的控制系统

收卷辊的控制主要包括速度控制和张力控制两部分。薄膜收卷时，随着母卷直径增大，如果收卷辊的转速仍然不变，则随着收卷线速度的增大，必然引起收卷张力的递增（因为从牵引装置送出的薄膜速度是不变的），这样不仅会造成膜卷的内松外紧，外层薄膜把内层薄膜压皱，而且分切时也会增加复卷难度，影响分切质量。因此，收卷辊的收卷转速必须随着母卷直径的增大而减小。收卷辊的控制方案主要有以下三种。

（1）采用张力传感器直接进行张力检测的控制方案　张力传感器安装在张力检测辊的轴承下面，将检测到的薄膜张力转换成电信号，送到张力调节器中，与原设定的张力信号比较后，进行 PID 计算，然后输入收卷电机控制器，达到控制收卷辊转速的目的。

一般收卷辊的线速度设定为牵引机输出速度的 105%～110%，实际上，由于薄膜的弹性及张力力矩的影响，收卷辊的线速度不会超过牵引机的输出速度。

这种方案的优点是控制精度高、动态性能好、系统配盘广。

（2）采用浮动辊间接进行张力检测的控制方案　本方案是在跟踪辊前装一套浮动辊，浮动辊的位置用一个电位器进行检测，张力控制的方式是靠维持浮动辊的位置尽量不变来保持张力的恒定。超薄薄膜比较合适用此控制。

（3）采用磁粉离合器控制输入收卷辊的转动力矩　采用磁粉离合器控制输入收卷辊的转动力矩，以达到张力稳定的控制方案磁粉离合器由主动部分和从动部分组成，通过万向联轴器等传动机构与收卷辊相连，中间填入微细铁磁粉作为力矩传递媒介。激磁线圈通入一定电流形成磁场。磁粉被磁化。磁化后的磁粉互相吸引而形成链条状排列。主动部分以恒速转动时，破坏磁粉链之间的连接力而形成圆周切向力。该切向力与磁粉圈半径的乘积便是驱动从动部分收卷的转动力矩，实现在连续转动中将输出力矩从主动部分耦合到从动部分。

五、收卷张力的衰减及张力补偿

一般认为薄膜收卷时维持薄膜张力的恒定是最有利于薄膜成品表观质量的。但实际上，由于薄膜层之间都夹有一定的空气（12％～18％），因此，即使在恒定的张力条件下也会出现外层薄膜将内层薄膜压皱的现象。解决这个问题的方法是随着母卷直径的增加，按一定的规律将薄膜的张力自动进行衰减。通常不同直径下的张力衰减值，在收卷之前需要预先输入计算机内，在生产过程中，操作人员再根据薄膜收卷情况随时进行调节。薄膜换卷时，薄膜转换到新的卷芯表面，卷径突然变化，收卷辊的转速、各系统的转动惯量都发生大的变化，引起张力的突变，以致经常出现换卷断膜现象。因此，在薄膜的张力控制系统内，必须设有张力补偿装置，用以实现软启动、软停止，防止收卷的薄膜产生皱纹。

第九节　薄膜分切机

薄膜分切机又可以称之为薄膜分条机，从收卷机卸下的大膜卷，根据产品标准或用户的要求须在分切机上切成一定的规格，然后经过检验、包装即为成品。分切机的工艺参数主要是收、放卷张力，橡胶压辊结构及其压力，分切速度包括初始升速等的控制。

薄膜分切机可以分切复合薄膜、PVC薄膜、超导薄膜、聚酯薄膜、尼龙薄膜、塑料薄膜等多种不同化学材质的薄膜，分切效果非常精巧，整齐并且无误差，可同时保持分切出来材料的大小一致。薄膜分切机是包装厂、塑料厂和印刷厂加工的必备机器，而且高速薄膜分切机（图2-65）的应用范围广泛，覆盖到化工、纺织、服装等多个行业。

一般薄膜分切机优势：①双变频调速装置，分切速度具有强烈的可控性，快慢自由定义；②分切薄膜宽度精准，等宽等齐分条，同步进行；③结构完善，电

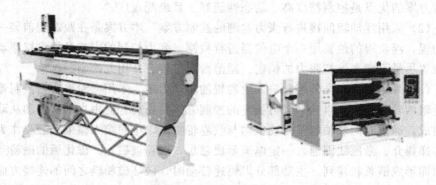

图 2-65　高速薄膜分切机

压稳定不耗电，使用寿命长；④可配备气胀轴，收卷放卷简单，工作效率高；⑤刀片锋利，可有效对薄膜进行分切，永不伤料。

　　这里，我们以英国 ATLASCW-900 型分切机为例，说明一台较先进的分切机，应具备的基本条件及设备结构对分切质量的影响，图 2-66 为 ATLAS 分切机结构剖面图。

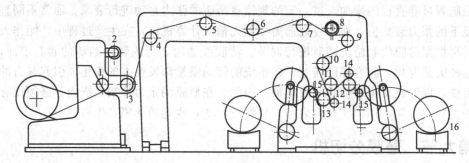

图 2-66　ATLAS 分切机结构剖面图

1,3—导向辊；2—张力控制辊；4～7，9，11～13—导向辊；8—弓形
展开辊；10—刀槽辊；14—压辊；15—跟踪辊；16—装卸卷芯小车

一、自动装卸卷芯的小车

　　自动装卸卷芯的小车是装在通向薄膜分切机的固定轨道上。其作用是运送、装卸母卷与空卷芯。装卸卷芯小车有两种形式。一种是折叠升降式装卸小车的结构见图 2-67。

　　它装卸卷芯的过程与转臂式小车完全相同，只是卷芯的装卸是利用液压油缸的伸缩来使折叠托架升降。自动装卸小车都是装在 2～4 个主传动的小轮上，可以在导轨上平稳滚动。

　　值得注意的是当小车接近分切机时，小车运行速度要减慢；卸卷托架达到放卷臂中心线下方必须立即停止运行，允许误差≤±1mm；夹头脱开要与托架对中系统联锁，转臂或支座升降位置要准确，防止因过高、过低出现意外事故。

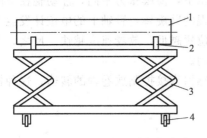

图 2-67　液压折叠式自动装卸小车
1—卷芯；2—托架；3—折叠
升降台；4—滚轮

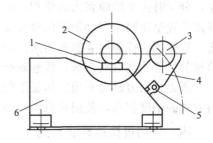

图 2-68　转臂式自动装卸小车
1—升降支座；2—母卷；3—卷芯；
4—旋转臂；5—油缸；6—小车

　　另一种是转臂式。这种小车结构见图 2-68。正常工作时，首先将小车开进放卷臂，利用小车前端的两个旋转臂，将分切机放卷臂上用完的空卷芯的端部托住，按动按键，使分切机放卷臂的夹头脱开，然后将空卷芯转到接近地面的位置，并将小车向分切机内缓慢推进，直到母卷轴心到达放卷臂中心线的正下方，小车自动停止前进，将小车上装有母卷的升降支架升高，分切机的夹头夹住母卷卷芯，落下支架，就可将小车退出工作场地，完成放卷轴的装卸工作。使用自动装卸小车装卸、运输母卷和卷芯，最大的好处是安全、速度快、便于维修，这对于保证正常生产十分有利，但是设备投资较大。

　　有些薄膜生产线不采用装卸小车，而是使用双速桥式起重机吊运母卷和卷芯，这种方法效率很低，又不安全，其优点是设备投资费用较少。

二、放卷臂

　　分切机中单层导轨开合纠偏物料放卷机构采用在单层导轨副上放置电动机托架、左放卷臂、右放卷臂，且均可在导轨副上滑动。导轨副分段连接在右放卷底板和左放卷底板上，正反牙丝杆连接在被动右放卷臂的外侧，一端与被动带轮连接，左放卷卡头和右放卷卡头分别在左放卷臂和右放卷臂的内侧，把纠偏器固定在右放卷底板上，一端与电动机托架连接。这种放卷机构解决了过去双层导轨结构带来的复杂、庞大和收放卷中心高，生产、运输及安装困难等缺陷。

三、张力控制辊

　　若实现恒速、稳定地分切，放卷速度就要随牵引速度改变而变化，并保持一定的放卷张力。为达到这一目的，在分切机放卷轴之后，必须安装张力控制辊。张力控制辊有两种形式，ATLAS 分切机是采用浮动式张力辊，其他类型分切机也有采用压力式张力辊。

浮动辊是靠近放卷轴、安装在两个固定导向辊之间的一个辊，浮动辊的两端分别装在两个旋转臂上，两臂均装有汽缸，非工作时汽缸将浮动辊推到最高位置，分切时由于薄膜张力的作用，将浮动辊压下，薄膜张力不同，浮动辊在空间停留位置也不同，浮动辊的位移使支撑浮动辊的臂旋转，臂轴上的电位计发生变化，这样就能控制放卷轴的转速。浮动辊的位置越低，放卷速度越快。反之，浮动辊的位置达到最高点时，放卷轴就停止不动。

压力式张力辊是利用工作辊下的压力传感器直接控制放卷轴的转速。这种控制方式的精度较高，使用可靠性较高。

四、分切机摆边控制系统

为了防止因薄膜横向厚度累积偏差引起分切产品出现明显的凹凸现象，性能良好的分切机也装有母卷摆动系统。

分切机放卷臂的横向摆动与收卷机的横向摆动有所不同。收卷机的横向摆动是与牵引区切边刀具横向移动状况有关，收卷轴是随薄膜宽度的变化程度而摆动。分切机摆动是借助于张力控制辊组后面、牵引辊机架上摆动的光电检测器，控制母卷左右摆动，摆动的大小是通过调节光电检测器横向移动量来实现；收卷机是收卷轴作横向摆动，分切机是放卷轴进行横向摆动。分切机放卷轴的横向摆动，是取决于薄膜的质量，与薄膜收卷状况有关，如果母卷在收卷时已具有足够的摆动，分切时也可以不必再摆动。

五、导向辊

导向辊的主要作用是改变塑料薄膜的走向，使薄膜从放卷轴转至收卷轴。不同的设备导向辊的位置与数量是不同的。有些分切机导向辊是放在操作平台底下，薄膜穿过接近地面的导向辊进入分切收卷区。目前，大多数大型分切机的导向辊都是放在操作者的顶部。这两种排列方式都不影响分切质量，但是从操作方便、易于检查薄膜表观质量的角度来看，还是薄膜从顶部通过较好。

导向辊是刻有交叉网纹的橡胶辊，是利用分切机主驱动辊的驱动力，经齿形皮带驱动各个的导向辊。各辊的速度基本是相同的，前后导向辊之间速度增加量小于0.1%。停机时为了保证导向辊与收卷辊之间的薄膜维持张紧状态，每个导向辊的端部都装有一个电磁离合器。当主驱动牵引辊停止转动时，离合器就会制动导向辊，使其快速停止转动。

此外，在导向辊的区域内、位于导向辊的一侧，还装设一套自动穿片装置。它包括穿越各导向辊的链条、链轮及链条张紧装置。穿片时只要将薄膜绑在链条上，启动传动电动机使链条运行，就可以将薄膜穿过各导向辊。

六、弓形展平辊

分切机弓形展平辊的结构及使用原理见收卷机弓形展平辊。使用时要注意调好薄膜包角位置，注意要与后面导向辊保持一定的距离。

七、切刀及刀槽辊

刀槽辊是具有多条 2～2.5mm 宽，深度为 2.5～3mm 环槽的金属辊，它是用一台电动机驱动。在它的上方装有一条横轴，横轴上装有多个可移动的切刀臂，每个臂上有一个切刀盒，刀盒内可以安装一把单面刀片，也可以安装一片圆片刀。

固定切刀臂的横轴安装在分切机侧板的轴套内。其一端设有一个摇柄，工作时摇动手柄可将所有的切刀同时转入刀槽的中心，换刀或重新穿膜而不需要切割时，可将切刀同时转离刀槽。

工作时，首先要根据产品的规格，设定各工位的间距，然后就要精确地调节切刀的位置。最先进的分切机只要在计算机上设定好各工位的宽度，启动传动系统，就可以自动调节刀位。这种方法的优点是调位速度非常快，产品宽度准确，节省人力。但设备费用十分高昂。目前，最常用的还是手工调位法。利用人工将切刀逐一调到需要的位置。

八、夹紧辊

在 ATLAS 分切机中为了防止停机时由于浮动辊上升，拉动薄膜使之倒移，或因产品卸卷时，由于收卷臂转动、拉动薄膜引起切刀前后的薄膜松动，导致再次切割时分切薄膜偏斜或出现缺口、拉断薄膜，专门设计一个包有橡胶的从动辊。该辊仅在停机时使用。使用时利用汽缸将夹紧辊推到主驱动辊上、夹住分切塑料薄膜。正常分切时脱离薄膜。

九、接触辊（或称压紧辊、跟踪辊）

国产接触辊的材料一般都是轻而不易变形的材料做成的。长度约＞1.5m 的辊子应该是要采用碳纤维包覆橡胶的结构，长度＜1.5m 的是采用铝合金包覆橡胶的结构。接触辊是包有橡胶的从动辊，其作用是排除分切制品中薄膜与薄膜之间的空气。使用前，首先要选择辊的长度。通常，接触辊的长度应大于制品的宽度。

接触辊的两端有两个支撑臂，支撑臂安装在有榫头的转轴上，对于可以两侧同时卸卷的分切机，必须有两个转轴。支撑臂在转轴上可以任意横移，用以适应分切宽度的变化。分切宽度调好后需要将支撑臂紧固在转臂上。并利用软管将转轴旁分组压缩空气的接口与跟踪臂上的低摩擦汽缸连接起来。工作时根据分切速度、产品的卷径、薄膜宽度及材质等因素，在控制台上设定或调节气压及压力变化规律，利用计算机自动控制接触辊对分切薄膜的压紧力。通常随着卷径的增大压紧力也不断增加。

十、复卷臂（或称收卷臂）

一般复卷臂上薄膜的张力、张力衰减、跟踪辊的压力、压力递增、分切速度、长度等工艺参数的设定及控制都是利用计算机自动控制的。分切机的复卷臂是安装在最外侧，是装在另一个带榫头的专用转轴上，对于两侧同时卸卷的分切机也有两个转轴。复卷臂在转轴上可以任意横向移动。当分切宽度调好后，需要将复卷臂紧固在转轴上。转轴的作用是在薄膜复卷完毕之后，将复卷的成品转放到承接膜卷的小车上，以及在薄膜复卷时，随着复卷直径增大，能够及时将复卷臂向外旋转，保证接触辊在一定范围内，均有恒定的张力。一般复卷臂有两种结构，一种是带有驱动电动机的主驱动臂，一种是不带驱动电动机的辅助臂。使用时根据分切薄膜的品种、宽度、厚度、收卷长度来选择复卷臂。只要单复卷臂的驱动电动机不超载，就可以使用一个主驱动臂、一个辅助臂。当复卷薄膜的重量过大时，就要选用两个主驱动臂同时驱动卷芯。每个复卷臂上都有一个可更换的夹盘，根据用户对分切薄膜卷芯的要求，可选用 3in 或 6in 两种规格。在装卸卷芯时，只要用手搬动臂上的手柄，就可使与夹盘相连的凸轮伸缩，夹住或放开卷芯。分切机卷芯卡紧的方法有两种。一种是采用气胀式，一种是采用滑楔式。在每一个主驱动臂的臂内，都装有传动齿轮和与驱动电动机相连的齿形皮带。ATLAS 分切机是以中心复卷的方式进行复卷。复卷张力对跟踪压力的影响很小。但随着复卷直径的增大，薄膜将推动接触辊向后转移，当接触辊遮住分切机侧板上光电发生器发出的光束时，固定复卷臂的转轴，就会在液压连杆的推动下，产生微小的转动，并使复卷辊、接触辊恢复原位。

第十节　挤出、团粒与废料回收方法

聚丙烯在使用过程中会发生老化，在加工过程中，分子结构也会发生变化。高温氧化、机械剪切等均会引起链剪断反应，导致交联反应和降解反应，分子量或者提高或者降低，也极大影响分子量分布，从而改变聚丙烯材料的流变性能、力学性能等。

聚丙烯应用场合不同，其废料的力学性能也不一样；使用过的高分子材料因存在引发剂、缺陷等降解会更快。因此，要调整再生材料体系的稳定性，通过添加稳定剂可使再生料的稳定性有较大的提高或改善。对于使用过程中性能改变不多的废塑料，物理加工是再生利用的主要方法。和聚乙烯相同，废旧聚丙烯的利用也包括直接利用、改性利用、化学循环利用等。在生产双向拉伸塑料薄膜过程中，出现废料是不可避免的。另外废料还有来自于开机时从挤出机排出的熔融物料及不合格的铸片；纵向、横向拉伸过程中产生的废膜、废片；牵引区切除的较厚的废边；分切时切除的废边、废膜。这些清洁的废料如果不充分回收利用，就会增大生产成本、造成原材料的极大浪费。因此，绝大多数的塑料薄膜生产厂，都设有废料回收装置。目前最有希望循环的废旧聚丙烯材料来自电池箱。估计在美国每年有 45kt 的 PP 可以回收，大约有 18kt 再用于制造新的电池箱，其他循环的 PP 材料可用作实心轮子、装饰百叶窗和其他注射模压晶。在英国，主要回收 PP 电池箱。英国某公司每年处理、加工 10kt 使用过的聚烯烃物品，做成园艺模压物品如坛和盘。据统计英国有 42 家公司在进行 PP 回收膜，并制成粒料。每年在英国回收的 PP 废料达 25kt。

在德国，Herbold 公司开发出 PP 电池箱的回收系统，在这个系统中，电池箱首先进行湿粉碎，通过两阶段的湿分离过程分离出污物，PP 粒料被用作制电池外套等。一般从化工厂生产聚丙烯的过程中，产生 5%～10%非结晶性无规聚丙烯（APP）副产物，APP 可加入沥青或混凝土中作填充材料。APP 黏结性好，适用于作各种物质的黏结剂，如将 APP 与 PP 和灰分混合制成混凝土，配入铝矿渣再制成砖块；也可将 APP 与沥青混合熔融，涂在纸或布上作房顶材料等。来自超市的废塑料数量大，比较干净，易回收。混合物通过加相扩散剂（混溶剂）可大大改善材料的性能。通过加稳定剂（抗氧剂、光稳定剂），可较大幅度地改善混合物、单组分聚合物材料的性能，对 PP 来说，用二壬基二硫碳酰胺镍或锌效果较好。接在聚合物上的稳定剂也能很好地稳定聚合物混合物。

废塑料薄膜、片材的回收方法很多。回收时根据塑料的品种、产品的要求、回收设备的状况加以选择。下面列举几种常用塑料的回收方法。见表 2-6。

表 2-6 塑料薄膜、片材回收方法

品　种	粉碎掺入法	挤出造粒法	团粒法	化学回收法
聚丙烯	+	+	—	—
聚苯乙烯	+	+	—	—
聚酯	*	+	+	+
尼龙	*	+	+	+

注：表中 * 为可以使用的回收方法，其中聚酯、尼龙是用于较厚的片材；＋为最常用的回收方法；—为不使用的方法。

一、粉碎掺入法与薄膜粉碎机

粉碎掺入方法是将废塑料薄膜、片材、块状料，通过粉碎机粉碎成小块，然后将小块料直接掺入新切片中，重新生产薄膜的方法。该法所用的主要设备是切割边膜的预切割机-粉碎机；切割废薄膜、片材的粉碎机；粉碎块状塑料的破碎机。边膜的回收过程是先用抽吸方法将废边吸入预切割机，在这里切刀把废边切成较长的小段。然后再吸入粉碎机再次粉碎。在粉碎机之前安装预切割的目的是确保废料能够均匀进入粉碎机，减小粉碎机的震动，提高粉碎机的使用寿命。同时，也可以提高废边的吸引力。安装时预切割机应尽量靠近废边吸入口，防止破

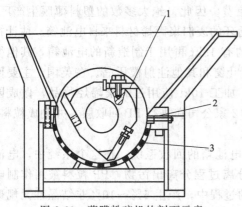

图 2-69　薄膜粉碎机的剖面示意
1—动刀；2—定刀；3—筛网

膜时较长废边猛然进入预切割机，导致边膜包住切刀。有些薄膜回收装置省略了预切割的过程。只利用一台较大的吸边风机、一台加大功率的粉碎机直接进行粉碎。预切割机、膜片粉碎机、破碎机的结构基本相似。图 2-69 为薄膜粉碎机的剖面结构示意。预切割机、破碎机与粉碎机的主要区别在于机器的承载能力不同、切割料的状况不同。预切割机的功率最小，薄膜片材粉碎机的功率最大；预切割机只有一把定刀、两把动刀，切断的边膜较长，而薄膜、片材粉碎机和破碎机的定刀及动刀较多；此外，除预切割机以外的粉碎设备，在切刀下面都装有筛网，其作用是使废膜、废片能切成较均匀的小碎片（或块）。筛孔的大小和回收设备有关，如果采用有剪切、预干燥器的排气式挤出机来回收废料，筛孔可以很大，有时还可以不加筛网；如果采用双螺杆挤出机或团粒机作为回收设备，粉碎机下面就需要使用小尺寸的筛网，通常粉碎机筛网的孔径为 8mm×8mm～12mm×12mm。

在生产过程中，回收废料切割机、粉碎机的振动量很大、刀具磨损量很大。因此，在设计时要考虑刀具安装方便、牢固、易于检修。除此之外，应尽量采用剪切式切割法，取代垂直剪断法，提高切刀的使用寿命。粉碎后的碎料用气流送到大料仓内，在料仓搅拌器的作用下进一步混合，然后用螺杆加料器将料送进挤出（或干燥）系统，与新原料混合使用。

二、挤出造粒法与回收工艺

这种方法是将粉碎、剪断、破碎的废塑料，用挤出机挤成细条，经过水槽冷却、脱水、切成粒状物料的方法。图 2-70 为挤出造粒工艺流程。其工艺过程为：

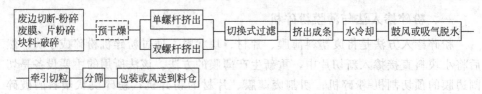

为了防止物料在挤出过程中产生过分的降解，粉碎的废料在进入挤出机之前，最好经过一台预干燥机，废料在这里被旋转的切刀再次切割、强烈搅动，并与容器的器壁产生强烈摩擦，温度升高，蒸发出一部分水分；在挤出时，再利用排气式挤出机的排气功能；进一步排除废料中的水分。然后，熔融的物料经过一

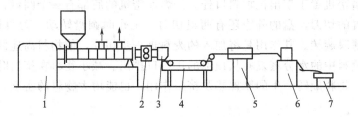

图 2-70　挤出造粒回收工艺流程

1—排气式挤出机；2—切换式过滤器；3—造粒机头；4—冷却水槽；

5—脱水器；6—切粒机；7—振动筛

个熔体过滤器，过滤出混入回收料中的杂质，以利于提高拉伸薄膜的收率和延长薄膜生产线过滤器的使用时间。回收挤出机过滤器的滤网孔径可比薄膜生产线上的滤网粗些。过滤器最好选用自动切换式，以便减小更换过滤器占用的时间。造粒机头上有许多直径 5mm 的小孔，一字形（或双排）排列。开孔的数量取决于造粒挤出机的生产能力。孔的开口方向是向下的。从挤出机出来的熔体直接落入不锈钢水槽中。水槽内的水温是利用进、出水槽的水量加以控制。槽内至少设置两个多沟槽的导向辊，将料条分开，以免热料粘连在一起。料条出水后，需要通过一个脱水器。脱水器是一个弧形多孔风道，当料条在上面通过时，利用风机送入或排出的空气，将料条表面的水分吹干或吸干。最后料条进入切粒机，在多刀刃旋转切刀的切割下，将挤出的料条切成塑料粒子。粒状的回收料经分筛除去较长的料条，就可以包装或用气流将其送至大料仓，完成整个挤出造粒工作。

用挤出法回收废塑料所用的主要设备是挤出机。常用的挤出机有两种形式。

1. 日本制钢所推荐使用排气式异向双螺杆挤出机

因为这种挤出机加工粉碎废塑料膜片时，两根螺杆相互啮合，一根螺杆的螺棱插入另一根螺杆的螺槽中，使连续的螺槽被分为相互隔离的小室，螺杆旋转使啮合点不断轴向移动，小室也不断沿轴向移动。物料就被连续向前推移，即实现强制送料。此外，非啮合异向双螺杆挤出机啮合处螺棱和螺槽的速度方向相同，但速度不同，因此，在挤出时被螺棱带入啮合间隙的物料受到挤压与研磨，故这种挤出机混合、混炼效果很好。还有一个突出的特点，那就是在这种挤出机的排气段，物料能够充分搅拌、剪切，排气效果十分好，可以明显地减小物料降解反应。

唯一不足的是双螺杆排气式挤出机的结构较复杂，维修较难，设备成本较高。

2. 奥地利 EREMA 公司推荐使用大直径排气式单螺杆挤出机来回收废塑料薄膜

这种挤出造粒装置主要由预干燥、增密机及单螺杆排气挤出机两部分组成的。

　　干燥增密机置于挤出机加料口处。干燥增密机的底部有一个圆盘，盘上有两组径向放置的切刀，盘的外缘还有两组切刀。工作时圆盘转动，刀具切割薄膜，使筒内的薄膜旋转。其作用是将加入的废料进一步切碎，使物料高速回转产生摩擦热，将废料中的水分蒸发并从顶部的排气口排出。减小物料在挤出时过分地降解。此外，物料旋转产生的摩擦热及挤压作用，也能增大物料的密度，并实现强制加料。

　　薄膜增密及干燥的程度主要是通过调节加料量来控制（改变加料量实际上就是改变物料在筒内停留时间）。回收造粒用的单螺杆排气式挤出机，具有一个排气段、两个排气口。排出的水汽及夹杂在物料中的气体经低分子聚合物的捕集室、排气管，进入缓冲罐，最后被水环式真空泵抽出。大直径单螺杆排气式挤出造粒机的结构简单，设备成本低，物料降解量较小，易于维修。因此，目前已被广泛地用于废塑料的回收行业。

三、团粒法与关键设备

　　一般这种团粒法造粒的方法是将粉碎成小块的废塑料薄膜、片材用风送到废料混合料仓，在这里不同的废料（除粉碎的块料）经过充分混合、分散、计量，用螺杆输送器加到团粒机内进行塑化。然后，送到粉碎机内破碎，再经分筛便制成团粒料，具体工艺流程为：

废料粉碎 → 旋风分离 → 混合 → 计量加料 → 分离金属 → 团粒 → 粉碎 → 分筛 → 储存

　　团粒造粒法所用的设备，除了粉碎机属于通用机械外，还包括以下专用装置。

1. 混合料仓

　　粉碎废料用气流送往回收系统时，首先要经过一个旋风分离器，才能进入较大的混合料仓。每条薄膜生产线至少有一个粉碎废料混合料仓，将所有的粉碎废料集中混合。有条件的工厂，最好将粉碎的边膜与粉碎的其他废膜废片分别送到两个混合料仓，造粒时再按一定比例混合，这样可以提高回收能力。

　　混合料仓分为立式与卧式两种。混合料仓的内部都装有搅拌-推进螺杆。在立式混合料仓中，粉碎的废料被螺杆上端的刮板充分搅动、混合均匀，被下端螺旋叶片连续向下推移。最后，利用下料口处的另一个螺杆输送器，将物料定量送出。

　　混合料仓的外壳最好是采用不锈钢制成的。但是为了降低成本，往往是选用低碳钢为材料，内表面涂覆特殊抗静电涂料。混合料斗内的搅拌螺杆都是用不锈钢制成。搅拌螺杆的数量取决于混合料仓的结构，一般为1～3个。例如一台15m³的立式混合料仓（图2-71），内有三个搅拌轴。工作时三个搅拌轴可以二根一组、定期轮换地旋转，也可以三个同时转动。

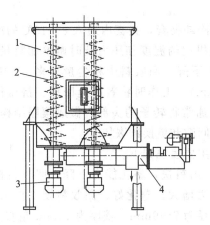

图 2-71 混合料仓结构示意
1—混合料仓；2—搅拌螺杆；
3—电动机；4—螺杆输送器

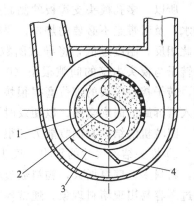

图 2-72 团粒机结构示意
1—多孔模头；2—"S"形转子；
3—旋转圆盘；4—旋转切刀

2. 团粒机的供料仓

因为团粒法是靠物料的摩擦热使物料塑化。而物料的摩擦热又与进入团粒机的物料量密切相关。因此，在各种团粒机的入口处都要装设一个混合供料仓，将粉碎的废料进一步混合，并按一定需要量向团粒机供料。

供料仓内装有搅拌耙，用于分散、混合物料，此外还装有螺旋推送器，可以根据团粒机内物料的温度、压力的高低，自动调节螺杆的转速，改变向团粒机的供料量。

3. 团粒机

团粒机是团粒法回收塑料最关键的设备。图 2-72 为团粒机工作原理。

团粒机内有一个圆环状多孔模头，模头内侧有一个"S"形高速回转的转子（有的团粒机使用两个小的圆形转子代替"S"形转子），模头外有两把旋转切刀，旋转切刀的转动方向与"S"形转子的转向相反。

工作时，进入模头内腔的粉碎塑料被高速旋转的"S"形转子强制挤到模头和转子之间的间隙里，在这里，物料受高挤压应力和摩擦力的作用，产生大量的热量、变为熔融状态并被强制挤过模头的小孔。当熔体离开模头外表面时，立即被外面反向旋转的切刀切掉，并被外套内通入高速的冷却风冷却、强制吹向粉碎机，最后再用风机送入分筛器及储料仓。

用团粒法回收废料时，最重要的问题是要严格控制物料的摩擦热，这是稳定生产最重要的条件。因为，当摩擦热过高时，粉碎料就会在挤压之前被软化，彼此粘连在一起，出现堵塞模头现象；或者因挤出物料温度过高，通过模头的熔体黏附在团粒机的出口或输送管道中；此外，温度升高很容易导致团粒机转子及切刀传动轴的轴承损坏。

所以，多孔模头支撑板的侧面必须安装冷却夹套，夹套内通入 8～15℃的冷冻水，及时带走不必要的热量；要根据团粒机内的温度和压力及时调整加料量。与此相反，温度过低，将导致团粒产品密度下降，回收料中粉尘量增多。"S"形转子与模头内壁的间隙很小（0.2～0.3mm）。工作时物料高速摩擦、挤压作用，转子接近模头的部位磨损很快。所以，通常将转子的头部，做成镶嵌结构。镶入可拆卸的耐磨金属，以便及时调节挤压间隙和更换镶嵌块。

团粒机的结构对回收能力有很大影响，主要表现如下。

① 模头结构尺寸的影响　模头孔径大，出料快，塑化能力下降，回收料松软，粉料多；壁厚增大，物料通过小孔的阻力增大，塑化好，回收料硬度提高，但过厚容易出现堵料现象。通常模头钻孔直径为 7～9mm，壁厚为 15mm 左右。

② 模头与转子或切刀之间间隙的影响　模头与转子，模头与切刀，切刀与机壳上固定分风板之间的间隙，都要保持距离很小而且相互不接触的状态，如有磨损应及时调整。所有转动的零件要彼此同心，否则间隙大的地方会导致物料堵塞。

③ 冷却效果的影响　支撑板两侧冷却水夹套的冷却情况，输送切断熔体的风温、风量是确保正常团粒的重要因素。降低水套的温度及送风的温度、提高风压有利于提高回收造粒能力，提高回收料的密度。

④ 出料管道的影响　熔体输送管道应尽量短、内壁要光滑、无死角，这样可以防止熔体堵塞。

⑤ 加料量的影响　进料量过大，团粒机内部温度过高，物料在挤出之前就会结块。

四、挤出、团粒两种回收方法的比较

1. 挤出造粒法

用挤出造粒法回收废料时，粒料的密度大，形状均匀，粉尘少，在造粒过程中可以使用熔体过滤器，滤出废料中较大的杂质，从而可延长薄膜生产线熔体过滤器的使用寿命。而且，回收造粒的能力不受回收料质量的影响，生产能力高，一台直径为 120mm 的单螺杆排气式挤出机，每小时可生产 800kg 回收料。但是这种方法熔融时间较长，物料降解略大（回收聚酯废料时，特性黏度下降约 0.04dl/g）。

2. 团粒法

用团粒法回收废料时，其优点在于：物料塑化时间短，造粒后物料的降解量比较小。其不足之处是产量不稳定，回收能力受原料及设备状况的影响因素较多。当回收物料的湿度大，低熔点料（如非结晶物料）较多，转子与模头等的间

隙过大或跳动量较大时，模头就很容易堵塞。团粒法回收的粒料形状不规整，密度小，粉尘多，在回收过程中不能过滤夹杂在废料中的杂质，重新生产薄膜时，容易堵塞过滤器。造粒能力较低（对于模头内径为 250mm 的团粒机，最高生产能力约 320kg/h）。

五、利用 PET 与化学回收法

由于高聚物化学成分及使用要求的不同，不同塑料可以采用不同的化学回收方法。这里我们着重介绍 PET 废料化学回收方法。

1. 利用甲醇醇解 PET，制取对苯二甲酸二甲酯（DMT）及乙二醇（EG）

PET 典型甲醇醇解反应是将 PET 与甲醇按一定比例混合（PET/甲醇＝1/3），在催化剂的作用下，于 1.8～2.0MPa 下，将混合物加热到 180℃，反应 7～8h，得到裂解物 88.6％为单体。其反应式为：

$$\text{HO}-\left[\overset{\text{C}}{\underset{\text{O}}{}}\!\!-\!\!\text{C}_6\text{H}_4\!\!-\!\!\overset{\text{C}}{\underset{\text{O}}{}}\text{OCH}_2\text{CH}_2\text{O}\right]_n\!\!-\!\!\text{H}+2n\text{CH}_3\text{OH} \xrightarrow[\substack{\text{加热}\\\text{加压}}]{\text{催化}}$$

（PET）

$$n\text{CH}_3\text{OC}\!\!-\!\!\text{C}_6\text{H}_4\!\!-\!\!\text{COCH}_3 + n\text{HOCH}_2\text{CH}_2\text{OH}$$

（DMT）　　　　　（EG）

DMT 与 EG 是合成 PET 的基本原料，可以回收使用。

2. 利用二元醇醇解

当加热过量的二元醇与 PET 的混合物时（丙二醇/PET＝1.5/1 或乙二醇/PET＝1.5～2/1），在催化剂的作用下，PET 可以进行醇解反应。

如果二元醇为乙二醇，醇解后可生成对苯二酸乙二醇酯，其反应式为：

$$\text{HO}-(\text{CH}_2)_2-\left[\text{O}\overset{\text{C}}{\underset{\text{O}}{}}\!\!-\!\!\text{C}_6\text{H}_4\!\!-\!\!\overset{\text{C}}{\underset{\text{O}}{}}\text{O}(\text{CH}_2)_2\right]_n\!\!-\!\!\text{OH}+n\text{HO}-(\text{CH}_2)_2-\text{OH} \xrightarrow[\text{加热}]{\text{催化}}$$

$$n\text{HO}-(\text{CH}_2)_2-\text{O}\overset{\text{C}}{\underset{\text{O}}{}}\!\!-\!\!\text{C}_6\text{H}_4\!\!-\!\!\overset{\text{C}}{\underset{\text{O}}{}}\text{O}-(\text{CH}_2)_2-\text{OH}$$

如果二元醇为丙二醇（或丁二醇），醇解后将生成对苯二甲酸丙二醇（或丁二醇）酯和对苯二甲酸乙二醇酯、乙二醇/丙二醇等混合物。

利用二元醇醇解 PET 可以制得许多有益化工原料。例如对苯二甲酸乙二醇酯经过精制，可以作为合成 PET 的原料。又例如在醇解回收时，根据需要加入一些多官能团的醇类：丙三醇、季戊四醇、异辛酸或不同的酸酐时，可制成合成涂料、不饱和聚酯树脂或聚酯增塑剂等化工制品。

3. 利用 PET 水解反应生成对苯二甲酸、乙二醇

粉碎 PET 碎片在反应釜中加热到 150～250℃，在过量水分中用乙酸钠作催化剂，反应 4h，可制得对苯二甲酸和乙二醇。水解的催化剂也可以选用酸（如硫酸）或碱（如氨水）。如果使用酸性催化剂，反应可以在 60~95℃下进行，反应时间只要 10~30min。

目前，最先进的 PET 水解反应是在双螺杆挤出机中进行的，见图 2-73。此法可以连续生产，而且能克服釜式反应过程中反应物性能变化的问题。

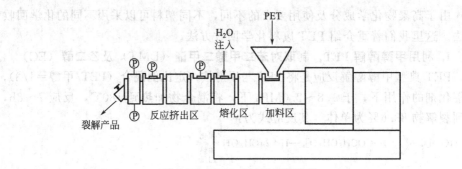

图 2-73　PET 水解反应挤出机

在这种方法中，所用的主要设备是同向双螺杆排气式挤出机。挤出机分为加料段、熔融段、反应挤出段、排气段、计量段。螺杆上有输送、捏合和混合盘，其中输送元件和捏合元件使 PET 加热熔融，捏合盘、混合盘及输送元件使 PET 发生水解反应。在注水点之前要使用反向元件提高 PET 熔融压力，在加料段的末端形成一个密封环，防止反应物泄漏。熔融段的长度为 10D（D 为螺杆直径）。反应段靠近排气口反向元件处，或在挤出机末端节流阀处。用一个冷凝器来收集排出的挥发物和过量的水分。

第三章 双向拉伸薄膜生产线与质量控制

第一节 国产双向拉伸 BOPP 生产线与质量控制概况

2002 年前用双向拉伸薄膜生产线生产的 PP 薄膜，这种双拉设备有国产的，自动化水平和产品质量不稳定，不过我国基本上都是进口的德国布鲁克拉公司和日本三菱公司的设备。

一、国产双向拉伸 BOPP 生产线/设备的概况

1. 国产三层共挤薄膜的生产线设备技术

近几年，国内远东公司制造出国产双向拉伸 BOPP 生产线整套与国际同类产品较接近的生产线设备，目前在国内取得了较大进展。

远东的双轴定向平膜分步拉伸法的 BOPP 机组由桂林电科所合作、优势互补，共同发展 BO 薄膜生产，并消化吸收了世界先进公司的特长，又充分考虑了我国制造技术的特点和生产线的技术水平，其稳定性、可靠性、自动化水平和产品质量已接近了同类引进生产线的水平。第一条 BOPP 生产线中，国内远东公司选用一套串联主机和二台辅机，构成一个可生产三层共挤薄膜的生产线，其品种包括普通平膜、消光膜、珠光膜、单面热封膜、双面热封膜等。其厚度范围为 $15\sim50\mu m$，宽度为 4.2m，机械最大速度为 180m/min，生产能力以厚度 $20\mu m$ 为计算依据，其产量为 5800t/年。

2. 国产 BOPP 设备的现状

国产设备与世界先进水平相比较，还有一定的差距，主要在于 $5000\sim1000t$/年的生产线还在研制之中。生产线还不能制造 BOPP 薄膜的最高级产品。尽管如此，国产与进口线相比也有明显的优势。

(1) 灵活性　可根据用户要求及习惯对设备进行配置及设计，包括不同的厂房及公共工程的设置。能在保证正常拉膜生产的情况下，节省能源及投资。

(2) 明显的价格优势　国产价格是进口单机的 1/3。由于设备折旧、投资贷款利息在产品价格中占有较大比例。所以国产线可在较大的范围内降低产品薄膜成本，增强了竞争力。

（3）国产的 5000t/年生产线具有一定的规模效益 也可灵活转产各种不同类型的产品。

（4）国产线有更快的建设周期 更好更快捷的售后服务。并且零配件极易解决，维修成本极低。远东地区的 BOPP 生产线有结合我国国情的优点，在环境的适应上和用户需求上应比国外公司更能适应中小型企业。但是生产线有许多不足之处有待于总结提高，这些都是关心国产 BOPP 设备的企业与读者所期望的。

二、生产线总体选配特点

① 生产线的操作及控制全部由可编程序控制器控制 对挤出机组传动装置实行速度控制和压力控制，对主挤出机和冷鼓保证有极高的传动精度，以确保薄膜纵向公差的均匀性。纵向拉伸采用小间隙单点拉伸，拉伸倍数由（1∶1）～（1∶7）之间任意设定和可调。冷鼓和纵拉慢速辊和横拉之间，以及纵拉快速辊和横拉之间采用张力传感器进行速度协调。从冷鼓开始至牵引机组的速度给定呈速度链关系，保证生产线的线速度是协调的。为了提高整个生产线的稳定性及可靠性，采用了西门子公司 S7 系列高等级可编程序控制器，所有传动系统均采用西门子 SEMEREGKK6R24 全数字调速装置，并配置有 PROFIBUS 现场总线通信卡、能直接联网与 PLC 控制器构成现场总线网络。操作人员只需选调操作键盘、调动画面就能直接地监视或调整各种工艺参数，例如温度、压力、速度、拉伸比等及生产过程要求多种形式的速度快速变换，以及自动调节、等比调节、程序动作、前后跟踪等。

② 为了保证生产线连续稳定可靠的生产 一般选用的配套设备，如模头、测厚仪、电晕处理、电动机、减速器等均为国内外知名厂家的产品。

③ 拉伸机组各主要工作机构的运动速度应具有 0.5% 左右的精度和稳定性 在本设备的传动装置，一般为了提高控度精度，没有采用测速发电机反馈，而是采用编码器反馈，其控速精度可提高 10 倍。这样来保证工作机构运动速度、拉伸倍数的稳定性和准确性。

④ 在拉伸过程中，结晶与定向是否均匀、程度大小是否适当，关键在于材料温度的均匀和稳定 为了保证温度场的准确。一般的纵拉采用导热油加热，横拉机同样采用油加热。由铂电阻检测温度，输入 PLC 并通过 PID 运算。输出 4～20MA 模拟量信号，控制比例流量控制控制阀来实现温度控制，温度控制器采用 S7-400FM455 温度控制模板，每块 FM455 可同时控制 16 路温度点，既可采用 PID 控制方式，又可采用模糊逻辑控制，并具有自适应功能，温度控制参数可自整定。

三、生产线工艺方案的选配特点

1. 原料的配置及输送系统

为了确保配料的均匀及稳定性，一般选用美国马歇尔公司的配制及输送方案，采用容量法计量，保证准确计算计量。严格主辅料的配比，系统内设有完美的混料装置，保证了主辅料混合的均匀性，系统内还设有负压装置，原辅料均采用负压、抽吸的方法进行原辅料的输送，减少粉料的形成。

双向拉伸薄膜生产线如图 3-1 所示。

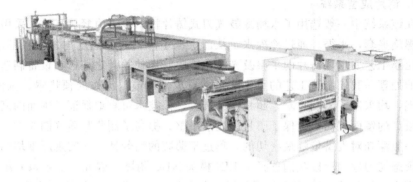

图 3-1　双向拉伸薄膜生产线

成品宽度：1000～5000mm。

BOPP 膜种类：珠光膜、消光膜、光膜、瓷白膜。

厚度范围：15～50μm。

速度范围：50～200m/min。

拉伸速度、温度控制精确。

整机单联动。

2. 挤出机系统

挤出机系统一般重点考虑了主挤出机，对主挤出机一般考虑了二个方案，第一、采用串联挤出机方案；第二、采用单挤出机加计量泵方案。一般认为这两种方案均是可行方案，国外引进生产线中均有采用，最后选用串联挤出机形式（图 3-2）。

图 3-2　挤出机系统

图 3-3　铸片成型系统

主辅挤出机一般都特别设计了带式连续自动换网装置，主挤出机又采用了柱型长效过滤器，具有过滤面积大，采取这两项措施后，将会很好地延长生产线连续生产周期，减少了开停机次数，延长了连续生产的时间，提高生产效率，降低原料消耗，大大地改善了生产。

3. 铸片成型系统

在该系统中一般选用了水槽冷鼓气刀式铸片机，冷辊直径为 1.2m 采用双向逆流螺旋夹套，来循环通过冷冻水，从而保证了冷辊表面温度均匀性和稳定性，根据拉膜工艺要求，铸片的平整及光滑是拉膜好坏的关键之一，在设备制造中对辊面的处理是我们制造工艺的重中之重，对成型冷鼓，纵拉的预热辊、拉伸辊、定性辊，均采用了专利技术，超精研磨装置，该技术可靠地保证了辊面的高光洁度和极高的镜面辊筒，确保了膜片的光滑平整，提高了制膜品质（图 3-3）。

一般深知对设备依赖最密切的，莫过于薄膜的均匀性——宏观厚度均匀性和微观聚态均匀性，所以我们选择了 EDI 模头 NDC 测厚。因此，上述该系统所选用的模头一般是从美国 EDI 公司引进，与美国 NDC 公司的红外线测厚仪配套，通过模头中的热膨胀螺栓进行薄膜厚度的控制，确保整套装置稳定可靠的运行。

4. 纵向拉伸系统

上述该系统有 10 个预热辊、4 个拉伸辊、2 个定型辊，纵向拉力和拉伸所需的温度场都由纵拉机中一系列辊筒的速度变化及温度给予。此纵拉方案，很多从国外引进的 BOPP 厂家均已采用，工艺成熟可靠，一般 BOPP 厂家其纵拉加系统为油加热，其热源来自电热，该公司为了节约 BOPP 的生产费用，可以将横拉油锅炉两用，油炉产生的热油主要送入横拉烘箱加热，另一部分送入纵拉作为纵拉加热热源，即一炉两用，该加热系统设有一套温控装置，用以完成纵拉对温度的要求，从技术角度看，这两种方案均可行，只是根据不同情况进行选用。

5. 横拉系统

横拉机链铗，导轨组件是横拉机（TDO）的关键部分，链铗为滑动式链铗，主要由铗体铗柄滑座等组成，整机数量有 1800 套。每个铗体均经过 56 道工序的精密加工，具有很好的互换性。严格的材质保证和热处理工艺，使链体具有较高的力学性能。平稳低燥的滑行。横拉系统一般采用四区预热、三区拉伸、四区定型、一区冷却的方式，其系统加热是通过油锅炉供热油对横拉加热区进行加热，其温度控制均由计算机调控，温度控制稳定可靠，误差在正负 1℃ 之间，符合工艺要求。

对电加热形式一般依然给予肯定，两种加热方案可根据情况进行选用。

一般对横拉所用的静压箱进行了多种结构的试验，一般根据离心风机特性曲线的差异性和流体力学原理，确定了箱体结构，经实测，压力稳定均匀。

6. 牵引收卷系统

在该系统中一般会考虑的重点是电晕处理，它关系到 BOPP 膜表面的张力是否合格的大问题、表面张力是否均匀的大问题，一般为了确保膜的质量，该电晕处理装置选取英国舒曼公司的电晕处理装置，以便满足印刷等后加工的要求。

在收卷系统传动装置特别着重三个方面。①保证在整个收卷过程中，要保持薄膜张力恒定或随着卷径的增大，薄膜张力按一定的规律递减（张力锥度控制）。②保证连续不间断收卷和自动换卷，当收卷辊满卷后，会启动自动换卷程序，薄膜被切断而平稳地过渡到备用收卷辊收卷，收卷辊和备用收卷辊之间，自动完成张力控制和速度控制的转换。③收卷跟紧辊采用接触收卷和间隙收卷二种工作方式，但都要保证随着卷径的增大，跟紧辊能自动后退。在接触收卷时，要保证跟紧辊的压力是恒定并且可调。

第二节　双向拉伸薄膜生产线上与工艺上的质量控制

一、BOPP 拉伸膜生产工艺流程条件的控制

拉伸膜，又叫缠绕膜，国内最早以 PVC 为基材，DOA 为增塑剂兼起自粘作用生产 PVC 缠绕膜。由于环保问题、成本高（相对 PE 比重大及单位包装面积少）、拉伸性差等原因，当 1994～1995 年国内开始生产 PE 拉伸膜时逐步被淘汰。PE 拉伸膜先是以 EVA 为自粘材料，但其成本高，又有味道，后发展用 PIB、VLDPE 为自粘材料，基材现在以 LLDPE 为方，包括 C_4、C_6、C_8 及茂金属 PE（MPE）。

早期 LLDPE 拉伸膜以吹膜为多，从单层发展到二层、三层；现在以流延法生产 LLDPE 拉伸膜为主，这是因为流延线生产具有厚薄均匀、透明度高等优点，可适用于高倍率预拉伸的要求。由于单层流延做不到单面粘，应用领域受到局限。单、双层流延在材料选择上没有三层流延的广，配方成本也高，所以还是以三层共挤的结构较为理想。优质的拉伸膜应具有透明度高、纵向伸长率高、屈服点高、横向撕裂强度高、穿刺性能好等特点。

1. 生产工艺条件的控制

流延法生产由于流道长而窄，流动速度快，熔体温度范围一般控制在 250～280℃，流延冷却辊的温度控制在 20～30℃，收卷张力要低，一般在 10kg 以内，以利黏性剂迁出，同时减少成品膜内应力。

2. 黏性的控制

良好的黏性使货物外面的包装膜层与层粘在一起使货物牢固，黏性的获取方法主要有两种：一种是在高聚物里添加 PIB 或其母料；另一种是掺混 VLDPE。PIB 为半透明黏稠液体，直接添加需有专用设备或对设备进行改造，一般均采用

PIB母料。PIB的迁出有个过程，一般要三天，另外还受温度影响，气温高时黏性强；气温低时不太黏，经拉伸后黏性大大降低。也因此成品膜最好贮存在一定的温度范围内（建议贮存温度在15～25℃）。掺混VLDPE，黏性稍差，但对设备没有特殊要求，黏性相对稳定，不受时间控制，但也受温度影响，气温高于30℃时相对较黏，低于15℃时黏性稍差，可通过调节黏层LLDPE的量，以达到所需的黏度。三层共挤多采用这种方法。

3. 物理机械性能的控制

高的透明度有利于货物的识别；高的纵向伸长率有利于预拉伸，且节省材料消耗；良好的穿刺性能及横向撕裂强度允许薄膜在高拉伸倍率下遇到货物尖锐的角或边不断裂；高的屈服点使包装后的货物更紧固。

流延法生产的膜透明度高，这里不着重讨论。随着材料共聚单体C原子个数的增加，支链长度增加，结晶度降低，生成的共聚物"缠绕或扭结"效应增加，所以伸长率提高，穿刺强度及撕裂强度也都提高。而MPE是高立构规整聚合物，分子量分布很窄，可以准确控制聚合物的物理性能，所以在性能上又有进一步的提高；又由于MPE分子量分布窄，加工范围也窄，加工条件难以控制，通常添加5％的LDPE，以降低熔体黏度，增加薄膜的平整度。

4. BOPP薄膜厚度电气控制系统

薄膜厚度控制系统在生产线中具有举足轻重的作用，它的控制性能直接影响到产品质量。系统主要完成的功能是检测出口薄膜的厚度，并把厚度值作为反馈信号传给厚度控制系统，由厚度控制单元来控制挤出机出口的模头温度和电动机转速从而调节生产线中薄膜的厚度值。由于薄膜张力波动以及电机转速变化等情况都极大地影响薄膜的品质并影响产量。因此研制新型薄膜厚度控制系统对保证产品质量、提高生产效率将是具有重要意义的课题。厚度控制系统在我的应用已经十分广泛，但总体发展水平仍然不高，同国外的先进技术相比仍有较大的差距。目前我国厚度控制系统方面的成品是以常规的PID控制器为主。常规PID控制算法结构简单、鲁棒性好、可靠性高在工业控制系统中得到广泛的应用。然而，实际工业过程往往存在非线性、时变不确定性等因素，应用常规PID控制器难以达到满意的控制效果。

二、双向拉伸生产线上横拉机润滑系统质量的改造

在BOPP薄膜生产中，横向拉伸是薄膜生产工艺过程中薄膜处于最薄弱阶段，因此对横拉机的性能要求很高。在高温和高速运转下，链条平稳、无抖动地运行，是保证横向拉伸时不破膜的先决条件。链条的平稳运行和链节的灵活自如、减小磨损依赖于链条润滑系统的良好润滑效果，链条润滑系统要将耐高温的润滑油定时、定量地注入链条的销轴和套筒之间的间隙来保证良好的润滑效果和

减小润滑油的消耗。进口耐高温润滑油的价格很高，避免浪费，能有效地节约物耗和降低生产成本。

1. 改造前横拉机链条润滑系统的结构特点

横拉机链条润滑系统是在横拉机出口链盘处装有上下两个喷油嘴，上喷油嘴把润滑油注入导油槽，通过导油槽流入链销里；下喷油嘴把润滑油喷入链销的间隙里，从而进行润滑。

整个供油部件简单地由一个油泵和单向阀组成。这种润滑系统的结构简单，制造成本低，由于不能做到定时、定量地进行润滑，因此润滑效果较差，而且耗油量大，造成不必要的浪费，而进口的耐高温润滑油的价格非常昂贵，因此必须对润滑系统进行改造，提高润滑效果，减小耗油量，降低生产成本。

2. 改造后横拉机链条润滑系统的结构和工作原理

为了减小润滑油的消耗，避免浪费，链条润滑系统改造成采用自动编程注油器进行自动注油，只要输入简单的参数就可以进行操作。整套系统包括：喷油嘴、探头、供油部件、控制部件和过滤器等。在每个链轨上安装两个高速喷油嘴和两个探头。喷油嘴安装位置对准链销的间隙，把润滑油直接喷入链销的间隙里进行润滑。而喷油嘴之间的安装距离等于链条的节距。当探头探测到链轮齿时，发出信号给控制部件来控制喷油嘴的动作，从而保证喷油嘴喷油的准确性。喷油嘴实

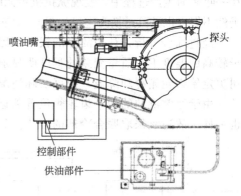

图 3-4 改造后横拉机链条润滑系统的结构

际上是一个电磁阀，有信号时打开，没有信号时关闭，能杜绝润滑油的浪费，每次动作的喷油量为 $10mm^3$。横拉机一启动时，润滑程序就会自动运行来控制整个系统的工作（图 3-4）。

在横拉机的出口还加装两个手动按钮，横拉机在运行的任何时候都可以用手按按钮进行加油润滑，还可以用来检查润滑系统的运行状况。供油部件相当于整个润滑系统的供油站，包括储油箱、油泵、压力阀、压力探头、油位探头和过滤器等。压力阀作用是油泵的压力保护装置。压力探头作用是探测油泵启动时的输出油压。油位探头是用来监测润滑系统的耗油量。过滤器主要是过滤油泵输出的油保证洁净，避免堵塞喷油嘴。

3. 改造后的效果

对横拉机链条润滑系统进行改造后，自动化程度提高，能达到良好的润滑效果，大大减少了耐高温润滑油的消耗量，降低生产成本。在生产速度为 200m/min

的情况下，改造前后润滑系统的耗油量比较如表 3-1。

表 3-1 改造前后润滑系统的耗油量比较

链总长/m	100	150	200	250
改造前的耗油量/(L/d)	2	3	4	5
改造后的耗油量/(L/d)	0.4	0.6	0.8	1.2

如生产线的总长链条为 200m，每年生产运行时间委 330 天，改造前润滑系统进行润滑需要耗油量 4L/d，而改造后的润滑系统耗油量仅为 0.8L/d，一年节约的耐高温润滑油大约在 1000L。

三、BOPP 塑料薄膜给齿轮箱加冷却系统质量控制

我国某公司主要生产 BOPP 塑料薄膜，在 1997 年从德国引进 7000t 生产线，在一年多的生产过程中，发现纵拉机单元的两个齿轮箱经常渗油，多次修理后效果仍然不好（也试验过换为进口油封），每次维修时都要全线停机，维修成本比较高。

经过综合分析，认为故障的根本原因是齿轮箱内部温度高所致，油封长期处于较高的温度下，质量变差的程度明显加快，从而影响其密封性能。为此，某公司决定给齿轮箱冷却降温，根据实际情况，某公司采用热交换冷却的方式。

由于经常渗油的两个齿轮箱位置邻近，而且转速差别不大，所使用的润滑油也一样，故适宜采取联合冷却的方法。具体做法如下（图 3-5）。

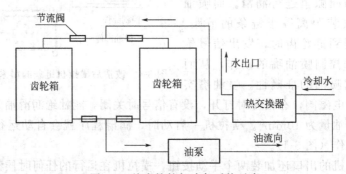

图 3-5 给齿轮箱加冷却系统示意

将两个齿轮箱的放油通道连接起来，并接到油泵的输入端，将经油泵出来的齿轮油直接送到热交换器入口的一端，另一端则通入冷却水，这样，经过热交换器进行冷却后的齿轮油再分别送回到两个齿轮箱中。显然，这是一个油循环冷却系统。

为了方便控制齿轮箱的油位，我们还在油箱的出入口管道上分别安装一个节流阀，在一般情况下，两个入口管道上的节流阀处于完全开放位置，而出口管道上的两个节流阀则可根据齿轮箱的油位加以手动调节其开放幅度。一次调节的幅

度不要过大，由于两个齿轮箱的油是连通的，因此在一次调节后大约要等待 2～3min 才能知道该次调节的效果（油位是否符合要求）。

另外，为了便于自动控制该冷却系统，我们还将油泵的电动机与纵拉机的控制系统连接起来，这样，当纵拉机启动并达到某个速度值时，油泵电动机即开始工作，从而带动整个冷却系统工作。在改造时，我们还根据齿轮箱的结构特点，分别多加装一个油封，这样系统的性能就更加有保证了。经过加装上述冷却系统后，该两个齿轮箱的内部温度大为减少，由原来最高时的 85℃ 降为 47℃ 左右，由于温度的降低，齿轮润滑油的质量得到改善，油封也较原来耐用得多，齿轮的工作状况明显好转。经过一年多的运行，该冷却系统工作良好，有效地减少停机维修次数，取得较好的经济效益。

四、双向拉伸塑料薄膜生产线以冷却转鼓为界的质量控制

在薄膜拉伸生产过程中对温度、压力、张力、速度的稳定、精确控制有严格的要求，同时温度、压力和张力的稳定控制又涉及其他环节和参数。用挤出法生产的双向拉伸塑料薄膜，最关键的问题就是要保持挤出熔体压力均匀、稳定，防止熔体过分降解。为实现薄膜厚度均匀不变的目的，就要保证稳定出料。因此在挤出机之后需安装一台高精度的齿轮计量泵，齿轮需由高精度的驱动系统带动；冷却转鼓的作用是将塑料熔体铸片成型。铸片质量的好坏是决定薄膜表面质量的主要因素；辅助卷取机是用来卷取铸片成型的塑料片材和纵向拉伸后的片材。只有当铸片成型的片材各项指标合格后，方可进入纵向拉伸区拉伸；同样经纵向拉伸后的片材，先由另一台辅助卷取机卷取至片材合格后，再进入横向拉伸区，拉伸成薄膜。纵向拉伸机是将铸片成型的塑料片材，通过多个高精度金属辊筒进行加热，并在一定的速度梯度下将片材纵向拉长；横向拉伸机是将经过纵向拉伸的塑料片材在特定的条件下横向拉伸成塑料薄膜。理想的横向拉伸机应具有拉幅机链夹运行平稳、可靠，加热温度稳定、分布均匀，传动系统稳定、传动精度高，才能保证与纵向拉伸机出口速度同步，薄膜的张力控制稳定，保证纵向拉伸机与横向拉伸机薄膜之间的张力稳定；牵引处理机是将经双向拉伸的薄膜进行展平、冷却，以恒定速度将薄膜送往卷取机；双工位卷取机是用来不间断地收卷已通过牵引处理的塑料薄膜。

综上所述，双向拉伸塑料薄膜生产线以冷却转鼓为界：挤出成型区需实现高精度的压力、速度调节控制；纵向拉伸、横向拉伸、牵引处理、卷取等四大部分需实现高精度的张力、速度调节控制才能满足双向拉伸薄膜生产线的速度控制要求。

五、BOPP 薄膜摩擦系数质量控制的应用

我国改革开放以来，生活水平大幅提高，商品包装的档次越来越高，包装工

业得到迅速发展，而 BOPP 薄膜由于具有高透明度和光泽感，材料无毒、分子结构稳定，对气味及水分有一定的阻隔功能，因此是产品包装的理想材料，在食品、烟草、印刷覆合、胶黏带等行业被广泛应用，成为包装领域最大品种的塑料包装薄膜。

生产 BOPP 薄膜技术含量高，是一项很复杂的工作，而合理控制好摩擦系数及与之相关的物理、力学性能，是保证薄膜包装运行的关键。随着我国包装工业的迅速发展，包装机器运行速度和自动化程度越来越高，这对薄膜的摩擦系数提出了更高的要求。本文根据生产经验积累，重点讨论了润滑剂、薄膜表面结构、防黏结剂和高温使用条件对摩擦系数的影响。

1. 润滑剂对摩擦系数的影响

在薄膜中加进润滑剂可明显地降低摩擦系数。润滑剂按功能分为内润滑剂和外润滑剂两类，内润滑剂能促进聚丙烯大分子链或链段相对运动，从而改善物料流动性，外润滑剂则是与聚丙烯基团相容性差的极性有机化学品，在聚丙烯链的布朗运动作用下，这些分子迁移至薄膜表面形成一层油性表面，而起到改善薄膜表面性能的润滑作用降低摩擦系数，通常所有的润滑剂都兼具有两方面的功能。BOPP 薄膜常用的润滑剂有以下几种。

（1）蜡类　包括低分子量聚乙烯和低分子量聚丙烯（软化点 85～160℃）和一般石蜡（软化点 55～75℃）。聚乙烯蜡与聚丙烯相容性差，因此主要起外润滑作用。而低分子量聚丙烯与聚丙烯相容性好，加入后实际上起着加宽分子量分布的作用，改善其流动性。

（2）脂肪酸类　最常用的是硬脂酸，它常以二聚物的形式存在，在聚丙烯中可用作内润滑和外润滑两方面的功能。

（3）酰胺类　单酰胺类最常用的是芥酸酰胺，它兼具爽滑剂与脱模剂功能。双酰胺类最常用的是亚乙基二硬脂酰胺（EBS），其熔点约为 140℃，热稳定性好，用于聚丙烯中主要起外润滑功能。

2. 薄膜表面结构对摩擦系数的影响

薄膜表面结构也会影响摩擦系数，表面太平滑会导致薄膜表面之间太帖服，相互滑动的有效表面增大，滑动就会特别困难。而如果薄膜表面有一定粗糙度，表面贴近后相互之间有一定空隙，相互滑动就会较容易，所以有一定粗糙感薄膜表面摩擦系数较低（图 3-6）。

表层使用不同原料生产可以获得不同摩擦系数性能的薄膜。表层使用聚丙烯均聚物，由于均聚物结晶度高生产的薄膜刚性高而且薄膜表面硬度好，所以薄膜摩擦系数较低。有些薄膜为了要求可以热封合，必须在表层使用共聚物以获得热封性能，由于共聚物含有一定量的无规物结晶度低，生产的薄膜较软并且薄膜表面较黏，所以薄膜摩擦系数较高。

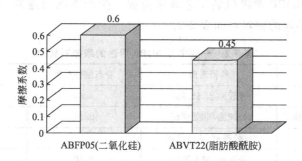

图 3-6　不同类型抗粘连剂对摩擦系数的影响

3. 抗粘连剂对摩擦系数的影响

BOPP 薄膜表面光滑，相互滑动比较困难。抗粘连剂一般是粒径 $2\sim4\mu m$ 的固体粉末，加进薄膜表层可以形成许多凸起，使薄膜层与层之间的实际接触面积减少，从而降低黏结力，相互滑动就会较容易，有利于摩擦系数的降低。

抗粘连剂的种类对薄膜摩擦系数有较大影响，抗粘连剂的种类分无机物和有机物两大类，无机物的品种以二氧化硅为主，有机物的品种是随着双向拉伸聚丙烯薄膜的发展而发展起来的较新的品种，例如脂肪酸酰胺就是有机物的一种，其表面柔软薄膜表面摩擦系数比无机物的品种低。

4. 高温使用条件对摩擦系数的影响

薄膜在实际使用中温度条件可能不一样：例如在热带气候条件下，又或者是卷烟包装机热封杆的高温条件等。通常从 30℃ 开始，薄膜的摩擦系数便急剧上升，这是因为常用的润滑剂已接近其熔点而变得黏结，测试时施加的力波动很大，呈现一种间歇性滑动或黏结效果。为了减轻这种间歇性滑动-黏结现象，需要使用另一种完全不同的耐高温润滑剂——聚硅氧烷，它由于是高分子量聚合物而具备独特的特性，即使在较高温度下摩擦系数仍然保持较低（图 3-7）。

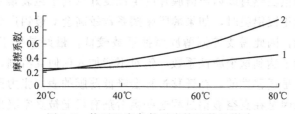

图 3-7　使用温度条件对摩擦系数的影响

1—聚硅氧烷润滑剂；2—普通润滑剂

5. 摩擦系数对 BOPP 薄膜包装的影响

摩擦系数是量度 BOPP 薄膜滑动特性的指标，薄膜表面爽滑并具有适当的摩擦系数对于 BOPP 薄膜包装工艺非常重要，生产不同用途的 BOPP 薄膜产品对摩擦系数有不同的要求，如表 3-2。

表 3-2   一些主要 BOPP 用途的摩擦系数

薄膜用途	薄膜表面	静态摩擦系数	动态摩擦系数
粘胶带基膜	处理面/非处理面	0.80	0.75
印刷和复合用光膜	处理面/非处理面	0.35	0.30
与纸张复合	非处理面/非处理面	0.45	0.40
金属化基膜	处理面/非处理面	0.40	0.35
高速外包装膜	外面/外面	0.25	0.20
宽温热封膜	外面/内面	0.35	0.30
标准热封膜	外面/内面	0.28	0.25
白色热封膜	外面/内面	0.30	0.25
香烟膜	外面/外面	0.26	0.24
	内面/内面	0.34	0.32
	外面/金属面(50℃)	0.52	0.35

例如在香烟包装用途时，通常要求薄膜具有差别滑动性，即薄膜内面和外面的摩擦系数不同控制要求。在香烟包装过程，薄膜外面在下膜通道、成型轮槽、折叠板、烙铁、导轨等金属部件上滑动运行，薄膜外面对金属的摩擦系数应该控制较低，而由于这些金属部件大都是在 50℃ 以上的高温条件下运转，随着温度条件的升高薄膜的摩擦系数会升高，特别是 30℃ 之后摩擦系数上升更快，因此控制高温条件下的薄膜对金属的热摩擦系数更加重要，这样才能确保薄膜在热金属部件上滑动运行顺畅。薄膜内面在包装过程中与纸接触，其摩擦系数应该控制稍高，以利于烟包在成型轮内与薄膜的定位良好，提高薄膜折叠质量获得紧凑的包装效果，令烟包在热封鼓内与薄膜片的定位良好以利于包装紧凑。

在生产金属化镀铝膜时，如果薄膜摩擦系数较高会对镀铝产生阻隔作用，降低薄膜镀铝性能，因此需要控制薄膜摩擦系数较低，最好是低于 0.35。而需要特别强调的是为了达到这个摩擦系数，绝对不能加入任何爽滑剂，一个原因是这些爽滑剂通常都是迁移性的，在迁移过程会降低薄膜的表面张力而降低了金属的附着，另一个原因是在真空镀铝过程这些爽滑剂有可能被真空吸出，造成镀铝设备产生隔层干扰了金属的附着。所以为了达到较低的摩擦系数，生产金属化镀铝膜需要选用有机物的抗粘连剂。

6. BOPP 薄膜摩擦系数质量控制的评价

①加进润滑剂可明显地降低摩擦系数；②有一定粗糙感的薄膜表面摩擦系数

较低，表层使用均聚物的薄膜摩擦系数较低；③防黏结剂加进薄膜表层可以降低摩擦系数，有机物类的抗粘剂对降低摩擦系数较有效；④高温使用条件应选择耐高温润滑剂——聚硅氧烷；⑤生产不同用途的 BOPP 薄膜产品对摩擦系数有不同的要求。

六、电晕处理于 BOPP 薄膜加工上质量控制的应用

BOPP 在应用于食品、挂历、画册、胶粘带等时，往往需要进行印刷、涂层、黏合等操作，由于聚丙烯材料本身的表面张力值相对偏低，仅为 31dyn，而在应用于上述几方面时，一般要求薄膜单面表面张力强度在 38dyn 以上，因此，在生产 BOPP 时往往需要对薄膜进行表面处理，提高其表面张力，改善聚合物的粘接性和润湿性，以满足使用的要求。

常用的表面处理方式有两种：一种为电晕处理；另一种为火焰处理。电晕处理的原理是薄膜经过有高压存在的两电极间，高压使电极间的空气发生电离，使电极间产生电子流，在薄膜表面形成氧化极化基，使薄膜表面产生极性，便于印刷油墨吸附；火焰处理是用特指的喷灯，燃烧一定组成和配比的煤气和空气，形成温度高达 2100~2800℃的氧化火焰，来达到在瞬间改变薄膜表面性能的目的，在实际处理过程中，火焰的温度、火焰与薄膜之间的距离和处理时间是影响处理效果的重要因素。在实际应用上，由于电晕处理简便易行，处理效果好，因此在 BOPP 的设备生产厂家基本上都采用这一方式。以下是对电晕处理在 BOPP 加工上的测试、控制以及对薄膜性能的影响等几方面进行探讨。

1. BOPP 薄膜电晕处理强度的测定

通常用于 BOPP 薄膜的表面张力的测试办法是涂液法，其原理是利用甲酰胺和乙二醇乙酯两种液体按不同比例进行混合，得到一系列不同达因值的测试液（表 3-3），操作时，将测试液涂拭在薄膜表面上，于 2s 液面破裂的测试液所对应的达因值即表示薄膜电晕处理强度。

表 3-3　表面张力的测试液的配制

甲酰胺/%	乙二醇乙醚/%	达因值/(dyn/cm)	甲酰胺/%	乙二醇乙醚/%	达因值/(dyn/cm)
0	100	30	67.5	32.5	41
2.5	97	31	71.5	28.5	42
10.5	89.5	32	74.7	25.3	43
19.0	81.0	33	78.0	22.0	44
26.5	73.5	34	80.3	19.7	45
35.0	65.0	35	83.0	17.0	46
42.5	57.5	36	87.0	13.0	48
48.5	51.5	37	90.3	9.7	50
54.0	46.0	38	93.7	6.3	52
59.0	41.0	39	96.5	3.5	54
63.5	36.5	40	99.0	1.0	56

作为三层共挤的烟膜，其表层主要成分是具有自黏合的聚丙烯共聚物，目前国内外常用的 BOPP 热封材料主要有聚丙烯无规二元共聚物（乙烯/丙烯共聚物），如 SOWAY KS413、Montel PLZ697、CHISSO XF7511 等；无规三元共聚物（丙烯/乙烯/丁烯共聚物），如 Solvay KS309、Sumitomo SP89 E-1、Montel EP3C39F；混合物（三元共聚物与丁烯的混合物），如 Schulman IS2739。这三种热封材料各具特点，它们对烟膜的热封性能具有不同的影响。

2. BOPP 薄膜电晕处理强度的影响因素

电晕处理器由电极、高电位器及硅橡胶辊组成，当电压通过 $1 \sim 2mm$ 的空气间隙时，就会产生连续放电，另外为了排除所产生的臭氧及降温，用抽风风机把电晕处理器附近的空气往外排走以及在硅橡胶辊内部利用工艺水冷散热。影响电晕处理效果的因素主要有以下几种。

（1）薄膜温度　BOPP 是挤出厚片经激冷后，再经纵、横两个方向拉伸后所制得的薄膜，在进入牵引单元后，通过冷却、切边、测厚、预热等工序，然后再进行电晕处理。这时薄膜的温度对电晕处理的效果有直接的影响，而薄膜温度则主要由预热辊的设定温度进行控制，表 3-4 为采用单电极生产 $20\mu m$ 印刷膜，在其他工艺条件不变的情况下，预热辊的设定温度与电晕处理的达因值的对应关系。

表 3-4　单电极生产 $20\mu m$ 印刷膜时预热辊的设定温度与电晕处理强度的关系

设定温度/℃	25	30	35	40
达因值/(dyn/cm)	41	42	43	45

由表 3-4 可以看出，随着薄膜的温度的升高，薄膜的表面处理达因值也同时升高。通过预热辊的设定温度来调整薄膜的表面处理达因值，是在工艺控制中采用的有效方法之一。

（2）生产线速度　生产线速度是影响电晕处理效果另一个重要因素。BOPP薄膜是在极短的时间内通过高压电极间隙，而使表面达因值得以提高，于高压电极间隙内停留时间的长短，会影响薄膜的电晕处理效果。以 $28\mu m$ 粘胶带基膜的生产为例，随着线速度的不同，要达到相同的处理效果，电极电压的调整见表 3-5。

表 3-5　生产线速度与电极电压（双极）对应关系

达因值/(dyn/cm)	44	44	44	44
线速度/(m/min)	155	165	175	185
电极电压/kV	7.0	7.6	8.0	8.2

一般在一定的热封范围内，薄膜的热封强度随着热封层厚度的增加而增加。

在实际生产中应根据使用需要来控制热封层厚度，一般情况下 $22\mu m$ 标准烟膜的热封层厚度为 $0.8\sim1.2\mu m$，对包装速度较慢的条包烟膜，由于使用时热封时间稍长，适当调薄热封层厚度。

由此可见，电晕处理的电极电压要随着生产线速度的变化要作出相应的调整，随着生产线速度的增大而增大。

（3）电极排风量　在电晕处理过程中，随着空气离子化，会产生等离子体，其中包含有电子、氧离子、臭氧等，等离子体会渗透薄膜，破坏其他化学键，激发自由基，与氧气离子起作用成氧化极化基，这些基团会对薄膜的表面润湿特性产生影响。另外，等离子体在薄膜表面的浓度会直接影响电晕处理的效果。一般而言，电极排风阀门的开启度越大，薄膜的表面处理达因值会越小；反之，电极排风阀门的开启度越小，薄膜的表面处理达因值会越大。

（4）表面材料　BOPP 的生产会涉及不同的材料及添加母料。从用途上区分，BOPP 可分作热封型和非热封型两大类，在表层的基本材料中分别是到共聚物及均聚物，由于两者材料本身的差异，在经受同样的电晕处理后，两者表面张力有一定的差异，一般来说，对于共聚物，如目前国内外常用的 SOLVAY KS413、MONTEL PLZ679、BASEAL EP5C37 等，离子体渗透进薄膜的表面效能比均聚物更大，所以热封型薄膜会更加容易达到更高的处理强度。

此外，在热封型薄膜的配方设计上，通常为了适应包装机器的要求，需要使用爽滑剂来改善薄膜的摩擦性能，在选择爽滑剂时要尽可能避免使用聚硅氧烷类爽滑剂，这是由于聚硅氧烷的表面张力比较低，在常温下约为 12dyn，与 PP 的 31dyn 有较大的差距，使用聚硅氧烷类爽滑剂会大幅降低 BOPP 的表面张力值。

抗静电剂对 BOPP 薄膜电晕处理效果也会有一定的影响。在 BOPP 薄膜的生产中，抗静电剂大多数添加在芯层，由于抗静电剂的具有迁移性，渗透出表面的抗静电剂会影响薄膜的表面电晕处理特性，处理强度值会有一定程度的降低。

（5）表面材料　BOPP 薄膜在生产后还会发生结构状态的变化，在几天内，聚合物由无定形变化成晶体形，从而影响电晕处理的效果。处理强度会随着时间的推移先是逐步下降，最后渐渐保持稳定。电晕处理的消减幅度与贮存温度有关，温度越高，消减幅度越快。

3. 电晕处理对薄膜物理特性的影响

电晕处理除了可以改变薄膜的表面达因值外，还会对薄膜的其他物理性能产生影响，主要包括以下几方面。

（1）摩擦系数　由于电晕处理的原理是薄膜经过有两高压电极产生电子流，使薄膜表面产生极性，而薄膜处理面与非薄膜处理面相比，位于薄膜芯层的添加剂（包括抗静电剂及爽滑剂）更加容易通过薄膜处理面渗出。以 ABA 类型薄膜即内、外两面配方结构相同的薄膜为例，未经电晕处理的薄膜内、外两面的摩擦系数是一致的，但是在经过电晕处理后，薄膜处理面的摩擦系数值比非处理面的摩擦系数值低。表 3-6 是经单面电晕处理的 $22\mu m$ ABA 类型普通小包烟膜在生产后，处理面与非处理面的静、动摩擦系数的跟踪测试比较。

表3-6　单面电晕处理的 22μm ABA 类型普通小包烟膜的两面摩擦系数跟踪测试比较

测试时间	处理面		非处理面	
	静摩擦系数	动摩擦系数	静摩擦系数	动摩擦系数
即测	0.47	0.32	0.48	0.33
3 天	0.42	0.28	0.45	0.30
7 天	0.40	0.25	0.43	0.28
14 天	0.36	0.24	0.40	0.27
21 天	0.36	0.24	0.39	0.27
30 天	0.35	0.24	0.39	0.26

表 3-6 的数据可看出，从生产到 14 天，薄膜芯层的添加剂处于高速的迁移期，处理面与非处理面的静、动摩擦系数都呈快速下降趋势，14 天后数值趋于稳定。由整体上比较，处理面的摩擦系数较非处理面的摩擦系数低。

（2）收缩率　由于电晕处理的过程中会产生一定的热量，因此薄膜的收缩率会有一定程度的下降。

（3）热封强度　在生产 BOPP 热封型薄膜时，表层使用的材料为乙烯-丙烯共聚物。如在前面所提及的，在实际生产上如需达到同样的处理强度，共聚物仅需要比较低的处理电压值。但需要注意的是，过高的电晕处理值会引发共聚物间的交联作用，导致热封型薄膜失去热封效能。因此在实际生产热封型薄膜中，尤其是调节较高电晕处理值时，热封强度是一项必备的检测措施。

4. 电晕处理于 BOPP 薄膜加工上质量控制的评价

①电晕处理应用于 BOPP 薄膜生产时，测试时基本采用涂液法。②影响电晕处理效果的主要包括有电极类型、薄膜温度、生产线速度、电极排风量、表面材料和表面材料等几方面因素。③电晕处理会影响薄膜的摩擦系数、收缩率和热封强度等方面的物理性能。

第三节　双向拉伸薄膜生产线收卷过程中的张力自动控制

在薄膜的生产加工中，有放卷、收卷等有关卷取操作的工序，此时，卷筒的直径是变化的，直径的变化会引起卷材张力的变化。张力过小，导致卷材松弛起皱，在横向上也会走偏。张力过大，导致卷材拉伸过度，在纵向上会出现张力线，在膜卷的表面上会出现隆起的筋条，甚至会使卷材变形断裂。因此，在卷取的过程中，为保证生产的效率和卷材的表面质量，保持恒定的张力是十分必要的。

一、张力自动控制系统的分类

在实际生产中，如果以中心收卷方式来卷取薄膜，膜卷的线速度是动态变化的，同时前面输送的薄膜的速度也是在改变着的，因而造成膜上的拉力是变化的，为了使薄膜的张力保持恒定，就必须使卷筒的转速能够根据膜上张力的大小自动调整。按控制原理基本上可以分为开环控制和闭环控制两种。

（1）开环控制　所谓开环控制就是在控制系统中，没有检测装置和反馈环节，或者只有检测装置而没有反馈环节的控制形式。

（2）闭环控制　闭环控制就是具有检测装置和反馈环节的控制系统。闭环控制的随机性很强，具有较高的控制精度。闭环控制的方式很多，这里介绍一种以电位器作为检测元件控制电动机频率的控制系统。

二、张力自动控制原理

开始时卷材作用在浮动辊上的拉力与辊自身的重力、汽缸的推力相平衡，浮动辊处于中间的平衡位置。随着膜卷直径的增大，卷材的线速度增大，这时作用在卷材上的拉力增大，浮动辊向上摆动，带动电位计旋转。电位器是一个绕线电阻，当电位器旋转时，滑动触点的电压发生变化，并发出改变后的电压信号，送至控制电路，与给定电压信号相比较，经积分放大后，使电动机的转速下降，卷材的张力恢复到给定值，浮动辊又回到原来的平衡位置。

三、浮动辊的气动原理安装的注意事项

浮动辊在张力的自动控制过程中起到检测张力变化的作用，同时浮动辊可以吸收或缓冲张力跳变对系统稳定性的影响。浮动辊正确的安装、使用对整个控制系统的反应灵敏度有很大的关系。下面是浮动辊系统的安装的一些需要注意的环节。

（1）张力辊在工作状态下只承受单向的压力，汽缸可以单边接压缩气体，出气孔可以直通大气，这样只需要控制进气口的压力。汽缸的出气孔安装一个节流阀，可以通过它来控制排气的速度，使汽缸有一个背压，可以防止汽缸前冲速度过快而产生冲击。

（2）汽缸采用低摩擦缸，可以减小活塞跟缸体的摩擦力，提高汽缸的反应灵敏度。当作用在浮动辊上的拉力有较小的波动时，也能够产生波动而引起电位器做出反应。

（3）减压阀必须采用精密减压阀。精密减压阀的稳压精度高，可以减小进气口气体压力的波动而引进摆辊的跳动而导致张力的变化。同时，当膜上的张力增大时，作用在左边向上的力矩大于右边的力矩时，汽缸向下运动，则汽缸进气口到减压阀之间的气体受到压缩，压力增大。精密调压阀有排气口，气体可以排出，可以使汽缸内的气体压力保持不变。

第四节　双向拉伸薄膜生产线的结构与厚度控制方法

随着我国工业、农业、食品业和包装业等的快速发展，塑料薄膜的使用越来越广，对其要求也越来越高。双向拉伸聚丙烯（biaxially oriented polypropylene，BOPP）薄膜是近年来兴起的一类非常重要的软包装材料，因抗拉伸强度高、耐冲击、透明性好、防水、防锈、环保，而广泛应用于食品、糖果、香烟、茶叶、果汁、牛奶、纺织品等的包装，赢得了"包装皇后"的美称。双向拉伸薄膜技术，在国外发展迅速，并日趋完善，如德国的 BRUECKNER 公司、日本的三菱公司、法国的 TMD 公司等已具备很高的水平，但是价格昂贵。与国外相比，由于起步晚和国外的技术封锁，国内双向拉伸聚丙烯薄膜生产线的厚度控制精度还很低，产品质量不高，高质量薄膜生产线主要进口国外的成套薄膜生产设备。这不仅使国内成套薄膜生产设备的技术档次难以提高，而且对相关产品的核心竞争力和经济效益也产生了严重的影响。因此，研制国产的双向拉伸薄膜厚度控制系统，已成为一项非常紧迫的战略性任务。MCGS 软件是一套可运行于Windows 98/NT/2000 等多种操作系统，用于快速构造和生成监控系统的国产工控组态软件。为了提高国产双向拉伸薄膜生产线的控制精度和自动化水平，本文参照桂林电器科学研究所 BOPP2500 型薄膜生产线，采用 MCGS 软件，结合PID 控制算法，设计和仿真了一个双向拉伸薄膜厚度测控系统。

一、结构与厚度质量控制方法

1. 薄膜生产线的结构

完整的双向拉伸塑料薄膜生产线如图 3-8 所示，可分为挤出成型（EXT/CR）、纵向拉伸（MDO）、横向拉伸（TDO）、牵引处理（PRS）和卷取（WD）五大部分。其工作过程：薄膜原料，即塑料粒子由投料口投入，经加热熔化后由挤出机将液态原料送到模头，通过模头唇口处热膨胀螺栓挤出，经冷却转鼓冷却成为固体状厚片，该厚片经同步传动系统传送，首先通过纵向拉伸，使厚片变薄，然后经横拉机进行横向拉伸，使薄膜进一步变薄变宽，最后通过定型、收卷得到成品膜。

其厚度控制部分由扫描仪、PLC 和控制计算机组成。生产线采用第一厚度扫描仪检测厚片的横向厚度，第二扫描仪检测成品膜的纵向厚度，并分别送至各自的 PLC 进行数值变换和补偿计算，再经主计算机中的控制系统进行计算后，

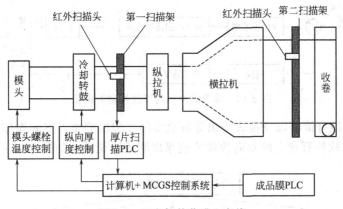

图 3-8　双向拉伸薄膜生产线

输出控制信号，用以调整模头螺栓的温度，进行横向厚度的控制；调整冷却转鼓的速度，进行纵向厚度的控制。

2. 厚度控制方法

（1）薄膜横向厚度控制系统是一个多输入、多输出的复杂系统。将每一个模头螺栓看成一个独立的控制回路，仍然用经典的 PID 调节器对其进行控制。薄膜横向厚度控制方框图如图 3-9 所示，第一测厚仪测得的拉伸薄膜横向厚度经滤波后，与设定值比较，得到一个误差值，再通过 PID 调节器，改变模头螺栓加热占空度，从而改变挤出口孔大小，达到控制薄膜横向厚度的目的。

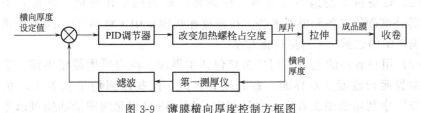

图 3-9　薄膜横向厚度控制方框图

（2）薄膜纵向厚度控制方框图如图 3-10 所示。第二测厚仪测得的薄膜纵向厚度平均值经滤波后，与设定值比较，得到误差信号，再通过 PID 调节器，改变冷却转鼓的线速度，从而达到控制薄膜纵向厚度的目的。

二、结构与厚度质量控制系统的设计

1. 组态软件的设计

根据双向拉伸薄膜厚度测控系统的构成及控制性能要求，利用 MCGS 组态软件设计出双向拉伸薄膜厚度测控系统，可安装在测厚仪主计算机中，实现对生产线的实时控制。MCGS 软件为用户提供了从数据采集到数据处理、流程控制、

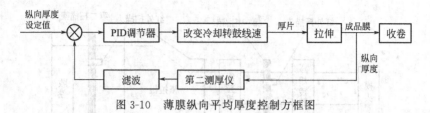

图 3-10　薄膜纵向平均厚度控制方框图

动画显示、报警策略以及报表输出等解决实际工程的完整方案和操作工具。采用 MCGS 组态软件所建立的双向拉伸薄膜厚度测控系统结构如图 3-11 所示。

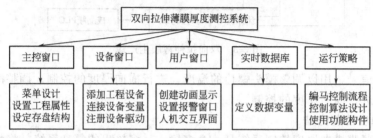

图 3-11　基于 MCGS 的测控系统组成结构

（1）主控窗口的组态　在 MCGS 的"主控窗口"中，根据设计要求，定义和设置了"系统管理"、"主界面"、"横向厚度手动调节"、"纵向厚度手动调节"、"系统配置"等菜单项。

（2）设备窗口的组态　连接和驱动外部设备的工作环境，可在其中添加 PLC 等外部硬件设备和模拟设备。在通道连接窗口中，将 A/D、D/A 通道和实时数据库中的数据对象对应连接起来。

（3）用户界面的组态　用户窗口包括主界面、横向厚度控制界面、纵向厚度控制界面和温度显示界面、系统配置界面。这些画面均是在 MCGS 的"用户窗口"中利用绘图工具进行设计组态。MCGS 可视化的图形功能可以方便地建立所设计的各种画面，然后进行动画连接，即建立画面图形对象与实时数据库数据变量之间的关系，当变量的值改变时，其对应的图形位置或状态也随之改变。

（4）实时数据库的组态　实时数据库是工程各个部分的数据交换与处理中心，它将工程的各个部分连接成有机的整体。在本窗口内定义不同类型和名称的变量，作为数据采集、处理、输出控制、动画连接及设备驱动的对象。数据变量是构成实时数据库的基本单元，建立实时数据库的过程即是定义数据变量的过程。

（5）运行策略的组态　为实现横向厚度和纵向厚度的 PID 闭环控制以及模

拟横向厚度和纵向厚度受控的实时变化,在运行策略中添加算法策略。选择"循环策略"类型的策略,在策略工具箱中选择策略行条件属性,然后编写脚本程序。共有"横向 PID 控制"策略、"纵向 PID 控制"策略、"横向厚度"和"纵向厚度"策略四个策略组,分别按照图 3-9 和图 3-10 中的闭环控制模型编写。当系统开始运行时,设备输入厚度值,策略行条件得到满足,则执行相应的脚本程序。

2. 控制界面的构成

双向拉伸薄膜厚度测控系统的 MCGS 界面包括主界面、横向厚度手动调节界面、纵向厚度手动调节界面和系统配置界面。

(1) 主界面 主界面可显示薄膜厚度控制系统的厚度控制情况。上方部分为横向厚度控制部分,表格显示了横向各点位的加热占空度和厚度以及纵向平均厚度的数值;柱形图显示各螺栓对应点位的横向厚度的变化情况。中间部分是纵向厚度控制部分,动态曲线显示了纵向平均厚度的曲线。在主界面底部有系统启动、停止、系统配置、实时数据库。在横向和纵向控制部分的右边都有自动调节和手动调节的选项。当按下"自动调节"按钮时,绿色指示灯亮,表示当前处于 PLC 自动控制状态,自动状态即 PLC 进行全自动控制,不需要人工干预。如果运行过程中对自控效果不满意,需要切换到手动时,可点击"手动调节"进入手动调节界面,此时红色指示灯亮。

(2) 横向厚度手动调节界面 在横向厚度控制部分选择需要调节的螺栓号,点击"手动调节"按钮,进入横向厚度手动调节。该界面显示了横向厚度的设定值、测量值、输出值、螺栓加热占空度和薄膜厚度的波形图等实时数据,用户可根据实时数据利用拉条随时调整厚片设定厚度值和 PID 参数值。通过 PID 参数的设置,调整模头加热占空度,作为调节量来控制厚片厚度,从而实现了对横向厚度的手动调节。

(3) 纵向厚度手动调节界面 在纵向厚度控制部分点击"手动调节",进入纵向厚度手动调节。此界面显示了薄膜厚度、冷却转鼓线速度等实时数据。纵向厚度系统的调节量是冷却转鼓的转速。通过在此界面中调整 PID 参数来调节冷却转鼓的转速,达到对薄膜纵向厚度的手动调节。

(4) 系统配置界面 系统配置包括螺栓数量的选择,横向厚度上下限范围的设置,纵向厚度上下限范围的设置,冷却转鼓转速上下限范围设置等。用户可根据自己的需要对这些数据进行设置,如果超过设定范围,系统会自动报警。

三、结构与厚度质量控制方法的评价

采用 MCGS 组态软件设计的双向拉伸塑料薄膜控制系统,相比用 VC 开发简单易实现。经典 PID 控制器实现闭环调节,动态性能好,稳定可靠,界面简单直观、操作方便、所有参数图示化显示，可以动态实时监控生产线运行情况，控制参数可以在线优化，控制效果良好。在实际应用中，可在系统的"设备窗口"中添加 PLC 和输入输出接口及设备，以实现对生产线的控制。因此该系统对于国产双向拉伸薄膜生产线控制系统的升级改造有较好的参考价值。近几年来随着模糊控制和神经网络在控制系统中的应用越来越广泛，如能将这些先进的控制方法运用到控制系统中，将进一步提高我国 BOPP 生产技术水平。

第五节　现场总线新技术在聚丙烯双向拉伸薄膜生产线中的控制系统

一、概述

现场总线是一种计算机的网络通信总线，是位于现场间的多个现场总线仪表与远端的监视控制计算机装置间的通信系统。广义上来说现场总线分为三类：即最低一级的执行器传感器现场总线、中间一级的设备现场总线和最高一级的全服务现场总线。执行器传感器现场总线适用于简单的开关量和输入输出位的通信，数据宽度仅限于"位"，如 ASI 总线等；设备现场总线适用于以字节为单位的设备和装置类通信，如 Profibus-DP 总线、Interbus 总线等；全服务现场总线又称为数据流现场总线，以报文通信为主，如 Profibus 总线、World PiP 总线、基金会现场总线（FF）等。

二、系统组成与现场总线相连

聚丙烯公司的双向拉伸薄膜生产线由法国 DMT 公司引进 2 万吨/年双向拉伸聚丙烯（BOPP）薄膜生产线，控制系统采用施耐德公司 TSX P574823M PLC，上位机采用监控软件 iFIX，现场应用了 ASI 总线、World PiP 总线、Profibus 总线、Interbus 总线等几种现场总线。这套控制系统中，最底层采用 ASI 现场总线控制，用简单经济的方式将自动化控制层的最底层的执行器和传感器连接起来，与 PLC 或上层现场总线（Profibus、World PiP、Interbus）相连，从而控制聚丙烯双向拉伸薄膜生产线。

系统组成如图 3-12 所示，PLC1、PLC2、PLC3、PLC5 是操作站，PC8 为工程师站，PC4 为测厚系统的操作站。5 套 PLC 对生产线现场信号进行采集、处理和控制，并通过 Ethway TCPIP 模块 TSX ETY 110 与 Ethernet switch 相连，连接到 4 台操作站 PLC1、PLC2、PLC3、PLC5 进行监控，4 台操作站 PLC1、PLC2、PLC3、PLC5 通过 Ethernet switch 相连，可以直接通信交换数据互不干扰、互不依赖，在 4 台操作站上可以相互调用、操作其他控制站所控设备；PLC4 测厚系统操作站通过 Profibus 连接到现场控制器，控制模头膨胀螺栓的温度，达到控制薄膜厚度的目的，通过路由器连接到 Ethernet 从而与现场的薄膜扫描控制器系统进行通讯，组成聚丙烯双向拉伸薄膜生产线控制系统（CPCS）。

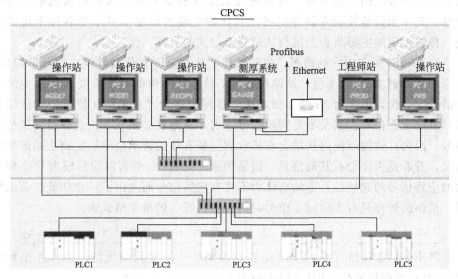

图 3-12　双向拉伸薄膜生产线控制系统的系统结构

三、系统结构与技术特点

1. ASI 系统构成

ASI（actuator-sensor-interface）是执行器-传感器-接口的英文缩写，是一种用来在控制器（主站 MASTER）和传感器执行器（从站 SLAVE）之间双向交换信息的总线网络系统，针对的是工厂控制中最底层的位式传感器和执行器，ASI 总线体系为主从结构，ASI 主机和控制器（IPC、PLC、DC）总称为系统主站。从站有两种，一种是带有 ASI 通信芯片的智能传感器执行器，另一种是分离型 IO 模块连接普通的传感器执行器。主从站之间使用非屏蔽非铰接的两芯电缆，其中使用的标准 ASI 扁平电缆使用专利的穿刺安装方法，连接简单可靠。在 2 芯电缆上除传输信号外，还传输网络电源，是属于现场总线下层设备层的监控网络系统。

ASI 总线为主从结构，ASI 主站是 ASI 总线系统的核心，由 ASI 主机和控制器（如 PC、PLC 等）组成。向下它要和各个从站之间进行通信，向上通过网关可以和多种现场总线进行连接，每个 ASI 总线系统只有一个主站，最多可以带 31 个从站。它是一种低价位、高可靠性的现场总线，控制信息的传递非常简单和实用。ASI 总线系统由主站、从站及传输系统 3 部分组成；而传输系统又由两芯传输电缆、ASI 电源及数据解耦电路构成。

ASI 通信协议把主机的通信过程分为四层结构：传输物理层、传输控制层、执行控制层和主机接口层。它分别与 OSI 网络参考模型中的物理层、数据链路层、网络层和应用层相对应。传输物理层描述的是主机与 ASI 电缆的电气连接特性，其作用是监控收发脉冲的状况和保护电缆的传输信号不受各种干扰的影响，传输控制层主要负责主机与从机交换报文的管理工作。

一个 ASI 报文由主站请求、主站暂停、从站应答和从站暂停 4 个环节组成。所有的主站请求都是 14 位，从站应答为 7 位，每一位的时间长度为 6s。主站暂停最少为 3 位，最多为 10 位。如果从站是同步信号，在主站 3 位暂停后从站就可以发送应答信号。如果不是同步信号，那么从站就必须在 5 位暂停后发送应答信号，因为在这段时间内从站会在接收到完整有效的请求信号后监测主站的暂停情况，看看是否还会有其他信息。但是如果主站在 10 个暂停位后没有接收到从站的应答信号的起始位，主站会认为不再有应答信号而发出下一个地址的请求信号。从站的暂停只有 1 位或 2 位的时间。主机呼叫的报文格式为：

ST	SB	A4	A3	A2	A1	A0	I4	I3	I2	I1	PB	EB

其中 ST 是起始位为 0，SB 是控制位 A4～A0 是从站地址，I0～I4 是数据位，PB 是奇偶校验位，EB 是结束位为 1。

执行控制层位于传输控制层之上，执行相应的指令以实现其他层与该层的数据交换；主机接口层是用户和执行控制层之间命令传送的接口。

ASI 总线系统采用请求-应答的访问方式。主站先发出一个请求信号，信号中包括从站的地址。接到请求的从站会在规定的时间内给予应答，在任何时间只有 1 个主站和最多 31 个从站进行通信。一般访问方式有两种：一种是带有令牌传递的多主机访问方式；另一种是 CSMACD 方式，它带有优先级选择和帧传输过程。而 ASI 的访问方式比较简单，为了降低从站的费用、提高灵活性，一方面在不增加传输周期的条件下尽量包括更多的参数和信息，另一方面传输周期的时间应能自动调整，例如系统中只有 6 个从站时，传输周期为 1ms，而有 31 个从站时周期约为 5ms。如果在网上有短暂的干扰时，主站没有收到从站的应答信号或收到的是错误无效的信号时，主站可以重发信息而无需重复整个传输周期。

ASI 总线的传输系统是连接网络系统中主站、从站、电源、控制器、传感器执行器的通路和桥梁。报文信号在传输系统中要经过多次的变换和恢复，并要抵抗各种外界的干扰以保证准确、快捷、可靠的信息交换，它是 ASI 总线系统中重要的组成部分。

2. World Fip 的特点

World Fip 总线是面向工业控制的，其主要特点可归纳为实时性、同步性、可靠性。World Fip 目前使用的传输速率是 31.5k、1M 和 2.5M。典型速率为 1M。典型的传输介质是工业级屏蔽双绞线。对接线盒、9 针 D 型插头座等都有严格的规定。每个网段最长为 1km。通过中继器（Repeater）以后可扩展到 5km。World Fip 与 Internet 类似，使用曼彻斯特码传输，但它是一种令牌网，网络由仲裁器和若干用户站组成。

World Fip 将信息分为：周期性同步数据、周期性异步数据和非周期性消息包。同步数据严格地按确定的时序呼叫，接下去是周期性异步数据，用于对同步性要求不太高的数据传送，最后呼叫消息包。

网络仲裁器是整个网络通信的主宰者。网络仲裁器轮番呼叫每一个用户站。整个网线上总是有信号的。如果若干时间间隔内（例如几十毫秒）没有监听到网上的信号，则可以诊断为网络故障，此时可以自动将冗余热备份网线切换上去，也可以设计成各用户站回本质安全态。World Fip 在网络安全性方面的考虑有其独到之处。在一个网络中可以有一个或多个网络仲裁器。在任意给定时刻，只有一个在起作用，其他处于热备份态，监听网络状态。

除用户层外，World Fip 使用以下三层通信协议：应用层、数据链路层、物理层。

World Fip 用的总线驱动器与其他总线驱动器的不同之处在于，除了实现曼彻斯特编码、解码功能之外，它还提供总线监听与看门狗功能，这为总线的热备份、总线冗余提供了方便，提高了总线的安全性。World Fip 使用的类似标准有 Fip、FipIO 等。World Fip 现场总线依照工业控制系统的要求，不但严格定义了通信协议，也严格定义了符合工业标准的传输介质、接线盒、插头座等，在实时性、同步性、冗余性方面独具特色。速度更高的、以光纤为介质的高速网也不断推出。

在这套控制系统中，World Fip Fipio 总线主要用于处理生产线的速度及与最底层的总线进行通信，通过总线型拓扑结构与变频器的通信卡进行通信，如图 3-13 所示。

四、控制系统构成

BOPP 控制系统是由 5 套 PLC 和若干组 ASI 总线构成 ASI 总线控制系统。ASI 总线系统是一个开放的系统，它通过主站中的网关可以和多种现场总线（如 FF、Profibus、DeviceNet、Ethernet 等）相连接。ASI 主站作为上层现场总线的一个节点，同时又可以完全分散地挂接一定量的 ASI 从站。每个 ASI 总线控制系统由一个主站（M）（ASI SAY1000）以及下挂的从站（S）构成，若 ASI 总线的电缆超过 100m 时，可以通过 ASI 中继器（Repeater）进行扩展。主站和从站通过 ASI 总线实现双向通信，多个 ASI 主站构成一套 PLC 系统，如图3-14、

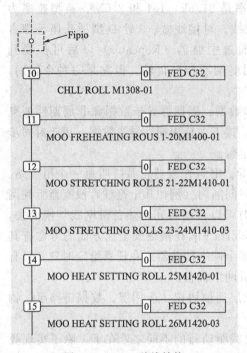

图 3-13　Fipio 总线结构　　　　图 3-14　ASI 系统构成（a）

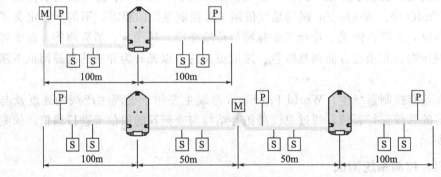

图 3-15　ASI 系统构成（b）

图 3-15 所示。

　　这套控制系统主要作用是控制生产线的速度、温度、重量和张力、料位。在这套控制系统中，生产线速度是由 PLC 的控制器通过 World Fip 的 FIPIO 总线直接与变频器的通信卡通信，进行速度控制。而压力、张力的测量则是通过重量模块（ISPY100）带现场重力传感器进行测量，计数是通过快速计数模块（CTY2C）和现场计数编码器完成。而温度测量和大量的开关量信号则是应用了

ASI 现场总线。ASI 总线系统通过 ASI 电缆下挂许多从站，如模拟量信号（IFM2606、IFM2610、IFM2611）、数字量（ABE-8），ASI 的现场电气执行元件等，从站可以与 ASI 主站进行通信，并具有远程设定、远程诊断等功能。这些从站连接着现场各类传感器，如温度传感器、压力传感器、位置传感器、光电开关等各种传感器，将生产线各点的开关量信号和模拟量信号通过 ASI 从站转换成 ASI 协议的信号，通过 ASI 总线传输给 ASI 主站，并根据主站的指令完成对现场设备的控制，如现场调节阀、电气动执行机构等。测厚系统通过 Profibus 连接到现场控制器，控制模头膨胀螺栓的温度，达到控制薄膜厚度的目的，通过 HUB 连接到 Ethernet 从而与现场的薄膜扫描控制器系统进行通信。

五、现场总线结构与监控软件

1. 现场总线结构

CPU 处理器为 TSX P574823M，其包含有一个内存扩展槽（PCMCIA Ⅰ 型卡）及一个通信卡（PCMCIA Ⅲ 型卡）以太网接口，可以与 FIPWAY、Modbus Plus、Modbus、RS 232C，RS 485，以太网等通信，还有集成的 Fipio 连接（总线管理器），可实现最多 127 个连接点。通过 Profibus DP TSX PBY 100 模块可以与 Profibus 总线通信。如图 3-16 所示。

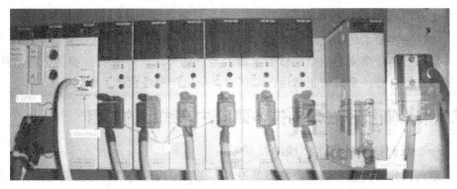

图 3-16　现场总线构成

5 套 PLC 对生产线现场信号进行采集、处理和控制，并通过 Ethway TCPIP 模块 TSX ETY 110 与 Ethernet switch 相连，以太网是星形连接，在 Ethernet switch 内有缓冲器，安装确定性软件，在以太网的软件编制采用"隧道技术"，把原来通过 RS232、RS485 传递的信息包嵌入以太网；连接到 4 台操作站 PLC1、PLC2、PLC3、PLC5 进行监控，4 台操作站 PLC1、PLC2、PLC3、PLC5 通过 Ethernet switch 相连，可以直接通讯交换数据互不干扰、互不依赖，在 4 台操作员站屏幕上可以相互调用、操作其他操作站所控设备；PLC4 测厚系统操作站通过 Profibus 连接到现场控制器，控制模头膨胀螺栓的温度，达到控制薄膜厚度的目的，通过 HUB 连接到 Ethernet 从而与现场的薄膜扫描控制器系统进行通信。Profibus 总线还下挂西门子 S7300，控制薄膜生产线的电晕系统，组成聚丙烯双向拉伸薄膜生产线控制系统（CPCS）。

2. 监控软件

监控软件 iFIX3.5，具有全中文显示、界面友好、易操作的特点，操作人员根据操作、维护系统的实际需要可进入各个画面进行监护和操作。

六、控制系统存在的问题及解决方案

由于 ASI 总线的抗干扰能力很强，所以在最底层采用 ASI 总线控制，通过 PCMCIA Ⅲ型卡与 World Fip 总线相连、通过 TSX PBY100 与 Profibus 总线相连、通过以太网接口与 Interbus 总线相连，共同来控制 BOPP 薄膜生产线，在同一控制系统中成功地应用了 4 种现场总线。在应用的过程中也出现过一些问题，如 ASI 中继器工作状态不稳定，导致其下挂的 ASI 卡件报警及网络通信故障，后经排查发现 ASI 电缆长度超过 100m、中继器所在的控制柜温度过高，经采取缩短 ASI 电缆长度及控制柜降温，故障率大大降低。由于 ASI 电缆不带屏蔽层，虽然抗干扰能力比较强，但和电力电缆一起敷设，仍然会产生干扰，后经 ASI 电缆和电力电缆分开敷设，网络通信的报警大大降低。

七、现场总线新技术评价

在这套控制系统中成功地应用了四种现场总线，该系统已正常运行了 4 年多，从运行的效果来看完全能够满足薄膜生产的要求，并具有准确性、稳定性、易操作性等特点。系统的正常运行必将对企业生产和经营产生深远的影响。

第六节 新技术在双向拉伸薄膜生产线上的应用

一、双向拉伸薄膜生产线的控制系统

双向拉伸薄膜生产线的产品类型很多，现在国内应用最多的主要有两种，即双向拉伸聚酯薄膜生产线（缩写为 BOPET 生产线）和双向拉伸聚丙烯薄膜生产线（缩写为 BOPP 生产线）。由于这两种薄膜产品有比较高的机械强度、良好的电气性能，又透明、无毒、阻氧和阻水蒸气，回收时不污染环境。因此，在工业和民用领域得到最广泛的应用，主要用于食品、纺织品、卷烟等的外包装，电影胶片、医用 X 射线片、录像带、录音带、黏胶带的基材和各种绝缘材料（例如，替代电容器纸的介质材料，电机的槽绝缘材料、槽楔和各种复合绝缘材料）。近年来的双向拉伸薄膜生产线使用的控制系统，都应用了计算机网络结构技术、组态监控软件、PLC 控制器、现场总线等最新技术。例如，SIEMENS 公司的 SIMATIC 产品，其中包括 S5 和 S7 系列的 PLC、SIMOVERT 和 SIMOREG

交、直流传动装置，PROFIBUS现场总线和工业以太网网络产品，HMI操作面板和WinCC组态监控软件。本文将就笔者2001年为常州绝缘材料总厂实施的2m BOPET生产线和2002年为河北景县实施的4.6m BOPP生产线，作为实例，就计算机网络系统等新技术应用于双向拉伸薄膜控制系统的设计、制造情况作一介绍。

二、生产线的组成

下面以BOPET生产线为例，介绍生产线的主要组成和对控制系统的要求。

（1）聚酯（PET）切片干燥系统 聚酯（PET）切片干燥系统的主要功能是去除聚酯切片中的水分，干燥系统有两种方案，一种是连续干燥法，另一种是真空转鼓（有$8m^3$和$4m^3$规格）干燥法，这两种方案均能达到预期的效果。

（2）挤出机系统 挤出机系统的主要功能是将聚酯切片、加热、熔融、挤出。挤出机系统也有两种设计方案，一种是串联挤出机方案，另一种是挤出机-计量泵方案，前者是两台挤出机串联在一起，第一台挤出机作熔融挤出机用，后一台挤出机作计量挤出机，用来稳定挤出量，其效果是和挤出机-计量泵方案一样的。

（3）过滤器和熔体管系统 过滤器分粗过滤器和精过滤器两级，主要用来去除聚酯熔体中的杂质。熔体管用来连接过滤器和模头，并起保温作用。

（4）衣架式模头 经熔融、挤出的聚酯熔体，经过过滤器、熔体管，进入衣架式模头，形成片状流体，流延到铸片辊上。模头能够控制片状流体的断面形状，自动模头还具有控制薄膜横向厚度公差的功能。另外，共挤式模头还能形成多层共挤的片流。

（5）铸片系统 铸片系统（又称急冷辊系统）是将模头流延下来的片流，在静电吸附装置（BOPET生产线用）或气刀（BOPP生产线用）的作用下，使片流紧贴铸片辊，在铸片辊上急剧冷却（淬冷），形成结晶颗粒非常小的聚酯厚片，为以后的双向拉伸创造条件。铸片辊是直径很大的辊筒，辊筒表面的光洁度要求非常高，内部有双向螺旋夹套，循环冷却水经夹套，带走铸片辊表面的大量热量，达到聚酯片流急剧冷却的效果。对铸片辊的传动装置，要求有很高的精度和稳定性，因为，它将直接影响到厚片和薄膜的纵向厚度公差。

（6）纵向拉伸系统（MDO系统） 纵向拉伸系统是由一组辊筒组成，有预热辊组、拉伸辊组和冷却辊组等，辊筒的结构和铸片辊雷同，用水循环或油循环进行预热或冷却，拉伸辊组由慢速辊、快速辊、压辊组成，利用快、慢两个辊筒的速度差，将厚片进行纵向拉伸，拉伸倍数在3~4倍间任意可调（BOPP生产线的拉伸倍数为4~6倍）。拉伸辊的上、下有远红外加热管进行局部加热，使拉伸点的温度达到拉伸工艺温度。

（7）横拉伸系统（TDO系统）　横拉伸系统是一个大型的保温箱，长几十米，宽度根据拉伸线的幅宽而定。保温箱内安装有左、右两组夹子和传动链条，夹子和链条在水平导轨上运动，并呈喇叭形展开，横拉伸入口处较窄，逐渐展宽，最后达到拉伸幅宽。横拉伸也分预热段、拉伸段和定型段，每一段由鼓风机、电加热器或中压蒸汽加热器加热和热风循环，达到设定的温度。经过纵向拉伸的片材，进入横拉伸入口，其两边被横拉伸左、右链条的夹子夹住，带动片材逐渐展开，完成横向拉伸，最后形成宽膜。

（8）牵引系统　牵引系统是横拉伸和收卷之间的过渡装置，在牵引部位安排有切边机构、展平装置、测厚扫描架、电晕处理装置和静电消除装置。牵引辊筒也通过循环冷却水，使横拉伸出口的薄膜，进一步得到冷却。

（9）双工位转塔式收卷装置　收卷装置完成对薄膜的恒张力（或随着卷径的变化，控制张力使按设定的规律变化）收卷。转塔式收卷装置能保证薄膜满卷时自动或半自动换卷，不会中断收卷。

（10）分切机组　分切机组是生产线以外的独立机组。完成将收卷后大母卷薄膜，分切成按用户要求的宽度和长度的成品卷膜。

三、对控制系统的基本要求

对双向拉伸薄膜生产线的控制，主要有以下一些内容。

①生产线的传动控制；②生产线的工艺温度控制；③薄膜厚度的测量和厚度均匀性的计算机反馈控制；④收卷机组的张力控制和分切机组的操作控制；⑤生产线的操作控制和在中央控制室的计算机监控。

本节简要介绍生产线的传动控制、收卷的张力控制、生产线的操作控制和计算机监控系统。

（1）生产线的传动控制　生产线的传动控制，除了要求每一个传动单元有很高的传动精度（例如0.1%以上）和稳定性以及比较大的调速范围外，最主要的还要求有生产线的速度协调控制。生产线的速度协调控制是指从急冷辊至牵引各分部之间的速度协调，其中纵拉慢与纵拉快之间要保持一定的拉伸倍数关系。

（2）收卷的张力控制　双向拉伸薄膜生产线的收卷是连续收卷，由于每一种规格薄膜的生产线速度是恒定的，它是由急冷辊的线速度和纵拉伸的拉伸倍数来决定的，但不同规格的薄膜，由于急冷辊的线速度或拉伸倍数不一样，生产线的线速度也不一样。收卷系统要能适应在各种线速度下都能收卷，因此，收卷系统应该满足能任意设定和控制张力，在收卷过程中，随着卷径的增大，收卷辊的转速要自动下降，以保持收卷的张力恒定或者让张力随卷径的变化按某种规律薄膜的规格不同，收卷时要求的张力也不变化。为了实现这些要求，笔者选用了SIEMENS的T400工艺板和SPW420轴卷绕软件

（3）生产线的监控系统　如在年产 5000t BOPP 薄膜生产线上，用 WinCC 组态软件，作为生产线的监控软件，在中央控制室中配置有 WinCC 服务器（64K Tag）和 WinCC 客户机（128K Tag）组态软件以及服务器-客户机的 WinCC 选件，通过 CP1613 通信板和 OLM 光连接部件，连接成 Ethernet 光环网络，下接 3 台 S7 400PLC（每一台 PLC 配置有 CP443-1 以太网通信模板）和 1 台 S7 300 PLC（配置有 CP343-1 以太网通信模板），此外，每一台 PLC 分别有自己的 PROFIBUS-DP 网络，各自控制挤出机组的传动和温控、生产线的传动和操作控制、生产线的温控和相应操作、收卷系统的张力控制和操作。通过 WinCC 的画面，对生产线进行数据采集、监视、参数设定和修改、故障和事件报警记录，此外，还有工艺参数的趋势曲线和工艺配方等功能。

在常州的 BOPET 生产线上，监控操作比较简单，用了两台 MP270 多功能操作面板，一台对生产线系统进行监控，另一台对收卷系统进行监控。

四、双向拉伸薄膜生产线上的控制系统

常州绝缘材料总厂有限公司的 BOPET 生产线和河北景县的 BOPP 生产线，控制系统的各项功能和技术指标完全达到了设计的要求。由于上述生产线应用了计算机网络，现场总线，人-机接口操作面板，PLC 控制器，全数字交、直流传动装置以及组态监控软件等一系列新技术，不仅满足了生产线工艺对控制提出的各种要求，而且运行稳定，工人操作方便、直观，更换产品品种时调整的时间很短。使用这套控制系统后，不仅保证了产品的质量，而且使产量超过了设计能力，给工厂带来了巨大的经济效益和社会效益。

第四章　平面双向拉伸塑料薄膜产品
性能指标与生产技术条件

第一节　双向拉伸塑料薄膜（平面拉伸法）的简单介绍

　　双向拉伸塑料薄膜（Biaxially Oriented Plastics Film，简称 BOPF），这种薄膜可以采用管膜拉伸法生产，也可以使用平面双向拉伸法生产。管膜法是在吹塑泡管的同时，将薄膜进行纵、横双向拉伸；平面拉伸法则是将高分子聚合物的熔体或溶液首先通过狭长机头制成片材或厚膜，然后在专用的拉伸机内，在一定的温度和设定的速度下，同时或分步在垂直的两个方向（纵向、横向）上进行的拉伸，并经过适当的冷却或热处理或特殊的加工（如电晕、涂覆等）制成的薄膜。

　　在生产双向拉伸塑料薄膜的过程中，人们通过改变工艺条件，即力场和温度场，可以制出纵横两个方向物理力学性能相同（各向同性）的薄膜，通常称为平衡（Balance）膜，也可以制出一个方向的力学性能高于另一个方向的各向异性薄膜。所谓强化（Ten-silized Flim）或半强化膜就是指纵向力学性能高于横向的一种薄膜。

　　平面双向拉伸薄膜品种很多，许多结晶型聚合物和非结晶型聚合物都可拉伸成膜。目前，已经实现工业化生产的双向拉伸塑料薄膜的品种有以下几种：聚丙烯（简称 BOPP）、聚酯（聚对苯二甲酸乙二醇酯，简称 BOPET）、聚酰胺（尼龙，简称 BOPA）、聚苯乙烯（简称 BOPS）、聚酰亚胺（简称 PI）、聚偏二氯乙烯共聚物（BOPVDC）、聚氯乙烯（BOPVC）、辐射交联聚乙烯（BOCIPE）、聚乙烯醇（BOPVA）、聚萘二甲酸乙二醇酯（BOPEN）、聚偏氟乙烯（BOPVDF）、聚对苯二甲酰对苯二胺（BOPPTA）、聚醚醚酮（BOPEEK）等。由于平面双向拉伸薄膜的性能好，产品应用范围广，目前这种拉伸方法的发展速度远远超过管膜拉伸法。

第二节　双向拉伸塑料薄膜产品性能指标

　　由于塑料薄膜使用的原料不同、用途不同、生产工艺条件不同、成型方法不同，因此产品性能也具有一定的差异。这里将几种塑料薄膜最基本的检测项目及性能指标归纳如下。

一、各类双向拉伸聚丙烯（BOPP）薄膜物理力学性能

BOPP 薄膜是一种非常重要的软包装材料，应用十分广泛。BOPP 膜无色、无嗅、无味、无毒，并具有高拉伸强度、冲击强度、刚性、强韧性和良好的透明性。BOPP 薄膜表面能低，涂胶或印刷前需进行电晕处理。可是，BOPP 膜经电晕处理后，有良好的印刷适应性，可以套色印刷而得到精美的外观效果，因而常用作复合薄膜的面层材料。

BOPP 膜也有不足，如容易累积静电、没有热封性等。在高速运转的生产线上，BOPP 膜容易产生静电，需安装静电去除器。为了获得可热封的 BOPP 薄膜，可以在 BOPP 薄膜表面电晕处理后涂布可热封树脂胶液，如 PVDC 乳胶、EVA 乳胶等，也可涂布溶剂胶，还可采用挤出涂布或共挤复合的方法生产可热封 BOPP 膜。该膜广泛应用于面包、衣服、鞋袜等包装以及香烟、书籍的封面包装。BOPP 薄膜的引发撕裂强度在拉伸后有所提高，但继发撕裂强度却很低，因此，BOPP 膜两端面不能留有任何切口，否则 BOPP 膜在印刷、复合时容易撕断。BOPP 涂布不干胶后可生产封箱胶带，是 BOPP 用量较大的市场。

BOPP 薄膜可以用管膜法或平膜法生产。不同的加工方法得到的 BOPP 薄膜性能也不一样。平膜法生产的 BOPP 薄膜由于拉伸比大（可达 8～10），所以强度比管膜法高，薄膜厚度的均匀性也较好。

各类双向拉伸 BOPP 薄膜物理力学性能见表 4-1。

表 4-1　BOPP 薄膜的物理力学性能

项　　目	单　位	测试标准	平膜 GB/T 10003—1996	热封膜 GB 12026—89	粘胶带膜 Q/SD 303—97	烟膜 1992 年行业标准	收缩型烟膜"申达"标准
拉伸强度　MD/TD	MPa	GB 13022—91	≥120/200	≥120/180	≥30/210	≥125/220	≥150/250
断裂伸长率　MD/TD	%	GB 13022—91	≤180/65	≤220/80	≤180/70	≤200/80	≤180/70
热收缩率　MD/TD	%	GB T 10003—96	≤5/4	≤5/4	≤3.5/2.5	≤4.5/3.5	≥8.0/8.0
摩擦系数　静/动		GB 10006—88	≤0.8	≤0.8	≤0.8	—/0.28	—/0.25
弹性模量　MD	MPa	GB 13022—91	—	—		≥2200	≥2300
雾度 12～30μm	%	GB 2410—80	≤1.5	≤4.0	≤1.5	≤4.0	≤2.5
31～60μm	%		≤2.5		≤2.5		
光泽度(45°)	%	GB 8807—88	≥85	—	≥90	≥80	≥85
热封强度	N/15mm	ZBY 28004	—	≥2.0	—	≥2.5	≥2.8
润湿张力	MN/m	GB/T 14216—93	≥38	≥38	≥39	—	—
透湿量	g/(m²·24h·0.1mm)	GB 1037—88	≤2.0	≤2.0	≤2.0	≤2.0	≤2.0

二、双向拉伸聚酰胺（BOPA）薄膜物理力学性能

BOPA 薄膜即双向拉伸尼龙薄膜（聚酰胺）是一种韧性材料，是生产各种真空包装等复合包材的重要面层材料。为了保证尼龙薄膜具有良好的阻隔性，防止尼龙因亲水性强而吸湿，造成阻隔性降低，使用时，通常采用多层复合工艺，将 BOPA 薄膜作为阻隔层置于复合薄膜的中间层。

由于尼龙膜亲水性强，单独使用的尼龙膜阻湿性较差，吸湿后会造成阻隔性下降，因此，BOPA 薄膜一旦生产后，就应立即用铝箔紧紧地包封好，防止它吸湿。使用时，也应尽量整卷薄膜一次用完，如不得已用不完的，应用铝箔严密包封后储存于干燥处。至于已经吸湿的尼龙薄膜，则需重新干燥后才能印刷和复合，否则会出现漏胶、漏印等故障。

即使在低温下也是如此。它的拉伸强度高、耐磨性好、软化点高。它可经受约 140℃ 的高温蒸汽消毒，在干燥条件下可耐更高温度。因此聚酰胺薄膜可在 $-60 \sim 130℃$ 范围内使用。尼龙（聚酰胺）薄膜具有优良的耐冲击性和爆破强度，易于热封，可用高频法焊接。

尼龙薄膜对湿气渗透性较高，水蒸气的渗透率是随着温度和相对湿度增加而增大（图4-1），但对空气的阻隔性好，见表 4-2。故可用于真空包装。此外，它对气味阻隔性也很好。尼龙薄膜透光性好，尤其是经过双向拉伸后，光泽性有明显的改善，力学性能明显提高，水蒸气和空气渗透率有较大降低。

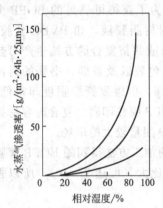

图 4-1 温度和湿度对尼龙薄膜透湿性的影响

表 4-2 不同塑料薄膜氧气渗透率

薄 膜	厚度/μm	渗透率/[ml/(m² · 24h · MPa)]
尼龙 6	15	450
尼龙 6	25	220
聚酯	25	740
聚偏氯乙烯	20	170
聚氯乙烯	25	960
PP(取向)	30	14700
PE(低密度)	25	52900
聚碳酸酯	45	19300
聚苯乙烯	30	54600

尼龙薄膜最大的不足是吸水性很强，力学性能和电性能受湿度的影响很大。

其中，尼龙 11、尼龙 12 的吸水率较尼龙 6 和尼龙 66 低。但它们干燥后都可以恢复生产原有性能。双向拉伸尼龙 6 薄膜的物理力学性能见表 4-3。

表 4-3　BOPA-6 薄膜物理力学性能

项　　目	测试方法	性能(纵向/横向)
密度/(g/m³)	JISK-6758	1.15～1.16
熔点/℃	DSC	215～225
拉伸强度/MPa	ASTM D882	250/250
断裂伸长率/%	ASTM D882	80～120/80～120
抗裂传播强度/(N/cm)	ASTM D1992	0.7～1.0
冲击强度/(kJ/m)	落球法	10000
热收缩率/%	120℃ 15min	0.5～1.0
氧气透过率/[cm³/(m² · 0.1mm · 24h)]	ASTM D1434	5
使用温度/℃		−60～130

三、双向拉伸聚对苯二甲酸乙二醇酯（BOPET）薄膜物理力学性能

BOPET 薄膜是双向拉伸聚酯薄膜。BOPET 薄膜具有强度高、刚性好、透明、光泽度高等特点；无嗅、无味、无色、无毒、突出的强韧性；其拉伸强度是 PC 膜、尼龙膜的 3 倍，冲击强度是 BOPP 膜的 3～5 倍，有极好的耐磨性、耐折叠性、耐针孔性和抗撕裂性等；热收缩性极小，处于 120℃ 下，15min 后仅收缩 1.25%；具有良好的抗静电性，易进行真空镀铝，可以涂布 PVDC，从而提高其热封性、阻隔性和印刷的附着力。

BOPET 还具有良好的耐热性、优异的耐蒸煮性、耐低温冷冻性，良好的耐油性和耐化学品性等。BOPET 薄膜除了硝基苯、氯仿、苯甲醇外，大多数化学品都不能使它溶解。不过，BOPET 会受到强碱的侵蚀，使用时应注意。BOPET 膜吸水率低，耐水性好，适宜包装含水量高的食品。

BOPET 薄膜水蒸气渗透率极低，与低密度聚乙烯相差不多。对空气、气味的渗透率很小，仅次于尼龙薄膜。可耐稀酸、碱的作用，但不耐浓酸、碱的作用。可耐大多数溶剂，耐油和脂肪，透光率高达 90%。具有优异的耐蒸煮性、耐低温冷冻性、良好的耐油性和耐化学品性等。

BOPET 薄膜在较宽的温度范围内能保持优良的物理力学性能，可在 130℃ 的温度下长期使用，短期使命温度为 150℃，在 −120℃ 的液氮中仍能保持柔软性，在氮气保护条件下，当温度超过 280℃ 时才能分解。在 125℃ 空气中加热 1000h 后，薄膜的拉伸强度和弹性模量只下降 10%～15%。

BOPET 薄膜具有良好的耐折叠（折曲次数十万次无明显损伤）、耐磨、抗冲击性能。具有良好的电绝缘性，介电强度、体积电阻率等都很高。

由于聚酯膜有上述优异性能，所以大量用做电气绝缘材料和磁带基膜，另一

个重要用途是作真空镀铝膜，这种膜像金箔、银箔，可作金银线及其他装饰品，聚酯膜在文教方面的应用也很重要，如用以制缩影胶片、绘图膜片、印刷膜片等，此外它在军事、宇航方面也得到了某些应用。产品标准：JB 1256—77。

BOPET 薄膜可以真空镀金属提高薄膜的装饰性和阻气性。但是，BOPET 薄膜的滑爽性较差，不能热封，抗撕裂强度较低。使用时需要采取改进措施。通用 BOPET 薄膜的物理力学性能见表 4-4。

表 4-4　通用双向拉伸 PTE 薄膜的物理力学性能

项目 品　种		包装	烫金	录音	半强化录像	电容	绝缘
拉伸强度/MPa	纵向≥	200	210	235	250	190	190
	横向≥	210	220	220	240	190	190
F_5 值/MPa	纵向≥	—	—	105	115		
断裂伸长率/%	纵向≤	140	140	140	125	—	—
	横向≤	130	130	130	130	—	—
热收缩率/%	纵向≤	2.0	2.0	1.5	1.5	1.5	1.5
150℃,30min(200℃,10min)	横向≤	1.0	0	0.5	0.8		
摩擦系数	静	0.65	0.65	0.5	0.45	—	—
	动	0.55	0.55	—	—	—	—
雾度/%	≤	3.0	3.0				
润湿张力/(mN/m)	电晕≥	50	50				
表面粗糙度/μm	R_a≤	—	—	0.11	0.04		
	R_t≤	—	—	0.65	0.30		
表面低聚物/(mg/m²)					15		
介电强度/(V/μm)	平均≥	—	—	—	—	410	350
	最小≥					200	150
表面电阻率/Ω	(×10⁴)					—	1～10
体积电阻率/Ω·cm	≥					1×10¹⁷	1×10¹⁶
介电常数(50Hz)	≥					3±0.2	3±0.2
介质损耗角正切值(23℃)							
(50Hz)	(×10⁻³)≤	—	—	—	—	3.0	3.0
(1kHz)	(×10⁻³)≤	—	—	—	—	6.0	6.0

四、双向拉伸聚萘二甲酸乙二醇酯（BOPEN）薄膜的性能

1. 概述

双向拉伸聚萘二甲酸乙二醇酯薄膜是高透明、有闪光、熔点高（273℃）、结晶性、具有较高阻隔性、耐热的薄膜。结晶度约 40%～60%，结晶时的密度为 1.41g/cm³，非结晶时的密度为 1.33g/cm³，这种薄膜与 BOPET 薄膜相比，对氧气的阻隔性要高 4 倍，对 CO_2 的阻隔性要高 5 倍，对水的阻隔性要高 3.5 倍，

PEN 的玻璃化温度为 121℃，BOPEN 薄膜的拉伸强度为 226～294MPa，断裂伸长率为 65%～80%，耐热性比 BOPET 薄膜高 35℃，长期使用温度为 155℃。25～75μm 的拉伸薄膜在 200℃温度下，经 1000h 老化后，介电性能无变化。BOPEN薄膜的强度比 BOPET 薄膜高 10%，其刚性也高 25%，收缩率较低，尺寸稳定性好，在 10^9 拉特照射后仍能保持一定的延伸率。双向拉伸聚萘二甲酸乙二醇酯（BOPEN）薄膜的具体的性能如表 4-5。

表 4-5　BOPEN 薄膜与其他双向拉伸薄膜性能的比较

项　　目	BOPEN	BOPET	BOPA6	BOPVDF
密度/(g/cm³)	1.36～1.41	1.38～1.40	1.15～1.16	1.80
拉伸强度/MPa	226～294	137～235	245	147～196
断裂伸长率/%	65～80	60～165	110	150～200
熔点/℃	268～273	260	225	185
热收缩率/%(180℃)	1.5			
耐挠曲性/次数	16500	＞100000	＞100000	＞26000
耐强酸性	E	G	P	E
耐强碱性	E	G	E	E
耐有机溶剂性	E	E	E	E
耐水性	E	E	G～P	G
耐湿性	E	E	P	E
长期使用温度/℃	155	−50～120	−60～130	−40～150
可燃性/UL	SE	SE	94V−2	NB SE−1
介电常数(1kHz)	2.9	3.2	3.4	10.7
tanδ	0.0034	0.005	0.22	0.015
介电强度/(kV/mm)	260	295	6.2/25μm	160
体积电阻率/Ω·cm	$6×10^{16}$	$1×10^{18}$	$5×10^{15}$	$1×10^{16}$
FDA 认可否	认可	认可	认可	认可

注：E—优秀；G—良好；P—不良；SE—自熄；NB—不燃烧；FDA—美国食品药品管理局。

2. 双向拉伸 PET/PEN 共聚酯薄膜的优异性能

将 PET/PEN 共聚酯通过双轴拉伸制成性能优异的薄膜，共聚酯的拉膜采用 LSJ20 塑料挤出装置进行挤出，螺杆直径 20mm，螺杆长度直径比 L/D 为 25，转速 60r/min。采用双轴延伸机进行拉伸。先在 LSJ20 塑料挤出装置于 275℃挤成厚片，再在双轴延伸机上于 130℃以相同的倍数双向拉伸到 3～4 倍。

PET/PEN 共聚酯薄膜的干热收缩率是反映薄膜尺寸稳定性的重要指标，干热收缩率越小，说明薄膜受热后的尺寸稳定性越好，越不易变形。随着共聚酯中 2,6-萘环单元的引入以及含量的增加，干热收缩率明显减小，这是由于 2,6-萘二甲酰单元的引入增加了共聚酯大分子链的刚性，从而使 PET/PEN 共聚酯表现出比 PET 更为优良的热稳定性能，且 2,6-萘环单元含量越大，热稳定性能越好。

通过测定共聚酯薄膜的声速取向可以判定聚合物的力学性能，在相同的拉伸倍数下，随着共聚酯中2,6-萘环单元的引入，声速模量明显增大，这是由于2,6-萘二甲酰结构单元的引入增加了共聚酯大分子链的刚性。

随着共聚酯中2,6-萘环单元的引入，声速取向因子明显增大。这是由于在薄膜制造过程中，萘环比苯环具有更大的共轭结构，分子链刚性高，倾向于生成伸直链结构，而PET尽管也发生分子取向，但呈折叠链结构，所以声波在PEN/PET共聚酯薄膜拉伸取向方向传播时，其传播方向与共聚酯大分子链比与PET大分子链更平行，声速更大。随着拉伸倍数的增加，声速模量和声速取向因子增大，这说明共聚酯薄膜的性能有利于分子链沿着与拉伸方向平行的方向排列。

共聚酯薄膜的力学性能直接关系到薄膜质量的优劣，它既决定于制造薄膜的聚合物的内在化学因素（组成、结构等），也与薄膜的成型和后处理有关。相同拉伸倍数的PET/PEN比PET断裂强度略有增大，但断裂伸长显著变小。这是由于引入的萘环有更大的共扼结构，使分子链刚性高，因此改性后的共聚酯并没有因为分子链的对称性和规整性被破坏而使强度下降。同一组成的PET/PEN共聚酯却随拉伸倍数的增大，强度逐渐增大，伸长逐渐减小。

这是因为聚合物的强度的各向异性随取向程度的增高而增大的结果。

五、双向拉伸聚酰亚胺（BOPI）薄膜的性能

双向拉伸聚酰亚胺（BOPI）薄膜在−269~400℃之间均有优异的物理力学、电气、化学和耐辐射性能。已完成反应的薄膜没有熔点，玻璃化温度介于360~410℃之间。在空气中250℃下可连续使用15年以上，性能不发生大的变化，在400℃下可使用1h以上，超过500℃急剧分解，12h后消失。表4-6列出了厚度为25μm的BOPI薄膜的基本性能。

表 4-6 BOPI薄膜的基本性能 （25μm）

项　目	性　能
拉伸强度/MPa(25℃)	180
（180℃）	145
弹性模具/MPa	90
F_5/MPa	90
伸长率/%(25℃)	6.8
（180℃）	10
分解起始温度/℃	450
比热容/[kJ/(kg·K)]	0.109
热导率/[W/(m·K)](23℃)	0.15
（200℃）	0.17
热膨胀系数/K^{-1}(<100℃)	1.8×10^{-5}
（>200℃）	4.85×10^{-5}

六、双向拉伸聚苯乙烯（BOPS）薄膜物理力学性能

未经改性的 PS 薄膜，硬而脆，使用价值不大。通过双向拉伸可以提高 PS 薄膜的韧性，改善其脆性。BOPS 薄膜同样具有无嗅、无味、无色、无毒等特点，同时具有特别优异的延伸性能，因而可广泛应用于热成型加工。

不同条件加工的 BOPS 膜具有不同性能。无规的 PS 粒子，可以用管膜法或平膜法生产 BOPS 薄膜和片材，一般在 200℃左右的温度下挤出，挤出后不需骤冷，直接冷却到 100～130℃下进行纵横向的拉伸，拉伸时温度应始终保持在 80℃以上。对于等规 PS 粒子来说，应在 290℃下挤出，在 115～140℃下纵横向拉伸 5～8 倍，然后保持拉伸时的张力，于 170～190℃下进行热定型，冷却后得到 BOPS 薄膜。

BOPS 薄膜与其他材料相比，具有以下特点。

① 光学性能好　BOPS 薄膜的透光率可达 92%，折射率为 1.59～1.60，并具有闪耀的光泽，使其具有精美的外观。

② 刚性大　在厚度相同情况下，BOPS 比 PVC、PP 等材料的刚性好。所以，能更好地保护内容物。

③ 尺寸稳定性好　BOPS 制品在 71℃的条件下存放 1 个月，尺寸变化低于 1%。

④ 吸湿性小　BOPS 薄膜的吸湿性低，约为 0.02%。其制品在潮湿的环境里能够保持尺寸稳定、强度不变。

⑤ 使用温度范围较宽，有较好的耐低温性能 BOPS 薄膜的使用温度范围是 −40～80℃，其热导率不随温度发生变化，可作为良好的冷冻材料。

⑥ 易于装饰　可以印刷，也可以镀金属，使薄膜具有反光层。能自由着色，可以掺混有机颜料和无机颜料，制成任何色泽的薄膜。

⑦ 经防雾处理的 BOPS 薄膜，在冷冻状态下，仍有极好的透明性。对空气的渗透率介于聚丙烯和低密度聚乙烯之间，对水蒸气的渗透率较高。但低于 0℃情况下，潮气的渗透率明显下降。BOPS 薄膜具有优异的电性能。功率因数小（在高频下也很低），介电强度高，体积电阻高。由于表面电阻大，不吸水，因此在高湿度下也能耐表面击穿。

然而 BOPS 薄膜很容易产生静电。耐强酸、碱，不溶于某些脂肪族烃、低级醇矿物油、有机酸、碱盐及它们的水溶液，但可溶于芳烃（如苯、甲苯、乙苯及苯乙烯单体）、高级醇、酯和卤代烃中。并且在许多烃类、酮类、高级脂肪作用下，会软化。

⑧ 取向的 BOPS 薄膜可以热成型，制作形状复杂的产品。BOPS 的具体性能见表 4-7。

表 4-7 透明 BOPS 薄膜的性能

特 性		数 值	试验方法（ASTM）
密度/(g/cm³)		1.05	D1505
透光度/%		≤92	D1003
老化(室内)		优	—
老化(室外)		有限	—
吸水性/%24h		0.05	E570
透湿性/[g/(m²·24h·0.1mm)](38℃,95%)		28	E95
透气性 O₂		10000	D1434
N₂ [ml/(m²·24h·MPa·0.1mm)](23℃)		2000	
CO₂		45000	
拉伸强度/MPa		60～80	D882
断裂伸长率/%		3～20	D882
弹性模数/MPa		3200	D882
硬度(M)		80～90	D785
最低使用温度/℃		−40	—
最高使用温度(短期)/℃		95	—
最高使用温度(连续)/℃		80	—
热封范围/℃		120～160	—
接着性		快速	—
燃烧性		缓慢燃烧	D568
热膨胀系数/K⁻¹		7×10⁻⁵	D696
热导率/[W/(m·K)]		8.4×10¹⁰	C177
介电常数(10⁶Hz)		≤0.25	D150
耐溶剂性	可溶:香料、酯类、酮类、乙醛、碳氢化合物 不溶:酒精、脂肪类、碳化氢		D543
耐弱酸碱性		优	D543
耐强酸强碱性		良	D543
耐油脂性		优	D543
臭味		无	—
毒性		无	—

七、双向拉伸聚对苯二甲酰对苯二胺（BOPPTA）薄膜的性能

双向拉伸聚对苯二甲酰对苯二胺（BOPPTA）薄膜的原料，是 PPA 的纤维又名芳纶 1414，因为其分子结构酰胺基团在苯环对位（1，4）位；而聚邻苯二甲酰邻苯二胺的纤维叫做芳纶 1313。

由于分子链的刚性，有溶致液晶性，在溶液中在剪切力作用下极易形成各向异性态织构。具有高耐热性，玻璃化温度在 300℃以上，热分解温度高达 560℃，

180℃空气中放置48h后强度保持率为84％。高抗拉强度和起始弹性模量，用于复合材料时压缩和抗弯强度仅低于无机纤维。热收缩和蠕变性能稳定，此外还有高绝缘性和耐化学腐蚀性。

通常用低温溶液缩聚方法聚合，溶剂为六甲基磷酰胺、二甲基乙酰胺、N-甲基吡咯烷酮和四甲基脲等，聚合物生成后即发生相分离，分子量与聚合条件、杂质及溶剂有关。聚合物溶于浓硫酸后可采用干喷湿纺工艺成纤。近年还出现了在螺杆挤压机中连续缩聚及气相缩聚等新聚合方法。

一般双向拉伸聚对苯二甲酰对苯二胺（BOPPTA）薄膜的密度为1.45g/cm³，常用薄膜的厚度为2～25μm，拉伸薄膜的纵横向弹性模量分别为105MPa和155MPa，薄膜在100℃的温度下无收缩，玻璃化温度$T_g \geqslant 300℃$，熔点为500℃，长期使用温度为196～260℃，纵向热膨胀系数为$-2 \times 10^{-6} K^{-1}$。

八、双向拉伸聚偏氯乙烯（BOPVDC）薄膜的性能

聚偏氯乙烯（PVDC）树脂，即聚偏氯二乙烯树脂，又称氯偏树脂、纱纶树脂（表4-8～表4-10）。PVDC的均聚物树脂由于氯含量高和结晶度高，因此熔融温度高、熔融时间长，一般在175℃的条件下完全熔融需5～10min。其熔融和分解温度十分接近，熔体黏度大，流动性差；受热易降解，加工周期短；薄膜易变色，热封强度低，弹性性能差。

表 4-8　聚偏氯乙烯-氯乙烯的性能

指标名称	指标	指标名称	指标
相对密度	1.65～1.75	冲击强度/(kJ/m²)	100～150
吸水性/%	<0.1	压缩强度/MPa	60
拉伸强度/MPa	34.5～69	弯曲强度/MPa	100～120
定向拉伸强度/MPa	207～414	洛氏硬度/M	50～65
伸长率/%	10～20	动摩擦系数,对棉布	0.24
定向伸长率/%	15～40	比热容/[kJ/(kg·K)]	1.26
热导率/[W/(m·K)]	0.105～0.147	热分解温度/℃	170～200
线膨胀系数/K⁻¹	1.75×10⁻⁴	体积电阻/Ω·cm	10¹⁴～10¹⁶
脆化温度/℃	-40	介电强度/(kV/mm)	16～20
平均使用温度/℃	75	介电常数	3～5
软化温度/℃	100～130	功率因素	0.03～0.1
熔体温度/℃	140		

表 4-9　PVDC 层压复合高温蒸煮膜的性能检测值

序号	检测项目	单位	检测结果	检测方法
1	拉断力 MD/TD	N	68/100	GB/T 13022
2	断裂伸长率 MD/TD	%	64/17	GB/T 13022

续表

序号	检测项目		单位	检测结果	检测方法
3	撕裂力 MD/TD		N	12/8	GB/T 1130
4	剥离力	BOPP/PVDC	N	不可剥离	GB/T 8808
		PVDC/CPP	N	5.0	
5	封口剥离力		N	42/43	ZBY 28004
6	抗摆锤冲击性能		J	1.5	GB/T 8809
7	水蒸气透过量		g/(m² · 24h)	1.6	GB/T 1037
8	氧气透过量		cm³/(m² · 24h · atm)	7.9	GB/T 1038
9	耐热、耐介质性			蒸煮后无明显变形、分层、破损	
10	100℃热水收缩率 MD/TM		%	−0.2/−0.1	GB/T 2027
11	雾度		%	≤8	GB/T 2410

表 4-10　几种聚合物薄膜的阻隔性能比较

聚合物		氧气	氮气	二氧化碳	水蒸气
PVDC VC 型		4~10	0.1~0.8	0.3~0.7	0.4~1.0
PA6		35	—	43~59	93~155
PP		300	60	1200	3.6~10.2
PET		74~138	12~24	35~50	27.4~46.7
PVC		77~310	—	140~400	13.2~71.3
LDPE		500~700	200~400	2000~4000	15.2~23.4
HDPE		200~500	15~300	2000~4000	3.5~11.1
PS		600~800	40~50	2000~4000	10.5~33.6
PAN		11.6	—	6	31.0~47.2
EVOH	32%乙烯	0.2	0.02	0.9	47
	44%乙烯	1.8	0.13	1.4	95

注：薄膜厚度为 25.4μm；气体透过率单位：cm³/(m² · 24h · 23℃ · atm · 50%RH)；水蒸气透过率单位为：g/(m² · 24h · 38℃ · 100%RH)。

九、双向拉伸 BOPP 烟膜热封性能

BOPP 作为一种新型的包装材料，在烟草工业中获得了广泛的应用，从工艺角度看，正确控制好不同使用要求的 BOPP 热封及与之相关的其他性能，是保证薄膜上机运行和良好热封合的关键。随着我国卷烟工业的发展，卷烟包装机包装速度将越来越高，例如进口的高速卷烟包装机有的高达 800 包/min，这对烟膜的热封性能提出了更高的要求。

BOPP 烟膜的热封性能主要包括热封强度和热封温度范围（或初始热封温度），热封强度在使用上反映的是薄膜的热黏合牢固性，而热封温度范围则反映薄膜在使用时对不同温度的适应性。本节根据生产和试验结果重点讨论了聚丙烯共聚物、添加剂和工艺因素对烟膜热封性能的影响，以便为广大同行的产品开发、质量改进等提供参考。

1. 不同聚丙烯共聚物对热封强度的影响

作为三层共挤的烟膜，其表层主要成分是具有自黏合的聚丙烯共聚物，目前国内外常用的 BOPP 热封材料主要有聚丙烯无规二元共聚物（乙烯/丙烯共聚物）如 SOWAY KS413、Montel PLZ697、CHISSO XF7511 等，无规三元共聚物（丙烯/乙烯/丁烯共聚物）如 Solvay KS309、Sumitomo SP89 E-1、Montel EP3C39F 以及混合物（三元共聚物与丁烯的混合物）如 Schulman IS2739，这三种热封材料各具特点，它们对烟膜的热封性能具有不同的影响（图 4-2）。

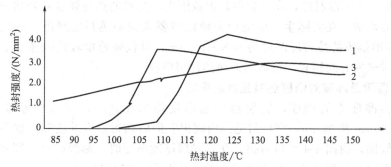

图 4-2 不同聚丙烯共聚物对热封强度的影响

1—二元共聚物；2—三元共聚物；3—混合物

分析与比较：由于无规二元共聚物、无规三元共聚物和混合物三种热封材料的熔点依次为 135℃、125℃、和 115℃，呈逐步降低的趋势，因而它们的初始热封温度分别由高降至低，依次为 115℃、105℃ 和 100℃（以 $2.0N/mm^2$ 作为最低热封线），由热封曲线图可以看出，这三种材料的热封范围分别为：无规二元共聚物（115～150℃）＜三元共聚物（105～150℃）＜混合物（100～150℃）。从无规共聚物到混合物，由于多相的存在以及乙烯含量的增加，薄膜的热封范围逐步增加，因此在配方设计时应考不同的包装速度选用不同的热封材料，例如，条合包装和速度小于 400 包/min 的小包烟膜选用聚丙烯无规二元共聚物较为合适，而速度大于 400 包/min 的烟膜应选用三元共聚物或低温混合物。

值得注意的是，为使薄膜在加工时不产生粘辊现象，用于热封的聚丙烯树脂必须具有低的热封温度和高的熔点，这是热封材料发展的一个新趋势。

2. 表层厚度对烟膜热封强度的影响

热封层材料为无规二元共聚物的 $22\mu m$ 标准配方的烟膜，表层、芯层厚度分别为 0.8μm/20.4μm/0.8μm 和 1.5μm/19μm/1.5μm，在不同的热封温度下测出它们的热封强度并绘制成图 4-3 所示的热封曲线图。

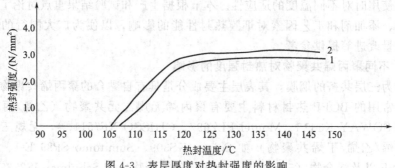

图 4-3　表层厚度对热封强度的影响
1—表层厚度 0.8μm；2—表层厚度 1.5μm

由图 4-3 可以看出，在一定的热封范围内，薄膜的热封强度随着热封层厚度的增加而增加。在实际生产中应根据使用需要来控制热封层厚度，一般情况下 22μm 标准烟膜的热封层厚度为 0.8～1.2μm，对包装速度较慢的条包烟膜，由于使用时热封时间稍长，可适当调薄热封层厚度。

3. 薄膜总厚度对烟膜热封强度的影响

对标准配方的烟膜，表层热封层厚度均为 1.0μm，而芯层厚度分别为 20μm、25μm 和 30μm，在热封范围内测出它们的热封强度并绘制成如下所示的热封曲线图。由图 4-4 可以看出，在热封层厚度不变时，薄膜越厚，则在相同热封温度下热封强度越小，因此生产厚膜时应稍提高热封层厚度。

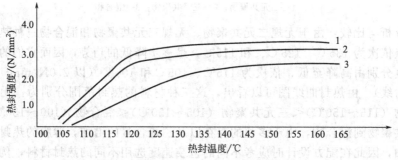

图 4-4　薄膜总厚度对热封强度的影响
1—22μm；2—27μm；3—32μm

4. 电晕处理对烟膜热封性能的影响

为了加快芯层添加剂的迁移速度，减少薄膜的静电，根据需要也可以对薄膜施加电晕处理，但这会对薄膜的热封性能产生负面的影响。例如对 22μm 的标准烟膜施加电晕处理后（薄膜的表面张力为 40mN/m），其热封性能发生如表 4-11

所示的变化。

表 4-11 电晕处理对热封性能的影响

薄膜初始热封温度/℃		热封范围/℃		最高热封强度/(N/mm²)	
未处理	处理	未处理	处理	未处理	处理
118	126	33	26	3.9	3.1

由表 4-11 可以看出，薄膜施加电晕处理后，由于表层共聚物的化学元键受到破坏并且部分产生了交链作用，因而薄膜的初始热封温度上升，热封范围变窄，而热封强度也下降了许多，因此，对包装速度高于 400 包/min 以上的烟膜应慎重考虑采用电晕处理工艺。

5. 添加剂对烟膜热封性能的影响

BOPP 烟膜所用的添加剂主要有抗静电剂、增滑剂、抗粘剂和增挺剂，现以不同配方的 $22\mu m$ 烟膜为例探讨各种添加剂对烟膜热封性能的影响。表 4-12 是试验样品经二周后的测试结果。

由表 4-12 可以看出，表层抗粘剂对薄膜的热封性能没有影响，表层超级增滑剂聚硅氧烷对热封性能影响也影响不大，但加于芯层的增滑剂和抗静电剂由于在时效处理期间迁移至表层后形成了增滑/抗静电界面，因而导致了薄膜的初始热封温度升高、热封范围变窄和热封强度降低。与增滑剂和抗静电剂相反，芯层的石油树脂增挺剂由于熔点低且自身具有一定的热黏性，故大幅度改善了薄膜的热封性能，其初始热封温度明显降低，热封范围变宽，但应注意，过量的加入会影响薄膜的热滑动性能。

表 4-12 添加剂对热封性能的影响

编号	表层为 PP 无规二元共聚物含以下母料	芯层为 PP 均聚物含以下母料	初始热封温/℃	热封范围/℃	最高热封强度/(N/mm²)
1	纯 PP 无规二元共聚物	纯 PP 均聚物	115	35	4.6
2	1500×10^{-6}硅石抗粘剂		115	35	4.6
3	1600×10^{-6}聚硅氧烷增滑剂		116	34	4.1
4	1600×10^{-6}聚硅氧烷增滑剂	3000×10^{-6}乙氧化胺类抗静电剂	118	32	4.1
5		7500×10^{-6}氢化石油树脂增挺剂	105	44	4.5

6. 双向拉伸 BOPP 烟膜热封性能评价

（1）聚丙烯二元共聚物热封温度高、热封范围窄，比较适合于中、低速烟膜，而三元共聚物和低温混合物则特别适合速度高于 400 包/min 的烟膜，但在加工时应注意防止粘辊现象的发生。

（2）薄膜热封层较厚时有利于改善薄膜的热封性能，但表层厚度不变而薄膜总厚度过厚时，则薄膜的热封强度会有所降低，因此不同厚度的烟膜其热封层厚度应有所不同。

（3）使用电晕处理工艺会降低热封范围和热封强度，高速包装膜不宜使用电晕处理工艺。

（4）芯层增滑剂和抗静电剂对薄膜的热封性能有一定的影响，应根据使用要求合理选择用量。

（5）烟膜芯层加入石油树脂增挺剂有利于改善薄膜的热封性能，在生产时可适当降低其热封层厚度。

第三节 双向拉伸聚丙烯薄膜（BOPP 薄膜）

BOPP 薄膜是一种非常重要的软包装材料，应用十分广泛。BOPP 膜无色、无嗅、无味、无毒，并具有高拉伸强度、冲击强度、刚性、强韧性和良好的透明性。BOPP 薄膜表面能低，涂胶或印刷前需进行电晕处理。可是，BOPP 膜经电晕处理后，有良好的印刷适应性，可以套色印刷而得到精美的外观效果，因而常用作复合薄膜的面层材料。BOPP 膜也有不足，如容易累积静电、没有热封性等。在高速运转的生产线上，BOPP 膜容易产生静电，需安装静电去除器。为了获得可热封的 BOPP 薄膜，可以在 BOPP 薄膜表面电晕处理后涂布可热封树脂胶液，如 PVDC 乳胶、EVA 乳胶等，也可涂布溶剂胶，还可采用挤出涂布或共挤复合的方法生产可热封 BOPP 膜。该膜广泛应用于面包、衣服、鞋袜等包装以及香烟、书籍的封面包装。BOPP 薄膜的引发撕裂强度在拉伸后有所提高，但继发撕裂强度却很低，因此，BOPP 膜两端面不能留有任何切口，否则 BOPP 膜在印刷、复合时容易撕断。BOPP 涂布不干胶后可生产封箱胶带，是 BOPP 用量较大的市场。

BOPP 薄膜可以用管膜法或平膜法生产。不同的加工方法得到的 BOPP 薄膜性能也不一样。平膜法生产的 BOPP 薄膜由于拉伸比大（可达 8～10），所以强度比管膜法高，薄膜厚度的均匀性也较好。

为了得到较好的综合性能，在使用过程中通常采用多层复合的方法生产。BOPP 可以与多种不同材料复合，以满足特殊的应用需要。如 BOPP 可以与 LDPE（CPP）、PE、PT、PO、PVA 等复合得到高度阻气、阻湿、透明、耐高、低温、耐蒸煮和耐油性能，不同的复合膜可应用于油性食品、珍味食品、干燥食品、浸渍食品、各种蒸煮熟食、煎饼、味精等包装。

一、原材料

1. 原料

目前，双向拉伸聚丙烯薄膜品种繁多，各种薄膜的性能也有很大差异，造成这种区别的主要原因是产品的结构有所不同，生产时使用的原料和生产工艺条件不同。

从生产薄膜的原料上来看，单层拉伸聚丙烯薄膜主要使用聚丙烯均聚物、含添加剂的母料和回收料；共挤双向拉伸聚丙烯薄膜则使用聚丙烯均聚物、聚丙烯共聚物和含添加剂的母切片、回收料等。

下面分别介绍合成树脂的有关情况及原材料对薄膜性能的影响。

（1）聚丙烯均聚物 聚丙烯均聚物是决定薄膜物理力学性能的主要因素。它是由丙烯单体经聚合作用而生成的部分结晶的聚合物。其分子结构为链状的，即：

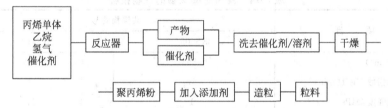

合成聚丙烯最常用的方法是在溶液中进行悬浮缩聚（歇雷法）。反应过程如下：

丙烯单体 乙烷 氢气 催化剂 → 反应器 → 产物 / 催化剂 → 洗去催化剂/溶剂 → 干燥 → → 聚丙烯粉 → 加入添加剂 → 造粒 → 粒料

其中，乙烷是作为溶剂使用。氢气加入量相当于缩聚反应中，聚合物等分子量需要氢的数量。即对应于每个单位聚合物链上的丙烯分子数（n）。

聚丙烯均聚物的质量标准见表 4-13。

表 4-13 聚丙烯均聚物的质量标准

项目	均聚物牌号		
	FS3011A	HF21L	T36F
密度/(g/cm³)	0.90	0.91	0.90
熔流动指数/(g/10min)	3.0	2.2	2.8±0.06
拉伸强度/MPa	43	35	38±0.30
断裂伸长率/%	830	500	—
弯曲强度/MPa	1400	1600	—
艾式冲击强度/(kJ/m²)	3.1	4.0	—
熔点/℃	165	—	165
软化点/℃	—	155	—

由于聚丙烯均聚物薄膜在加热到结晶熔点时，会释放出定向应力，薄膜产生显著的收缩。所以这种薄膜是不能进行热封。只能用热丝焊封。这就大大地限制

了它在包装工业中的应用。为了解决这个问题，现在经常采用在聚丙烯均聚物薄膜的表面上，通过共挤出的方法，复合一层熔点较低的共聚物。

常用的共聚物是用丙烯和乙烯混合气体聚合而成的。在聚合物的主链中，无规地分布着丙烯和乙烯的链段。其中乙烯起阻止丙烯结晶的作用。在高质量的无规共聚物中，块状结构乙烯较少。即单体的乙烯分子结构很高。

生产 BOPP 薄膜用的二元共聚物，乙烯含量为 3%～5%，熔体流动指数为4.0～7.0g/10min。熔点为 135～138℃。乙烯含量是决定共聚物的熔点和雾度的重要因素。乙烯含量增高，熔点下降；乙烯含量增高，雾度增大，聚丙烯共聚物的熔点降低，热封温度也随之下降。降低热封温度有利于缩短包装机的工作周期，增大热封范围，减少因热封引起的变形。

为开发低熔点的热封共聚物，Schulman 公司的 IS2739 引入了丙烯-乙烯-丁烯的三元共聚物。有的还引入丙烯-乙烯-丁烯-己烯的四元共聚物。

常见聚丙烯共聚物的基本性能见表 4-14。

表 4-14　聚丙烯共聚物的性能指标

项　　目	共聚物牌号	
	KS409	KS413
密度/(g/cm³)	0.895	0.895
熔体流动指数/(g/10min)	5	7.3
拉伸屈服强度/MPa	21	21
断裂伸长率/%	>500	>500
肖式硬度(23℃)	62	62
艾佐冲击强度/(kJ/m²)	11.7	9.7
熔点/℃	<136	<136
维卡软化点/℃	120	120

（2）影响均聚物性能的因素

① 熔体流动速率（MFI）　聚丙烯加工时是以熔体流动速率来表示它的流动性能。熔体流动速率是与聚合物的分子量相对应，与相对分子质量成反比，与黏度成反比。MFI 高，聚合物的流动性好，一般来说也容易加工。

从熔体聚合物的加工性能上来看，相对分子质量是具有决定性的作用。相对分子质量增加，物料熔体黏度增高，熔融体通过机头的能力将受到影响。而且，相对分子质量增加也能使熔体离开机头后保持形态的能力有所改善。生产 BOPP薄膜用的聚丙烯树脂，一般选用的熔体流动速率为 2～4g/10min。

② 等规度　在缩聚反应中，大分子结构中甲基基团的立体位置可能存在以下 3 种结构形式（图 4-5）。

　　图 4-5 是分子结构的平面图。实际上这些分子并非处于同一平面。等规和间规分子在分子链上是规则性的螺旋排列着。无规体链上的甲基基团（CH₃）的空间排列是无规则的，故不能形成晶体。如果等规体的全部甲基都位于链的同一侧，其结果将形成一条螺旋体，构成一种相当硬的物质。当它为纯净质时，其熔点为 176℃。间规体中 CH₃ 基交互排列在主链的两侧，也会形成晶体。在缩聚反应中，上述三种形式的结构都能形成。其中，间规体的数量甚微，可以忽略。这样，聚丙烯的性质主要取决于聚合物中等规体与无规体的比例。

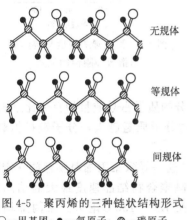

图 4-5　聚丙烯的三种链状结构形式
○—甲基团；●—氢原子；◎—碳原子

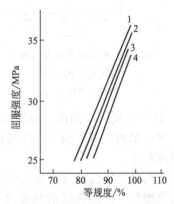

图 4-6　聚丙烯等规度与材料
屈服强度的关系
等规度排序 1～4

　　聚丙烯的等规度是指等规结构分子在均聚物中的百分数。实践证明，只有等规体的比例占 95％～97％，无规体的比例为 3％～5％的均聚物，才适合生产双向拉伸聚丙烯薄膜。

　　等规体部分对薄膜性能的影响主要表现如下。对结晶度的影响，等规度越高，结晶度越大，结晶速度越快。等规度对薄膜的屈服强度有影响，等规度增加时，薄膜的屈服强度会明显增大。图 4-6 所示为聚丙烯的等规度与屈服强度的关系。对聚丙烯表面硬度、刚性的影响，通常，等规度增加，产品的表面硬度增大，见图 4-7。

　　在等规度较低时，熔体指数大的均聚物刚性较大。而在等规度较高时，熔体指数对刚性的影响就不大（图 4-8）。由于生产双向拉伸聚丙烯薄膜使用的聚丙烯均聚物的熔体流动指数为 2～4g/10min。因此原料的等规度对产品的刚性影响很大。

　　无规体在聚合物中是起内部润滑剂的作用，并有利于均聚物定向，有助于改善薄膜的光学性能。但它可使薄膜的力学性能受到负面的影响。

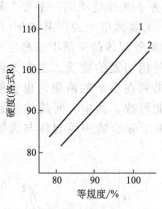

图 4-7　聚丙烯等规度与材料
表面硬度的关系
等规度排序 1～2

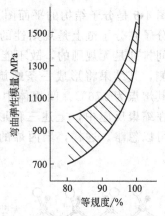

图 4-8　聚丙烯等规度与熔体流
动指数和刚性的关系

③ 结晶度　结晶度是用聚合物中结晶部分的质量占总质量的百分比来表示。

聚丙烯的等规度越高，结晶度越大；相对分子质量越大，分子链扩散越难，结晶度越小。

聚丙烯在室温条件下也会产生二次结晶，这是导致聚丙烯薄膜存放一定时间后雾度增加、产品变脆的原因之一。由于结晶聚合物结晶速度最大的结晶温度 $T_{max}=(0.80～0.85)T_m$。聚丙烯的 T_{max} 是在 120～130℃附近。聚丙烯均聚物结晶速度最大。表 4-15 列出两种牌号的聚丙烯均聚物的结晶参数。

表 4-15　几种聚丙烯均聚物的结晶参数

牌号	熔区/℃	熔点/℃	结晶温度区/℃	分解温度/℃
FS2011	133～171	163	102～123	391
F5083A	138～176	167	95～122	392

结晶度对 BOPP 薄膜性能的影响如下。

薄膜结晶度高时，弹性模量、屈服拉伸应力、硬度均增高。

薄膜结晶度低时，冲击强度低、脆折度增高、光学性能差。

提高双向拉伸聚丙烯薄膜结晶度，主要从以下 4 个方面着手：选择适宜的原料；具有充分结晶时间；确定适应结晶温度；提高拉伸倍数。

(3) 分子量　聚丙烯是聚合度不同的分子的集合体。在聚合过程中，重复链节数不可能均一，故分子量只能用平均值来表示。平均分子量的表示方法有：数均分子量 $(\overline{M_n})$ 和重均分子量 $(\overline{M_w})$ 及黏均分子量 $(\overline{M_v})$。从量值来看，$\overline{M_n}<\overline{M_v}<\overline{M_w}$，其中 $\overline{M_v}$ 和 $\overline{M_n}$ 值相近。生产薄膜用的聚丙烯其 $\overline{M_n}=8500$ 左右。

分子量增大时，产品的拉伸强度、断裂伸长率和冲击强度都增大，而薄膜的透明性、光泽度和表面硬度均下降。

（4）分子量分布　分子量分布是用分子量分布系数 Q 来表示：

$$Q=\overline{M_\mathrm{w}}/\overline{M_\mathrm{n}}$$

分子质量分布表示聚合物的相对分子质量在其平均值周围扩展的程度。对于双向拉伸聚丙烯薄膜的均聚物，$Q=4.0\sim4.5$ 为好。

聚丙烯均聚物的相对分子质量分布系数越窄，薄膜的拉伸强度越高。加工工艺条件越严格。而在一定范围内，适当地加宽相对分子质量分布，即使均聚物中低相对分子质量的组分适当增多，可以提高熔体的流动性。同时，对大相对分子质量也起到增塑作用，使高聚物的柔韧性增大，工艺条件适当加宽，成膜性有所提高。

2. 各类双向拉伸聚丙烯（BOPP）薄膜物理力学性能

各类双向拉伸 BOPP 薄膜物理力学性能见表 4-1。

3. 双向拉伸聚对苯二甲酸乙二醇酯（BOPET）薄膜物理力学性能

通用 BOPET 薄膜的物理力学性能见表 4-2。

4. 添加剂母料

一般改善薄膜的性能的常用添加剂有抗氧剂、热稳定剂、硬脂酸钙等。因此，人们通常预先将这些较多的添加剂均匀地混入聚合物内，制成"母料"（图 4-9）。在生产薄膜之前再将母料按一定的比例与主体材料进行混合；其中，抗氧剂及热稳定剂在后加工过程中能有效地防止聚丙烯分子降解。硬脂酸钙能中和未被洗掉的催化剂残存物，去掉催化剂内的氯化物，避免在后加工时，这些物质对设备表面的损害。此外，它还起着滑爽剂的作用。

图 4-9　添加剂母料可广泛用于塑料的挤出、注塑、吹塑、流延加工中

作为食品和医用薄膜，母料中的添加剂必须是对人体的生理无害的，必须通过美国食品药品监督管理局（FDA）的批准。在食品包装薄膜内，添加剂的最大浓度是受到限制的。

双向拉伸聚丙烯薄膜通常使用的母料有：抗粘连剂母料、抗静电剂母料、含滑爽剂母料。

① 抗粘连剂母料　薄膜在使用与加工过程中，当两层薄膜接触在一起时，由于温度、压力、作用时间和膜与膜的摩擦性能等因素的影响，两层薄膜可能因短链分子迁移或由于膜面过于光滑，产生很大的附着力，出现薄膜相互粘连的现象。

为防止薄膜粘连，使薄膜表面具有一定的粗糙度，使薄膜与薄膜之间保存一定的空气，降低薄膜的摩擦系数，而向树脂中加入的某种改性添加剂称为抗粘连剂。

抗粘连剂加入后，在薄膜表面上便会生成许多细而坚硬的突起，或形成微小裂纹，或出现不同松弛状的凹凸，从而减小了薄膜和对磨件之间的接触面积，实现了降低薄膜表面摩擦系数的目的。然而，随着添加剂的加入，薄膜表面的平面度也有一定程度的损坏。因此，使用时一定要根据产品性能的要求，仔细地筛选抗粘连剂。表 4-16 为常用抗粘连剂聚丙烯母料的牌号。抗粘连剂的种类、粒径、粒径分布、用量、配制及添加方法等对薄膜性能有很大影响。聚丙烯薄膜使用的无机抗粘剂是以二氧化硅为主。其优点是：它是无定型的，不会导致肺沉着病；高纯度的二氧化硅的折射指数与聚丙烯几乎一样，对光学性能影响小；它是柔软的，对挤出机的螺杆和机筒磨损小；二氧化硅能均匀地分散在薄膜之中。在生产双向拉伸聚丙烯薄膜时，二氧化硅的粒度为 $2\sim4\mu m$ 之间。有效加入量为 $200\sim1500mg/kg$。具体的加入量取决于薄膜的品种及厚度。二氧化硅是一种无机物，在薄膜内不会迁移。因此，这种抗粘连剂可以仅加在薄膜的表面层内。通常是采用先进的多层共挤出-双向拉伸工艺，做成三层复合薄膜，在占薄膜厚度 10% 的表面层内加入抗粘连剂母料量就非常有限。这样不但可以大为降低生产成本，而且还可以提高薄膜的光学性能。

表 4-16　常用抗粘连剂聚丙烯母料的牌号

国别	厂商名称	牌号	加入量/%	母料添加剂含量/%	备注
比利时	Schulman	ABPPO2	1.5~7.0	2	载体为均聚物
		ABPPO5	0.5~3.0	5	载体为均聚物
		ABVT18	0.5~3.0	5	载体为均聚物
		ABVT19NSC	3.0~6.0	5	载体为共聚物
德国	Constob	AB6019CPP	0.5~3.0	5	载体为共聚物
中国	武进成章塑料制品厂	PP-AB-E(F)	0.5~3.0	5	载体为均聚物

图 4-10 显示了表面层含有某种抗粘连剂母料的复合 BOPP 薄膜，母料加入

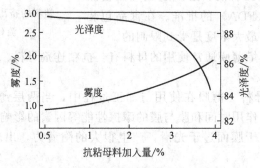

图 4-10　抗粘连剂含量对薄膜光学性能的影响

量对薄膜的光泽度和雾度的影响。抗粘连剂对薄膜性能的影响见表 4-17。

表 4-17　抗粘连剂对薄膜性能的影响

性　能	提高或降低	作用	性　能	提高或降低	作用
雾度	↓	－	静电半衰期值	↓	＋
光泽度	↓	－	表面抗阻	↓	＋
热封强度	↑	＋	粘连强度	↓	＋
可印刷性	↑	＋			

注：↑提高；↓降低；＋正面；－负面。

随着 BOPP 产品品种的发展，真空镀铝用的聚丙烯薄膜推向市场。为了使镀铝层紧紧贴附薄膜表面，防止镀铝前和镀铝后被二氧化硅粒子刮伤，发展了有机物做添加剂的抗粘连剂母料。用这种母料生产的薄膜，雾度非常低。图 4-11 为有机、无机添加剂含量对雾度的影响。

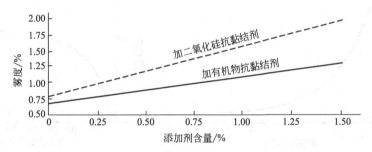

图 4-11　不同品种添加剂对雾度的影响

② 抗静电剂母料　抗静电剂是一种双极性物质，它能迁移到薄膜的表面，吸收空气中的水分，形成导电层，使薄膜具有控制带电的能力。这对于 BOPP 加工过程和它的后序加工是非常必要的。否则，在生产过程中由于静电会使操作人员受到电击；在制袋或包装商品时，表面静电会使薄膜黏附在包装设备上；对于包装后的商品，由于静电大，在存放或销售过程中会吸附很多灰尘。

通常，静电消除的能力是以 BOPP 薄膜表面积聚的电荷衰减到一半值所需要的时间，即静电半衰期值来衡量。图 4-12 显示了环境的相对湿度与薄膜表面电荷衰变周期之间的关系。抗静电剂具有迁移性，抗静电剂加入聚合物后，它会从加入层迁移到含量小或未加入层。因此，在实际生产过程中，一般只把它加到薄膜的芯层材料中。否则，如果把抗静电剂加到表层，它就会因反向迁往芯层而消耗掉，起不到抗静电的作用。

加入芯层的抗静电剂的迁移能力，受存放温度和存放时间的影响。

如图 4-13 显示的那样，在允许范围内，温度越高迁移速度越快。在相同温度下，迁移要有一个过程，一般要存放 1～2 周（图 4-14）。

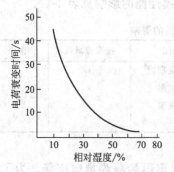

图 4-12　环境湿度对薄膜表面
电荷衰变的影响

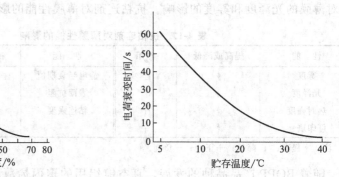

图 4-13　存放温度与薄膜表面
电荷衰变的关系

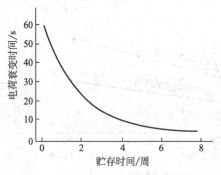

图 4-14　存放时间与薄膜表面
电荷衰变的关系

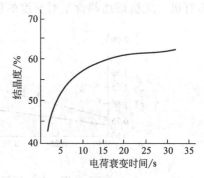

图 4-15　薄膜结晶度与电荷
衰变时间的关系

此外，均聚物的结晶度对添加剂的迁移程度也有明显的影响。从图 4-15 看出结晶度高，它会阻止抗静电剂的迁移。

在双向拉伸聚丙烯薄膜的生产过程中，抗静电剂的有效浓度一般在 3000×10^{-6} 左右。常用的抗静电剂有高纯度硬脂酸甘油、油酸酰胺、乙基胺类。

常用抗静电剂母料的牌号和抗静电剂含量见表 4-18。

表 4-18　常用抗静电剂聚丙烯母料的牌号

国名	生产厂	牌号	有效含量/%	加入量/%
德国	Constob	AT4002PP	6	3.0～5.0
		AT4010PP	25	0.5～1.0
比利时	Schulman	ASPS2446	12.5	1.0～2.0
		ASP3200	20	0.75～1.5
中国	武进成章塑料制品厂	PP-AS-E(F)		1.0～3.0

薄膜中加入抗静电剂后，薄膜的物理、力学性能将发生变化，具体见表 4-19。

表 4-19　抗静电母料对薄膜性能的影响

性　能	提高或降低	所起的作用	性　能	提高或降低	所起的作用
拉伸强度	↓	—	最低热封温度	↑	—
延伸率	↑	—	可印刷性	↓	—
雾度	↑	—	静电半衰期	↓	+
光泽度	↓	—	表面电阻	↓	+
热封强度	↓	—			

注：↑提高；↓降低；+正面；—负面。

③ 滑爽剂母料　滑爽剂的作用是使薄膜的表面滑爽和具有较低的摩擦系数；使原料在挤出机内起到润滑作用，当提高挤出机转数增大产量时，挤出机驱动电动机的电流不至于剧增；可以防止薄膜与薄膜、薄膜与机器黏合在一起或难以分离或难以打开。

在加入滑爽剂的同时，必须有选择地加入抗粘连剂母料。否则，薄膜仍然会出现严重的粘连。

不同用途的 BOPP 薄膜，其表面摩擦系数的要求也不相同。特别是香烟包装用膜。为了保证烟包在高速包装机上顺利前进，一方面要求薄膜对金属滑道的摩擦系数要小，另一方面由于在高速包装过程中，烟包不断地与滑道摩擦，使滑道摩擦生热、温度升高。因此，这种薄膜就要具有较低的热摩擦系数。

在 BOPP 领域中，最先使用的滑爽剂是芥酸酰胺类。它的缺点是能使薄膜的雾度增大，产品有白霜状物质迁移出来，同时也降低了电晕处理的效果。

随着高速包装机的运用，出现了聚硅氧烷类滑爽剂。这种滑爽剂具有很好的热滑动性。在一定温度下摩擦系数很低；没有白霜状物质迁移出来；对雾度的影响也比芥酸酰胺类小得多。但是，它的明显缺点是无印刷性。

滑爽剂的有效用量，在不同用途的 BOPP 薄膜中是不同的。平膜中滑爽剂的含量一般为 750～1500mg/kg；共挤膜的芯层为 1000～2000mg/kg；共挤膜的面层为 1000～1500mg/kg。由于滑爽剂仅在薄膜表面起作用，生产出来的薄膜需要一定的迁移时间才能发挥它的作用。这个迁移时间为 1～2 周。有关滑爽剂对薄膜的物理力学性能的影响见表 4-20。

表 4-20　滑爽剂对 BOPP 薄膜性能的影响

性　能	提高或降低	所起的作用	性　能	提高或降低	所起的作用
拉伸强度	↓	—	热封强度	↓	+
延伸率	↑	—	最低热封温度	↑	—
雾度	↓	—	摩擦系数	↓	+
光泽度	↑	—			

注：↑提高；↓降低；+正面；—负面。

④ 组合母料　为了减少添加剂母料的运输量，简化加工设备和工艺，人们把两种或两种以上的添加剂加入聚合物内制成组合母料。常见的几种组合母料见表 4-21。

表 4-21　组合母料牌号及组分

国　名	生产厂	牌　号	添加剂组分
比利时	Schulman	FASPS2950 ABER11SC IL2582SC ASPERA2358	抗静电-增滑爽 抗粘连-增滑爽 抗粘连-增滑爽 抗静电-增滑爽

二、平面双向拉伸聚丙烯薄膜的生产设备

大多数的双向拉伸聚丙烯薄膜是采用通用的挤出、逐次双向拉伸法制成的。即原料经过干燥-挤出-铸片-纵向拉伸-横向拉伸、热处理-收卷各生产过程。所用生产设备与第二章介绍的没有明显的差异。然而，由于聚丙烯原料本身的特点。生产设备也有一些变化。

1. 聚丙烯树脂

水降解性不如聚酰胺、聚酯类敏感，干燥设备比较简单。一般使用一台立式或卧式气流干燥器即可。

2. 挤出机

在 BOPP 薄膜生产线中，粉碎的回收料是可以掺入新料直接使用。然而，粉碎回收的密度与新料相差很大，完全靠自重加料是不行的。此时，挤出机的下料口就需要使用螺旋强制加料器。为了提高挤出机的下料能力，挤出机加料段最好使用开槽机筒。

生产 BOPP 薄膜的挤出机一般都使用单螺杆挤出机。为了能够一机多用，可以生产多种薄膜，大多数的 BOPP 薄膜生产厂都使用三台挤出机。这样就可以生产 ABC、ABA、ABB、BBB 等四种不同结构的薄膜。其中 B 层为芯层材料，一般占薄膜厚度的 90%。因此，B 层挤出机的生产能力需要较大。

BOPP 薄膜挤出机在满足挤出量的同时，还必须保证挤出的熔体挤出量均匀，温度稳定，塑化均匀，具有低温混炼的特点和排除气泡的能力。

① 挤出机不宜使用高速。为了保证挤出质量又有很大的挤出量，目前主要从增大螺杆直径入手。切忌用过分地提高螺杆速度来追求产量，否则会造成厚片表面粗糙，影响光学性能。

② 生产 BOPP 薄膜的挤出机螺杆结构，现已由单一的分离型螺杆或单一的屏障螺杆、销钉螺杆向这些形式的组合螺杆发展。

③ 挤出机必须具有测压反馈系统。

④ 挤出机的形式根据生产能力进行选择。当挤出量在小于 1000kg/h 时，采用挤出机-计量泵的形式较好；当挤出量大于 1000kg/h 时，采用两台挤出机串联形式为好。

3. 过滤器

在 BOPP 薄膜生产线上，粗过滤器一般是使用 60～80μm 的不锈钢网，精过滤器以柱式过滤器为主，每个滤芯都套有 40/ 60/(100～120)/60μm 的组合不锈钢网。精过滤器的过滤面积较大，至少可以满足连续生产 10 天的要求。

4. 挤出机机头

BOPP 薄膜生产线所用的机头大多是 T 形渐缩支管式衣架机头。对于共挤机头，一般使用熔融物料在机头内汇合的形式。对于三层共挤 BOPP 薄膜，主流道是供应芯层材料，挤出物料的熔体流动指数为 2～4g/10min 的均聚物。面层是用副流道供料，物料是熔体流动指数为 4～7g/10min 的共聚物。机头上必须装有膨胀螺钉，能够通过测厚反馈系统自动调节薄膜的横向厚度。

5. 冷却装置

BOPP 薄膜生产线常用的冷却装置有两种结构。一种是组合式多个冷却转鼓；一种是一个大直径的冷却转鼓和冷却水槽的组合装置。

此外，为了使熔体能很好贴附在冷却鼓的表面上，BOPP 薄膜生产线一般都是采用气刀附片方法和使用压力喷嘴进行片材外侧冷却。对于使用冷却水槽的冷却装置在剥离辊之后还装有除水装置。

6. 纵向拉伸机

在生产共挤出热封型薄膜时，由于面层聚丙烯共聚物的熔点较低，这种片材预热后，表层材料很容易黏附在预热辊筒上。因此在这种薄膜生产线中，纵向拉伸机后面几个 4～6 预热辊的辊面，一定要喷涂聚四氟乙烯，防止共聚物粘辊。

BOPP 薄膜一般选用小间隙单点拉伸法，在高速生产条件下则选用小间隙两点拉伸法，拉伸时不需要其他辅助加热装置。

BOPP 纵向拉伸机的拉伸区后，有两个较大的热定型辊，两个辊筒之间的速度应可以调节，用以控制拉伸片材定型收缩量。在纵向拉伸机的预热、拉伸、定型辊上都装有压辊。在它的进出口都要安装张力调节辊，控制两端片材的张紧程度。

7. 横向拉伸机

BOPP 拉幅机设有预热段、拉伸段、定型段、冷却段。由于 BOPP 薄膜横向拉伸温度与定型温度相差不大。因此，BOPP 横向拉伸机就不设缓冲段。各段的加热温度均不高于 190℃。

BOPP 薄膜横向拉伸倍数较大，一般拉伸比为 7.5～9。因此，拉伸段张角较大。这样就会在导轨的转角处，引起相邻两个夹具产生局部附加的纵向拉伸或收缩，容易出现拉伸破膜。先进的 BOPP 薄膜生产线，在导轨的转角处采用连续圆弧挠性过渡结构。

8. 废料回收

BOPP 在线废边经过粉碎，直接送入挤出机的加料斗，然后与新料混合，加入主挤出机。其余废料粉碎后送往回收挤出造粒机或团粒机造成粒料。

三、双向拉伸聚丙烯薄膜的生产工艺

1. 原料干燥处理

由于拉伸薄膜的降解程度、薄膜上有无气泡都与原料中水分含量有关，先进的 BOPP 薄膜生产线、在挤出之前原料也要在 $80 \sim 90 ℃$ 下进行干燥处理。尤其是在生产共挤薄膜时，面层的原料中含有许多易吸湿的添加剂，一定要解决原料含水量过高的问题。生产聚丙烯薄膜的原料，最高含水率为 500×10^{-6}。

2. 挤出制片

根据 BOPP 薄膜性能的需要，薄膜结构可以是单层或多层。在使用生产多层共挤薄膜的设备时，如果使用同种材料，产品改为 BBB 结构，也可以生产没有芯层和面层之区别单层薄膜。此时，改性添加剂的加入量就要较多。薄膜成本就要增加。

在生产 ABA 多层结构的薄膜时，芯层 B 是决定 BOPP 薄膜性能的基础，一般回收料、抗静电添加剂都是加在这一层里面。其他改性添加剂加在表面层，而且每一个面层（A 层）的厚度只是总厚度的 5% 左右，因此改善薄膜表面性能的原料（例如热封料或改性添加剂母料等）用量极少。

在生产热封型 BOPP 薄膜时，为了使废边能够回收再利用而不影响薄膜性能，以及避免在横向拉伸时，面层的低熔点共聚物污染拉幅机的夹口，影响薄膜拉伸。薄膜的结构应采用图 4-16 的形式。

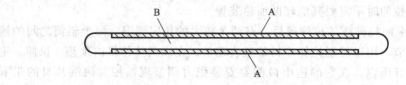

图 4-16　共挤 ABA 热封型 BOPP 挤出片材断面图

在挤出铸片时，因各层原料性能不同，各层厚度在片材中所占比例不同，故应使用不同的挤出设备。因此，生产工艺有一定的区别。如果使用串联挤出机作为主机挤出芯层，用辅助单螺杆挤出机挤出面层。此时，BOPP 共挤热封薄膜常用的挤出铸片工艺温度范围见表 4-22。

表 4-22　BOPP 共挤热封薄膜挤出铸片工艺温度

部位	挤出机Ⅰ	挤出机Ⅱ	辅助挤出机	管线及过滤器	机头	冷却鼓和水浴
温度/℃	230～250	220～230	225～230	230～250	235～250	25～40

3. 双向拉伸聚丙烯薄膜的拉伸工艺和条件

（1）拉伸过程概述　挤出的片材要经过纵向和横向两个拉伸过程和必要的热处理，才能制成需要的薄膜。薄膜的拉伸是在热和力的作用下，拉伸一定倍数，使聚合物分子和微晶产生均匀的取向和结晶。

在拉伸聚丙烯这种材料时，必须考虑以下因素。在拉伸过程中要防止预热、拉伸时结晶度急剧增加。选择的拉伸温度一定不要在聚合物最大结晶速度的温度区域。最好是在结晶开始熔融、分子链能够运动的温度下。即在熔融温度 T_m 以下 25℃ 左右的温度内进行拉伸。聚丙烯是结晶型聚合物，拉伸过程是放热过程。因此不论是纵向拉伸还是横向拉伸它们的预热和拉伸加热温度变化不大。而且，横向拉伸机的上方均需设置排、送风口。

由于聚丙烯的结晶倾向较大，在横向拉伸时有"阶梯拉伸"和"固有拉伸倍数"的问题。即在横向拉伸过程中，在薄膜的横向有若干个突然被拉伸到最大倍数的"阶梯"点。随着拉伸过程的进行，"阶梯"逐渐向两侧扩展，直至在整个幅面上全部被拉伸。

同时，在拉伸 BOPP 薄膜时，其拉伸程度就必须达到"固有拉伸倍数"。即聚丙烯薄膜的纵向和横向拉伸倍数的乘积必须达到 40 左右。如果纵向拉伸倍数不足，拉伸后薄膜的横向就会出现许多"斑马纹"或者厚条道。如果横向拉伸倍数不足，两个边部就会出现厚条道。相反，如果拉伸倍数过大，则会引起破膜。

非热收缩 BOPP 薄膜在拉伸之后都必须进行定型热处理。热处理是在一定的温度和张力作用下进行的。纵向拉伸后薄膜热处理时的松弛量为 1.5%～5%，横向拉伸后薄膜热处理时的松弛量为 5%～10%。

（2）热封型 BOPP 薄膜的生产特点　三层共挤热封型 BOPP 薄膜的两个外层是使用聚丙烯共聚物作为热封层。每层的厚度约为总厚度的 5%。聚丙烯共聚物的熔点为 135℃ 左右。这个温度要比聚丙烯均聚物的熔点低 30℃。当挤出的片材预热到 130℃ 左右的温度时，共聚物的温度显然已超过 T_m-25℃ [135−25＝110（℃）]。

如果进入这种温度的拉伸辊，共聚物的表面必然受到严重的损伤。为此，在拉伸之前，片材必须经过两个小直径的冷却辊，使片材表面能够快速冷却，而芯层仍能保持足够的拉伸温度。这样才能使均聚物的芯层和共聚物的表面层都有最佳的拉伸温度。图 4-17 显示出热封 BOPP 薄膜纵向拉伸时表层与芯层温度变化的情况。

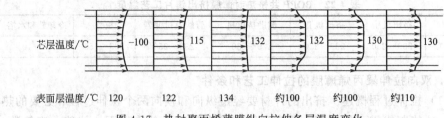

| 芯层温度/℃ | -100 | 115 | 132 | 132 | 130 | 130 |

表面层温度/℃ 120   122   134   约100   约100   约110

图 4-17　热封聚丙烯薄膜纵向拉伸各层温度变化

（3）常用 BOPP 薄膜的拉伸工艺条件　常用 BOPP 薄膜纵向和横向拉伸的温度和拉伸倍数见表 4-23。

表 4-23　常用 BOPP 薄膜拉伸工艺条件

部位	拉伸倍数	工艺温度/℃	备注
纵向拉伸			
预热		120～145	
拉伸	4.5～5.5	95～130	具有条件取决于薄膜的品种和原材料的性能
定型		120～145	
横向拉伸			
预热		175～180	
拉伸	7.5～9	156～162	预热温度由单位时间的产量决定的，产量高温度高
定型		165～175	

（4）电晕处理　未经电晕处理的 BOPP 薄膜的表面张力仅有 28mN/m。而印刷和黏合则要求薄膜的表面张力≥40mN/m。为了满足这种后加工的需要。拉伸后的 BOPP 薄膜都需要进行表面电晕处理。经过电晕处理的薄膜，表面张力可以达到 40～45mN/m。

经过电晕处理的 BOPP 薄膜，随着存放时间的延长，表面张力会逐渐降低。这种现象与电晕处理强度无关，而是因为处理产生的极性基团转至薄膜内层的缘故。因此，经过电晕处理的薄膜，存放的时间是有限的。

（5）BOPP 薄膜的收卷　在生产 BOPP 薄膜时，薄膜的厚度≥20μm 是采用间隙收卷法；薄膜厚度＜20μm 时，采用接触收卷法。

BOPP 薄膜一般都是选用"软收卷"的张力变化形式进行收卷。即大母卷内含有 7%～10%的空气（体积），并且收卷张力随直径的增加而递减。使收卷好的薄膜具有一定自由收缩的余地。否则，薄膜收缩产生巨大的应力会使薄膜变形，甚至达到薄膜相互粘连在一起、无法展开使用，变成废品。

（6）BOPP 薄膜的时效处理　从收卷机卸下的 BOPP 薄膜大母卷，都必须经过一定时间的时效处理，才能进行分切。这是 BOPP 薄膜后处理的一大特点。

BOPP 薄膜时效处理的条件是：室内温度为 25～35℃，相对湿度为 50%～

85%，存放时间为72h以上。

BOPP薄膜时效处理的目的是：让薄膜在时效处理的条件下，充分地自由收缩，释放内应力，提高薄膜的尺寸稳定性；使加在薄膜中的添加剂（如抗静电剂、滑爽剂）在时效处理的条件下，逐渐由芯层向表面层迁移，发挥它的作用。

第四节　双向拉伸聚酰胺（BOPA）薄膜

BOPA薄膜是透明性优良的无色、无嗅、无味、无毒的包装材料，具有良好的强度和阻隔性，可用于香肠等食品的真空包装；具有良好的耐高、低温性能，使用温度在-60℃至150～200℃之间；另外BOPA薄膜还具有优异的耐油脂性、耐有机溶剂性、耐碱性、耐药品性等；同时，BOPA膜不易产生静电、不吸尘，且具有优良的真空印刷性，易于真空镀铝。流延尼龙片材具有良好的延伸性，可用于真空热成型。

一、原材料

聚酰胺一般称为尼龙，它是一种结晶性的塑料，分子与分子之间存在着较强的氢键作用，因为这种材料有较多的结晶和较强的分子间的作用力，因此这种材料是较难拉伸的。

目前用于生产双向拉伸尼龙薄膜的材料并不多，虽然尼龙6尼龙66等都可以制作薄膜，但是一般包装材料中大多数还是以尼龙6为主。

生产尼龙薄膜所用树脂一般都是专用的。如果在树脂合成过程中预先已经加入了适量的添加剂（二以氧化硅为主），生产厂就可以直接使用，不必进行配料、混合。

二、双向拉伸聚酰胺薄膜的生产设备

通常，双向拉伸薄膜生产线是由多种设备组成的连续生产线，包括干燥塔、挤出机、铸片机、纵向拉伸机、横向拉伸机、牵引收卷机等。其生产流程较长，工艺也比较复杂。

平面双向拉伸BOPA薄膜的生产设备与拉伸BOPET薄膜的生产设备基本相似，都具有从干燥到收卷的主机，也有废料回收、分切等辅助设备。然而，由于物料的性质不同，某些设备的具体结构和参数也有区别。

一般双向拉伸聚酰胺的干燥装置是采用气流干燥器或真空干燥装置。挤出机使用分离型的单螺杆，过滤系统多用管式滤芯。机头为衣架式自动可调的。用测厚仪进行自动反馈控制机唇开口间隙。冷却方式尽管也是采用单鼓加静电附片的方法，但是需要指出的是BOPA静附片系统的功率确要比BOPET薄膜生产线大得多。

在尼龙薄膜生产中，纵向拉伸设备虽然也有预热、拉伸、冷却几个区域，也有高速、低速两个传动系统和压紧辊等，但它的特殊之处在于纵向拉伸拉伸温度较低，预热辊较少，拉伸时不需要附助加热器，只需要进行单点拉伸。

横向拉伸机由于拉伸温度、热定型和冷却温度相差很大，所以分段的情况与BOPET薄膜横向拉伸机相似，在定型区的前后位置都要设有缓冲区。不同之处在于横向拉伸比较小，各区的长度不同，预热拉伸区较短，热定型区较长。冷却区是采用自然风冷却。

三、双向拉伸聚酰胺薄膜的生产工艺条件

在挤出片材之前，尼龙6树脂必须进行充分的干燥处理，否则在挤出时会产生严重地降解，片上出现气泡，薄膜出现雾化现象，影响薄膜的性能和成膜性。通常，干燥温度为90℃左右。干燥后树脂的含水率<0.1%。

经过干燥处理的尼龙6是在240～260℃的温度下进行挤出，熔体经过过滤器、计量泵、静态混合器、机头流到20～40℃的冷却鼓面上，在静电附片装置的作用下，最大限度地减少结晶的生成，避免产生较大尺寸的晶核，制成厚度良好的片材。

尼龙6片材是在45～55℃的温度下进行纵向拉伸的，纵向拉伸倍数为2.5～3.0。拉伸后薄膜在30℃左右的温度下冷却，接着进入横向拉伸机。经过70～80℃的预热区，并在略高的温度下，拉伸2.5～3.0倍，在200～220℃温度下进行热定型处理，最后进行自然冷却，便制成所需的尼龙薄膜。

由于尼龙具有很强的吸湿性，生产线上收卷的母卷应该采取防潮措施，并要尽快进行分切。分切的产品也必须利用防潮、隔湿的材料（如铝箔等）进行包装，防止薄膜吸湿，性能下降。

第五节　双向拉伸聚对苯二甲酸乙二醇酯（BOPET）薄膜

双向拉伸聚酯薄膜 BOPET 薄膜作为蒸煮包装袋的外层材料．常用的厚度为 $12\mu m$。

BOPET薄膜具有如下优点：①良好的力学性能，且刚性好，强度高；②耐寒、耐热性优良，适应的温度范围为－70～150℃；③良好的阻水、阻气和保香性；④具有良好的抗静电性，易进行真空镀铝，可以涂布PVDC，从而提高其热封性、阻隔性和印刷的附着力；⑤耐油脂及大多数溶剂、弱酸碱性液体。BOPET薄膜的缺点是抗穿刺性能差。

现在，我国已有多家BOPET薄膜的生产供应商，大多数BOPET薄膜都能满足120～128℃高温蒸煮的要求，甚至可满足135℃的高温蒸煮，但也有个别的BOPET薄膜存在热收缩率过大、高温蒸煮后发生变形的问题。所以，在选购BOPET薄膜时一定要挑选热收缩率小的产品。检查BOPET薄膜热收缩率的方

法是将其放在 160℃ 的恒温烘箱中，放置 5min 后测量其长度和宽度的变化，计算其纵向和横向的热收缩率，一般应小于 1.5%。

一、原材料

聚酯树脂分为纤维级和薄膜级两大类，生产双向拉伸膜应使用薄膜级聚酯树脂。

目前，市场上出售的聚酯薄膜绝大多数都是单层结构的薄膜。生产这些薄膜所用的原料，最多由三部分组成，即空白切片（不含改性添加剂的聚酯树脂）、母切片（含有高浓度添加剂的聚酯树脂）和回收切片。对于共挤拉伸 BOPET 薄膜，外层材料可以根据产品性能的需要进行多种选择。

1. 空白切片的生产方法

合成 PET 树脂可以分为两个阶段。第一个阶段是由基本原料：对二甲苯（PX）、甲苯、邻苯二甲酸酐等制取聚酯的中间体——对苯二甲酸二甲酯（简称 DMT）或对苯二甲酸（简称 TPA）。第二阶段首先是由对苯二甲酸二甲酯或对苯二甲酸和乙二醇（EG）进行酯交换或酯化，生成聚酯单体——对苯二甲酸双羟乙酯（简称 BHET 或 DGT），然后经缩聚制成 PET。缩聚后的熔融 PET 树脂，经过过滤、铸条、切粒便形成（空白）聚酯切片。

在聚酯生产的早期，由于对苯二甲酸很难溶于常用溶剂中，受热时又出现升华和脱羧现象，而且很难精制。因此一般都采用先制成 DMT，然后再提纯，并与 EG 进行酯交换。这种方法（即 DMT 法）历史很长、技术成熟、产品质量稳定，直至目前世界上仍然使用。

其反应方程式如下：

$$CH_3OOC—\!\!\!\bigcirc\!\!\!—COOCH_3 + 2HOCH_2CH_2OH \rightleftharpoons$$
$$(DMT) \qquad\qquad (EG)$$

$$HOCH_2CH_2OOC—\!\!\!\bigcirc\!\!\!—COOCH_2CH_2OH + 2CH_3OH$$
$$(BHET)$$

自从 1965 年阿莫可公司研制成功粗对苯二甲酸（CTA）精制的方法，利用高纯度 TPA 为原料和 EG 直接酯化生成 BHET 的方法（即 TPA 法）开始发展起来。发展的速度很快，现已成为生产 BHET 的主要方法。其反应方程式如下：

$$HOOC—\!\!\!\bigcirc\!\!\!—COOH + 2HOCH_2CH_2OH \rightleftharpoons$$
$$(TPA) \qquad\qquad (EG)$$

$$HOCH_2CH_2OOC—\!\!\!\bigcirc\!\!\!—COOCH_2CH_2OH + 2H_2O$$
$$(BHET)$$

169

直接酯化法的主要优点是：原料费用低；生产过程中省去甲醇回收过程；酯化反应不用催化剂，聚合物的热稳定性好。

目前 BHET 的缩聚是以熔融缩聚法为主，这种方法的特点是流程简单，操作简便。其反应式如下：

$$n \, HOCH_2CH_2OOC \!\!-\!\!\bigcirc\!\!-\!\! COOCH_2CH_2OH \Longrightarrow$$

$$\text{(BHET)}$$

$$HOCH_2CH_2O \!\!\left[\!\! OC \!\!-\!\!\bigcirc\!\!-\!\! COOCH_2CH_3O \!\!\right]_{\!n}\!\! H + (n-1)HOCH_2CH_2OH$$

$$\text{(PET)} \qquad\qquad\qquad\qquad\qquad\qquad \text{(EG)}$$

2. 含添加剂的母料

在生产 PET 薄膜时，为了调整薄膜表面结构、改善薄膜的某些物理性能（如表面粗糙度、表面摩擦系数、表面静电）、有利于薄膜的后加工，往往也要在树脂中加入适量的添加剂。最常用的添加剂是抗粘连剂。

薄膜中的添加剂是首先制成母料，即将一定量的抗粘连的添加剂和乙醇经过研磨、分散处理，制成 EG 的浆液，这种浆液是在酯交换之后、缩聚之前加到反应体系中。

为了防止在树脂合成时产生凝聚，有时还加入少量分散剂或偶联剂，或将添加剂进行表面处理。为了控制添加剂的粒径，添加剂分散后需要用离心法或抽滤法进行过滤。最后，经过缩聚反应，使添加剂分散均匀，制成的含有高浓度添加剂的 PET 切片就是母切片。

通常，母切片中添加剂的浓度为 $1000 \sim 8000 \, mg/kg$。薄膜生产厂在生产薄膜之前，要根据产品性能的要求，将母料与空白切片按一定比例进行混合。

加入添加剂后，薄膜性能改进的效果与添加剂的种类、粒径、粒子分布、形状、加入量及其表面性能等因素有关。母切片树脂的基本性能与空白切片的性能相同。

抗粘连剂的种类很多。一般是以无机物为主。例如，二氧化钛、二氧化硅、碳酸钙、硅酸铝、磷酸钙、硫酸钡、高岭土等。有时也使用有机化合物的混合物，例如有较高熔点的氨基化合物，或者使用高浓度钙或镁等催化剂。

不同抗粘连剂适用的范围也不同。例如，二氧化钛不适于制作透明薄膜及电工用薄膜，但可用于生产合成纸。在包装等应用领域中，大多数的 BOPET 薄膜都是使用二氧化硅抗粘剂。其他的实例参见表 4-24。

表 4-24   几种无机抗粘连剂的应用领域

抗粘连剂种类	用途
粗高岭土	复录音带
中高岭土	电容器、计算机带、软盘、电绝缘

抗粘连剂种类	用途
细高岭土	录像、录音、计算机带、电容器、软盘
很细高岭土	优质录像带、计算机带、软盘
硫酸钡	软盘
磷酸钙	录像带、电容器、软盘
二氧化硅	包装薄膜、电容器

3. PET 回收料

在生产性能要求不是特别高的 BOPET 薄膜时，为了降低生产成本，一般都要在新切片中混入一定量的 PET 回收料。

PET 的回收料可以用团粒法生产，也可以用挤出造粒法生产。由于挤出法生产的回收料密度与新料相近、粉尘少、杂质含量低、降解量在 4% 以内。因此，近年来应用十分广泛。

生产 BOPET 薄膜时，回收料的加入量主要取决于薄膜的用途。例如，生产磁带带基、电容器薄膜等薄膜，不允许掺用回收料；共挤复合薄膜的芯层、普通包装薄膜等可以多掺入一些回收料。回收料掺入量一般在 15%～30%，有时也可以超过这个范围。

4. 聚酯切片的基本性能（表 4-25）

表 4-25　薄膜级 PET 切片的性能指标

性能	空白切片	标准
特性黏度/(dl/g)	0.62～0.65	ASTM D2857
切片尺寸/mm	3×3×2.5	—
密度/(g/cm³)	0.33	ASTM D792
熔点/℃	>250	ASTM D2117
DEG 含量/%	1±0.2	—
水分含量/%	<0.4	ASTM D4019
灰分含量/%	<0.05	ASTM D229
小 PET 粒子/%	<0.5	—
COOH 含量	<35	—
比热容/[kJ/(kg·K)]	1.7	—
黄色指数(b)	−3～+2	ASTM D1925
溶剂含量/%	<0.5	—
铁含量/×10⁻⁶	<0.3	—
>10μm 凝胶粒子/(个/mg)	<4	—

5. 切片的特性对拉伸薄膜性能的影响

（1）特性黏度（简写为 η，或 IV）　树脂的特性黏度是表示该树脂的相对分

171

子质量（或摩尔质量）的一种指标。

① 树脂的特性黏度是选择原料，满足薄膜力学性能要求和制定挤出、拉伸工艺条件的重要依据之一。

特性黏度是聚合物分子量大小的一种标志。在一定范围内，它与薄膜的力学性能有关。当 IV 值较低时，原料分子量较低，此时对于提高生产能力有利，可以降低挤出机的功率消耗。但是，拉伸薄膜的强度较低，结晶聚合物成型时结晶速度快，拉膜时难以控制。因此，在生产具有较高机械强度的塑料薄膜时，应选用 IV 值较高的树脂。然而 IV 值也不能过高，过高时强度值并不能增高。

一般薄膜级 PET 树脂的特性黏度为 0.62～0.65，最低不应低于 0.57。特性黏度增加，熔体黏度急剧增大，在熔融挤出过程中，熔体的流动性变差，熔体流动速率低，挤出片材容易出现条纹，拉伸应力也增大，影响薄膜厚度均匀性、成膜性。所以，在使用不同特性黏度的原料时，应该适当地调节生产工艺条件。通常，高 IV 值的原料，挤出、拉伸温度应该略高些。

② 生产薄膜时原料的特性黏度值应该尽量稳定　在使用 IV 值相差过大的混合树脂时，如果混合不均，树脂的运动黏度就不稳定，会导致挤出流量不稳定，薄膜厚度不均匀，在机头出口处，流量大的地方厚度增大，流量小的地方厚度就变薄。

对于结晶型聚合物，IV 波动大，结晶能力也不稳定，从而材料拉伸程度不同也会引起薄膜性能不均匀。

拉伸薄膜用的 PET 新切片的 IV 值，波动范围最好控制在 ≤±0.02。

③ 相对分子质量的变化对薄膜弹性模量及屈服应力的影响较小。提高相对分子质量会改善产品的耐疲劳性能及弯曲强度。

④ 相对分子质量对熔点有一定影响。相对分子质量高的物料其熔点也较高。

（2）熔点（可以用 T_m 表示）　晶体物质的固态和液态平衡共存的温度称为熔点。对于非晶态高聚物来说，由于无突跃式的容积变化和潜热存在，严格地说是没有熔点。但在实际应用中，往往也将无定形产品大分子链开始塑性流动的温度俗称为熔点。

聚合物的熔点是由树脂的品种及化学结构决定的（对于 PET 树脂，其大小与 DEG 含量有关）。熔点低表明合成反应不均匀，副反应较多，分子量分布不均匀，杂质较多，支化、凝胶物多，树脂耐热性能下降。用这种材料生产的薄膜，老化寿命都很短，易发脆。

在生产双向拉伸薄膜时，可以通过测定树脂的熔点，来校核原料质量及作为设定挤出工艺温度的参考资料。通常，熔点高的材料塑化温度要高些。机头温度也要略高些。

对于同一种材料，应该因薄膜用途不同而选用不同熔点的原料。例如，用于绝缘行业，树脂的熔点要高些；用于包装行业，对树脂熔点的要求就不十分严格。

（3）DEG 含量（即二甘醇或一缩乙二醇）　这项指标仅仅对聚酯（PET）薄膜的生产有作用。它是合成树脂时乙醇脱水反应的副产物。它的两端含有能与对苯二甲酸或二甲酯反应的羟基，实际起第三组分的作用，能使 PET 树脂呈共缩聚、改性聚酯。因此，它是合成 PET 树脂时出现的不可避免的有害杂质。直接影响 PET 的结晶性薄膜的刚性，使链的柔顺性增加。

二甘醇含量的多少实质上就是醚键含量的多少。醚键的键能很小，易断裂，会降低软化点。DEG 含量升高，会使 PET 的熔点降低，耐热氧化性和耐光性变差，挤出时易产生气泡，从而降低薄膜收率。而且能使链节热氧分解速度增加（分解速度是正常聚酯链的 2.7 倍），降低起始氧化温度，增大质量损失，光老化性能下降。

但醚键存在可以降低结晶速率，所以 DEG 含量也不是越低越好。一般 PET 切片中 DEG 含量应在 0.7%～1.2% 的范围内，其波动值最好在 ±0.02%。对于绝缘薄膜来说，控制 DEG 含量尤为重要。

二甘醇的含量是在合成树脂时，通过 EG/TPA 的摩尔比加以控制的。因此摩尔比一定要适当，摩尔比的波动要尽量小。

（4）水分含量　含水率较高的聚酯、尼龙等高聚物切片，在高温作用下，聚合物都会发生剧烈降解反应。降解的结果使聚合物的相对分子质量明显降低，色泽变黄，出现气泡，物料变脆以致难以成膜。所以选择原料时应该要求含水量较低，这对于改善产品质量，有效利用原材料，节约能量消耗等都是有利的（详见第二章）。

（5）灰分　树脂中的灰分包括催化剂分解生成的金属氧化物、机械杂质及无机添加剂等。由于合成树脂时催化剂用量很少。而且，在出料时都要经过过滤器，机械杂质含量也不多占，因此，在薄膜生产过程中，可以通过测定树脂的灰分，并与纯树脂的灰分相比较，来粗略地了解树脂中添加剂的总含量，校对母料中添加剂的含量是否符合要求。

（6）羧基（COOH）含量　羧基是由于热裂解与链交换作用，使链端基裂解、环化产生的。羧基含量表示树脂热降解、氧化降解、辐射降解的程度。

羧基产生速度与合成时所用金属催化剂有关。其中 Mn 盐最稳定，而 Zn、Li、Co 盐都会加速产生羧基。羧基含量与在缩聚反应时物料在高温下停留的时间有关。时间越长，羧基含量越高。

羧基含量对物料结晶性能有明显的作用，会降低薄膜的绝缘性能。因此，我们可以将羧基含量作为衡量树脂热稳定性及聚合体降解情况的一个尺度。

①　影响树脂羧基含量的主要因素

a. 熔融温度　温度越高，羧基越多。

b. 熔体保持时间　时间越长，羧基越多，特性黏度降低越大。

c. 催化剂　影响聚合物的稳定性。

d. 稳定剂　稳定剂的种类、稳定剂与催化剂的比例都会影响羧基含量。

e. 聚合速度　它与设备状况有关、与反应温度、真空度、DMT 加入量等有关。

②树脂中羧基含量波动的原因　合成方法不同，羧基含量也不同。通常，利用间歇法生产的树脂，羧基含量较连续法生产的约高 20%。这是因为间歇法生产时熔体最终温度很高（PET 树脂为 290℃）。

此外，基本合成原料也是影响羧基含量的因素。例如，合成聚酯使用的 DMT，其酸值是在 0.03mgKOH/g 以下，如果偏低就会影响酯交换的催化效应，降低反应速度；合成用的 EG 水分含量过高，就会使甲醇诱导期加长，降低酯交换反应速度；催化剂中游离酸（醋酸）也会降低酯交换反应速度。

（7）凝聚粒子含量　凝聚粒子是指树脂中大于 $10\mu m$ 的非树脂粒子。主要是分散不好或凝聚的添加剂，也包括部分凝胶或炭化的粒子。其数量是以每毫克含有多少个粒子来计量。树脂中凝聚粒子多，就容易堵塞熔体过滤器，影响薄膜的生产能力及产品质量。

凝聚粒子含量与合成树脂时添加剂的加入技术有关，与添加剂的分散技术有关及添加剂表面活化情况有关，还与合成过程中熔体过滤情况有关。

二、双向拉伸聚对苯二甲酸乙二醇酯薄膜的生产设备

平面双向拉伸 BOPET 薄膜的生产线，几乎拥有双向拉伸生产方法中所有的生产设备。与其他薄膜生产线相比，平面双向拉伸 BOPET 薄膜的生产设备，其结构与性能也有许多特殊要求。

下面着重介绍 BOPET 薄膜生产设备的突出特点。

1. 原料干燥设备

PET 是一种易水解的结晶聚合物，除非铸片是利用排气挤出法；否则，在生产之前，所有的原料（包括回收料）都必须进行充分的干燥处理。

大型 BOPET 薄膜生产线的干燥设备都是使用卧式沸腾预干燥器（结晶器）-立式气流干燥器组合装置。不同 BOPET 薄膜生产线干燥设备的主要区别在于空气除湿方法、各设备的连接方式和生产能力、设备内部的具体结构。

在干燥设备中，进入干燥器的空气要经过严格的除湿处理；物料进入预干燥器时必须具有强烈的搅动作用力（气流或机械搅拌），防止物料结块；物料在干燥器中停留时间较长（2～3h）；干燥温度较高（150～185℃）。

2. 挤出-铸片系统

由于 BOPET 薄膜生产线上的挤出机都是使用粒状物料，加料斗比较简单，

考虑到干燥后物料的温度可达 $150\sim180℃$，所以料斗的外面必须具有良好的保温层，防止热量散失。以便减少能量损失，提高生产能力。

目前市场上使用的 BOPET 薄膜是以单层为主，即只使用一台挤出机制做片材。挤出机的螺杆大多数是分离型的螺杆。由于 PET 为结晶型材料，熔程较窄，易降解。因此，挤出机螺杆的加料段略长，压缩段可以适当地缩小些。挤出机最高加热温度为 $290℃$，温度控制精度要求较高（$<\pm1℃$），并要避免熔体流道中存在死角。

此外，在挤出过程中，一定利用优质过滤器，强化熔体的过滤效果。BOPET 薄膜生产线都是采用两级过滤，粗过滤器的滤网孔径为 $20\sim60\mu m$，精过滤器的孔径为 $10\sim30\mu m$。过滤孔径的大小取决于薄膜的用途。在生产电容薄膜、磁带带基等薄膜时，精过滤器滤网孔径较小。生产包装用的薄膜时，精过滤器的孔径为 $20\sim30\mu m$。过滤元件均为碟片式。过滤面积需要满足生产线能够连续生产 10 天以上。

在过滤器的前后都装有测压传感器，并以计量泵之前的压力传感器作为压力反馈控制系统的传感器，控制高精度计量泵或挤出机螺杆的转速，其目的是减小机头压力波动。这是提高薄膜厚度均匀性和成膜性的基本条件之一。

生产 PET 薄膜的机头目前都是使用 T 形衣架递减式自动控制机头，利用薄膜测厚仪——自动反馈装置调节模口开度。机头加热温度的控制精度、机头内腔的光洁度及加工精度的要求都十分高，而且机头内腔不允许有死角、不需要镀铬、唇口为直角、不能有损伤，安装时要调好机头对冷鼓的倾斜角度，避免挤出片材出现纵向条纹。

冷却系统是采用一个高精度、大直径的冷却转鼓进行单面冷却，在低速下（冷鼓线速度$<85m/min$）生产时，一般是使用静电附片法，使挤出熔体紧贴冷鼓。在高速下（$>90m/min$）生产时，除了需要改进静电附片装置，最好再增加一个真空箱，或改用真空附片法，进一步提高附片能力。当生产较厚的薄膜时，除了使用静电附片装置外，还需要使用风箱或另一个冷却辊，进行双面冷却。

PET 的熔体黏度较低，铸片时对冷鼓的加工精度和运行精度要求也十分高。

3. 拉伸设备

BOPET 薄膜的纵向拉伸是以大间距的一点或二点拉伸法为主。在拉伸区都装有红外加热器作为辅助加热装置。纵向拉伸机设有预热、拉伸、定型冷却三个区域。传动系统不但有快速、慢速之分。而且，预热和定型区域内各辊的相对速度还可以根据工艺需要进行微小递增或递减。

在高速 BOPET 薄膜生产线中，纵向拉伸机最后几个预热辊的辊面需要喷涂聚四氟乙烯或陶瓷，防止片材在高温下粘辊。拉伸冷却之后则可以采用镀铬金属辊。

在横向拉伸机内，由于拉伸、定型、冷却三个区域的加热温度相差很大（拉伸区最高温度约120℃，定型区最高温度240℃，冷却区温度约为60℃）。因此，在BOPET薄膜横向拉伸机定型区的前后位置，必须各设一个无加热的缓冲段，避免定型段的高温影响相邻区域。此外，高于200℃的定型温度对夹具、链条也有影响，在设计BOPET薄膜拉幅机时需要充分考虑夹具冷却的问题。链条夹具冷却一般是在链条的回轨处进行的，多数是采用冷风进行强制冷却的方式。

横向拉伸机的链条是在高温、高速下连续运行的，生产过程中要求夹具运行平稳、自如。因此，保证链条润滑充分，避免润滑油污染薄膜也是重要问题。

横向拉伸机各功能区域的长度是与薄膜生产速度有关。拉伸速度>250m/min的拉伸机，拉伸段、热定型段、冷却段的长度都要适当加长。

4. 废料回收

BOPET的废料只要是洁净、可以重新利用的，都应采用粉碎挤出造粒或团粒法进行回收。脏料、降解较大的废料采用化学回收法回收利用。

5. 过滤器清洗

目前，大多数BOPET薄膜生产线的过滤元件（滤碟）都是采用醇解-碱洗-酸洗-超声波水洗的方法进行清洗的，所用设备见第二章。

三、双向拉伸聚对苯二甲酸乙二醇酯薄膜的生产工艺

一般工业上所说的聚酯膜主要是指聚对苯二甲酸乙二醇酯（PET）薄膜而言，也常称为涤纶膜。经双向拉伸的聚酯薄膜是现有热塑性塑料薄膜中最强韧的一种，其拉伸强度可与铝膜相匹敌。是普通聚乙烯膜的10倍。聚酯膜可在-60~120℃内长期使用，就耐高温这一点来说，聚酯薄膜仅次于氟塑料和聚芳香杂环化合物薄膜，同时此种膜还有较好的防潮性和绝缘性。

BOPET薄膜可以用各种平面拉伸方法进行生产。具体使用哪一种则取决于薄膜的用途、生产所用的设备和设备成本。目前，最通用的方法是使用挤出-纵横逐次拉伸法。

一般生产工艺 以聚酯粒料为原料制聚酯双向拉伸薄膜分两步完成，第一步为T形机头挤出制聚酯厚片，第二步为双向拉伸制膜，其工艺过程示意如图4-18所示。

聚酯粒料→干燥→挤出→冷却→卷取→厚片→纵拉伸→横拉伸

产品←卷取←切边←冷却←热定型

图4-18 T形机头挤出法制双向拉伸聚酯膜

另外一种常用的流程是以对苯二甲酸二甲酯和乙二醇为起始原料，在反应釜中经酯交换和缩聚反应制得聚酯树脂，然后流延至一个冷却辊筒表面冷却后得聚

酯厚片，此厚片再经纵向拉伸、横向拉伸、冷却、切边、卷取，同样制得聚酯双向拉伸膜。

下面重点介绍上述第一种典型流程的生产操作。

生产聚酯双向拉伸薄膜与聚丙烯双向拉伸薄膜的工艺过程是相似的，可以采用逐次拉伸法，也可采用同时双向拉伸法，但较多采用的是前者。

（1）厚片的制备　由于聚酯树脂含有可水解的酯键，在微量水分存在下挤出成型时会有明显的降解，因此树脂要首先进行真空干燥或沸腾床加热干燥。

经干燥的聚酯加入挤出机中，塑化熔融的物料通过 T 形机头挤出厚片，挤出温度控制在 280℃以下。挤出的厚片，若缓慢冷却则为球晶结构，不透明，脆性大，难以拉伸，因此挤出的厚片要通过冷却辊骤冷，使其保持无定形状态，以便于拉伸。

（2）双向拉伸　首先进行纵向拉伸，纵向拉伸是厚膜片经加热后，在外力作用下，使 PET 分子链和链段沿片材长度方向取向，以提高拉伸强度。拉伸工艺条件：预热温度 85～95℃，拉伸温度 95～110℃，拉伸倍数 2.4～4.0 倍。然后进行横向拉伸，横向拉伸是将纵向拉伸后的 PETP 膜在拉幅机中以同步速度进行横向拉伸。工艺条件：预热温度 95～100℃，拉伸温度 100～110℃，拉伸倍数 2.4～4 倍。

（3）热定型和冷却　经过双向拉伸的聚酯膜，当外力去除之后，分子链的排列、取向度、结晶度都会发生变化，表现出尺寸及性能的不稳定。为了制备强度高、尺寸稳定的薄膜，必须进行热定型。热定型温度为 230～240℃，热定型是在拉幅机内的热定形区进行。当薄膜离开拉幅机后就用冷风对薄膜上下进行冷却，然后切边，卷取。

具体详细操作如下步骤。

1. 原料干燥

通常，生产双向拉伸聚酯薄膜都要使用两种以上的切片为原料，使用前必须根据产品性能的要求，将空白切片、母切片和回收料等进行精确、合理的配料并混合均匀。

当使用普通单螺杆挤出机制片时，原料必须进行充分地干燥处理，使混合切片的最终含水率小于 50mg/kg（严格来说应该小于 30mg/kg），最后送到挤出机加料斗。在这个过程中，一定要防止杂质、灰尘混入料中，并要清除原料中的一切金属。也要防止干燥后的切片再次吸水（在使用排气式挤出机的生产线上不必进行干燥处理）。

聚酯切片是一种易水解的材料，干燥前含水率约为 0.4％。若实现最终含水率小于 50mg/kg、干燥过程降解最少、不结块、结晶很均匀，必须选择适宜的干燥条件。目前，大多数 BOPET 薄膜生产线都是采用气流干燥法进行干处理。

影响聚酯切片干燥质量的因素包括以下几个方面。

(1) 干燥温度和干燥时间 图 4-19 所示为聚酯干燥条件与含水率的关系。从图中可以看出干燥温度越高，达到工艺要求的含水率的时间就越短。需要注意的是，随着温度的升高，干燥时间增长，树脂的降解越严重，见图 4-20。因此，一般聚酯干燥温度不超过 180℃。结晶温度应比干燥温度低约 20℃。总干燥时间不应大于 4h。

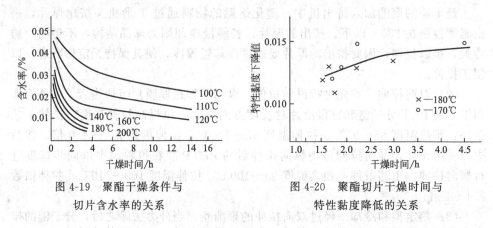

图 4-19 聚酯干燥条件与
切片含水率的关系

图 4-20 聚酯切片干燥时间与
特性黏度降低的关系

(2) 干燥气体湿含量 气流干燥过程中，加热空气的湿含量是影响切片中水分蒸发速度重要的因素。加热空气湿含量越低，与切片湿含量的差值越大，切片水分就越容易蒸发而被空气带走。图 4-21 示出在同一温度下，加热空气的湿含量对切片干燥的影响。一般，干燥聚酯切片用的加热空气，露点温度应低于 −40℃。

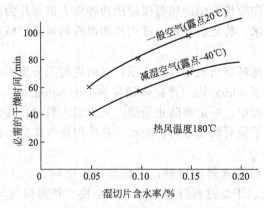

图 4-21 加热空气的湿含量与干燥时间的关系

2. 挤出-铸片

PET 挤出机的机筒加热温度是与薄膜生产能力与螺杆结构相对应。一般来说，加料区的温度较低，压缩段温度最高（可达 290℃），以后的加热主要是用于保温。其中，考虑过滤器等的阻力较大，也可以适当地提高这些区域的温度，以便降低熔体黏度。

聚酯薄膜是采用急冷铸片法，鼓内冷却循环水的温度＜40℃。在铸片阶段应控制厚片的结晶度小于 3%。具体挤出-铸片工艺条件见表 4-26。

表 4-26　PET 铸片工艺温度

位置	挤出机	过滤器	熔体管线	机头	冷却转鼓
温度/℃	220～285	275～285	275～280	275～285	25～40

3. 纵向-横向拉伸

目前，聚酯薄膜的纵向拉伸大多数是采用大间隙单点拉伸法。只有在高速拉伸时才使用大间隙二点拉伸法。

纵拉伸预热区直到拉伸之前，预热辊的温度是逐渐递增的，最高可达 85℃。到了拉伸区，再利用红外加热器进一步加热，红外加热器的加热功率都是可调的，其横向温度分布必须很均匀。薄膜在纵向拉伸时，适当的加热温度和稳定的拉伸速度是保证薄膜既不打滑又具有良好性能的关键因素。

纵向拉伸之后，薄膜需要在＜35℃的温度下骤冷，然后再进行热定型和冷却处理。通常纵向拉伸后薄膜的结晶度＜12%。

BOPET 薄膜的纵向拉伸比是决定薄膜纵向力学性能工艺参数，是根据薄膜性能的要求确定的。一般磁带用薄膜的拉伸比较大，可选 3.7 左右（二次纵向拉伸薄膜的总拉伸比可达 5.5）；包装膜可选小些（3.2～3.4）；较厚的薄膜拉伸比可控制在 3～3.3 之间。

此外，纵向拉伸机进出口的张力要根据生产薄膜的厚度及时进行调节，目的是稳定整个生产过程。拉伸时辊筒的表面一定要保持洁净，不能有损伤，不能黏附异物。否则会影响薄膜的表面性能。

纵向拉伸的片材进入横向拉伸机后，需要经预热、拉伸、热处理、冷却四个阶段。尽管 PET 的拉伸过程是放热过程，但是在拉伸的同时，它的拉伸黏度也随之增大。而且，PET 的弹性模量是随温度升高而降低，因此，拉伸段的温度是需要保持递增状态。

薄膜的横向拉伸比和热处理的温度是取决于薄膜的用途。对于热收缩型薄膜，横向拉伸比应当较大，热定型区的温度要低，松弛量要小；对于尺寸稳定性好的 BOPET 薄膜，热定型温度应较高、松弛量要较大；对于纵向机械性能要求高或较厚的薄膜，横向拉伸比则较小；对于横向厚度公差小、纵横两相性能非平衡的薄膜，横向拉伸比可大些。

非收缩 BOPET 薄膜的拉伸工艺条件见表 4-27。

表 4-27　非收缩 BOPET 薄膜纵向-横向拉伸工艺条件

项目	纵向拉伸温度/℃			横向拉伸温度/℃				拉伸比	
	预热	拉伸	定型	预热	拉伸	定型	冷却	纵向	横向
条件	60~85	25~35+红外热	40~65	80~105	100~120	195~235	35~60	3~3.7	3~4

经过纵向、横向拉伸和热处理的 BOPET 薄膜，结晶度可以达到 45%~55%。

4. 薄膜后处理

双向拉伸聚酯薄膜的表面张力通常可达 0.4~0.42kN，因此在多数场合下，不需经过其他处理就可以直接进行后加工。对于要求较高的产品，在拉伸之后还需要进行电晕处理，使其表面张力达到 0.52kN。

BOPET 薄膜收卷后，不需要进行长时间的时效处理，就可以进行分切。

第六节　双向拉伸聚萘二甲酸乙二醇酯（BOPEN）薄膜

聚萘二甲酸乙二醇酯（Polyethylene Naphthalate）属于饱和聚酯类，其结构与 PET 相似，不同之处是用萘环取代 PET 中的苯环。因此，这种材料的熔点较高，拉伸薄膜的耐热性高，机械强度与刚性、电绝缘性尺寸稳定性等性能优异。

早在 1945 年英国 ICI 公司开发并获得了 PEN 树脂的专利，1964 年，日本帝人公司就开始了 PEN 的研究工作，到 1971 年，即以 70~80t/年规模试产 PEN 薄膜（商品名为 Q 薄膜），发现其性能与聚苯硫醚相当，是很理想的功能材料，可作高档磁记录薄膜。但由于 PEN 单体的制造成本高，使 Q 薄膜的发展受到限制，同时 PEN 的出现在当时还是引起了化工原料制造商的兴趣。

1973 年帝人公司建立年产 1000t PEN 装置。1989 年日本帝人公司使 PEN 膜商业化生产后，一直独占 PEN 膜供应市场，并在 1993 年建造了一条 4000t/年 PEN 薄膜生产线，将双向拉伸薄膜商标命名为 TEONEX。2000 年 PEN 膜市场需求已达到 6300t。PEN 薄膜与 PET 薄膜同为聚酯类膜，可使用与 PET 薄膜同样的设备，通过熔融-挤出-双向拉伸制得 PEN 膜。与 PET 膜相比，PEN 薄膜具有除优良的高强、高模及热阻性能外，又具备优良的气体阻隔性、耐水性、耐放射性特点，有效地拓展了 PEN 薄膜的应用范围。PEN 薄膜的应用是 PEN 研究最多的一个方面，也是 PEN 最早投入使用的产品。目前 PEN 薄膜主要应用于磁带的基带、柔性印刷电路板、电容器膜、F 级绝缘膜等方面。

该公司 20 世纪 90 年代又建立了 4.8 万吨 PEN 生产装置，生产的均聚 PEN 可直接用于生产包装瓶、薄膜、纤维及工程塑料。2001 年帝人和三信化工共同开发了 PEN 学生饭盒。

中国在 20 世纪 70 年代曾对 PEN 进行过研究，也有批量生产，主要用于绝缘薄膜方面。进入 80 年代后中国对 PEN 的结构及性能进行了系统的研究，中国纺大在 80 年代研制成 PEN 聚合物及纤维，鞍山钢院、天津石化等均对 PEN 单体 NDC 进行过研究，并取得阶段性进展，中国桂林电器科研所曾试制 PEN 薄膜。仪征化纤股份公司已于 1996 年作为部级课题投入科研力量进行 PEN 的研究开发工作，从原料单体 NDC 开始，研究了聚合工艺以及催化剂效果，聚合了切片，完成了小试。但有关 PEN 单体和 PEN 工业化生产应用方面还未见过报道。

一、原材料

生产 BOPEN 薄膜的原料主要是聚萘二甲酸乙二醇酯切片，以往它都是由 2,6-萘二甲酸二甲酯与乙二醇，在催化剂的作用下，经真空缩聚反应生成树脂，然后冷却制成切片。PEN 树脂的化学反应方程式为：

现在已有报道，可以由 2,6-萘二甲酸与乙二醇直接酯化合成 PEN。

萘化合物主要来自焦油的分馏物，其产量受到一定限制。我国使用的萘二甲酸是由 1,8-萘酐与 KOH 在水中反应制得钾盐，经干燥、粉碎，在镉盐的催化作用下，转位为 2,6-钾盐，然后用盐酸酸化，成为 2,6-萘二甲酸。2,6-萘二甲酸可以与甲醇反应，酯化成为 2,6-萘二甲酯，再精制成为缩聚前的原料——精制 2,6-萘二甲酸二甲酯。

生产薄膜用的 PEN 树脂是一种透明、有闪光的材料，特性黏度（Ⅳ）要比 PET 小一些，一般为 $0.50 \sim 0.55 dl/g$，熔点 $T_m = 268℃$，玻璃化温度 $T_g = 121 \sim 123℃$。其他杂质含量均可参照 BOPET 的生产原料。除此之外，在生产 BOPEN 薄膜时，与生产 BOPET 薄膜相似，也需根据产品的品种和厚度，加入一些添加剂（如二氧化硅、二氧化钛、碳酸钙等）和回收料。如果生产电工绝缘材料或特种磁带带基，在选用添加剂时，一定要考虑添加剂对薄膜性能的影响。

二、聚 2,6-萘二甲酸乙二酯薄膜成型加工的条件

BOPEN 薄膜的生产过程和 BOPET 薄膜的生产过程相同，都要经过干燥、

挤出、纵横向拉伸等一系列工序，只是因为其结构和用途不同，具体的加工条件有所区别。

1. 在挤出方面

由于特性黏度为 $0.50 \sim 0.55$ dl/g 的 PEN 的熔体黏度远大于 PET 的黏度。例如在 285℃ 时特性黏度为 0.65 dl/g 的 PET 的黏度为 $200 \sim 250$ Pa·s，而特性黏度为 0.54 dl/g 的 PEN 的黏度为 500 Pa·s。所以为了保持相同的挤出量，在设计螺杆、过滤装置、熔体流道和机头时，都要考虑这个因素。而且 PEN 树脂的熔点 T_m 比 PET 高 $15 \sim 20$℃（273℃），因此它的挤出温度也应略高些，一般在 295℃ 左右；铸片则是在静电附片作用力的条件下，将挤出的熔体在温度为 30℃ 冷鼓上冷却。

2. 在拉伸方面

PEN 的玻璃化温度 T_g 约比 PET 高 50℃，故片材的拉伸温度也较高，当生产普通平衡薄膜时，纵向拉伸温度为 $120 \sim 170$℃（有红外线加热），纵向拉伸比为 3.5 左右，横向拉伸温度为 $120 \sim 180$℃，拉伸比为 $2.5 \sim 5.0$；然后在 $130 \sim 240$℃ 的温度下进行松弛热处理。当生产半强化膜或强化膜时，经过双向拉伸的薄膜，有时还需要进行小倍数的再次纵横向拉伸和适当的热处理。

第七节 双向拉伸聚酰亚胺（BOPI）薄膜

聚酰亚胺薄膜是由二酐和二胺在适当的溶剂中合成为聚酰胺酸树脂，然后加工成薄膜，并在加工过程中环化脱水，形成聚酰亚胺薄膜。

以均苯四甲酸二酐和二氨基二苯醚为原料的聚酰亚胺薄膜是该类薄膜的代表（我国命名为 6050 薄膜，美国 DuPont 公司命名为 Kapton 或 H-薄膜，日本东丽公司命名为 TH-2000，俄罗斯称为此 IIM）这种薄膜的分子结构式为：

其他类型的聚酰亚胺薄膜最主要的是日本 UBE 公司生产的联苯型聚酰亚胺薄膜，它的二酐原料是联苯二甲酸酐。薄膜的商品名为 UPILEX-S，这种薄膜的分子结构式为：

此外，少量的聚酰亚胺薄膜除使用二氨基二苯醚外，有的还使用间苯二胺、4,4-二氨基二苯甲烷、4,4-二氨基二苯基砜等，与均苯或联苯型二酐反应，制成有不同特点的薄膜。

一、原材料

以最常见的均苯型聚酰亚胺薄膜为例，其主要原料如下。

（1）均苯四甲酸二酐 干燥的均苯四甲酸二酐呈白色粉末状固体，熔点为284～287℃，相对分子质量为218，其分子结构式为：

（2）4,4-二氨基二苯醚 白色粉末状，熔点为189～191℃，纯度≥99%，相对分子质量为200。其化学结构式为：

H_2N—⟨⟩—O—⟨⟩—NH_2

（3）溶剂 二甲基乙酰胺（DMAC），为无色、微臭的液体，沸程为160～168℃，含水量≤500ml/L，相对分子质量为87。化学式为：$CH_3CON(CH_3)_2$。

此外，在树脂合成过程中，亦有用二甲基甲酰胺、二甲基亚砜、N-甲基-2-砒咯烷酮等为溶剂。

二、成型工艺与设备的特点

与常见的双向拉伸塑料薄膜（如 BOPP、BOPET）相对比，BOPI 薄膜的制造过程具有以下几个显著的特点。

① 它不是一个单一的高分子物理加工的过程，直到薄膜收卷前的一刻为止，自始至终都伴随着化学反应。所以，它除了需要完成一般薄膜所必需的工艺过程外，还必须使物理加工和化学反应严格同步进行，并能够较彻底地完成这些反应。

② 加工（包括双向拉伸）自始至终是在有溶剂存在，亦即在"溶液"状态下完成，而且不停地有溶剂气体和反应生成物放出，并需把它们及时排走。

③ 制作的方法不同于通常的熔融挤出-双向拉伸法，而是采用钢带溶液流延—双向拉伸法。

目前，世界上关于聚酰亚胺薄膜的制造工艺及设备尚属保密状态，报道极少，即使对于聚酰亚胺薄膜的生产工艺流程，披露也很少。作者只能根据经验及已见书刊上的文献，在可能的范围内，进行简单地介绍。

1. 原料处理及聚酰亚胺树脂的合成

在合成树脂之前，首先要将基本原料二酐和二胺进行研磨、粉碎，然后，将二胺在真空下干燥处理（真空度为91kPa，温度为160～180℃，干燥时间为4～5h）。二酐在烘房中，在温度为180～210℃的条件下，烘烤2～5h，降至室温后密封待用。

溶剂要根据纯度情况决定如何处理。对于纯度太低的溶剂，需要在真空下进行精馏，使溶剂最终含水量不大于500ml/L。

两种原料（二酐、二胺）的摩尔比为1:1，即质量比为1.09:1.00。称量时计量必须十分精确。

由于不同品种、不同工艺、不同规格的聚酰亚胺薄膜，所需的溶液浓度是不相同的，所以在生产薄膜时，加入的溶剂量也不相同。一般用钢带流延法制作薄膜时，溶液中的固体含量应为8%～20%。

溶剂是利用高位计量槽加入反应器，粉末状原料是用振动加料器加入。反应是在常温下进行的。由于这是一种放热反应，所以反应器必须具有冷却装置（如夹套等）、需要有搅拌装置。此外，加料方式对溶液的黏度又有直接而明显的影响，黏度也是流延工艺重要的条件。所以，加料必须按一定的规程进行，需要有经验的操作人员仔细操作。有时，树脂的黏度还需要用温度进行调节。

生产得到的聚酰胺酸树脂的固体含量为8%～20%，两种原料的摩尔比必须是十分准确的，溶液的黏度要符合要求（当固体含量为20%时，格氏管黏度为20min左右）。合成完成后，需将树脂用泵打到消泡缸内（消泡缸是带有观察窗的不锈钢的真空罐）消除气泡。这样就完成聚酰胺酸树脂的合成工作。

2. 流延

在生产BOPI薄膜时，拉伸的片材是在钢带流延机上采用溶液流延法制得的。

经过消泡处理后的聚酰胺酸溶液，经过粗过滤器、齿轮计量泵和精过滤器，进入机头（流延嘴），将溶液均匀地流到连续运行的钢带上（国外也有用大型转鼓），形成液膜，然后钢带进入风道，在上、下喷风嘴形成的热场兼蒸发的环境中，运转一周，脱出一部分溶剂，形成"固态溶液"状态的聚酰胺酸厚膜。

热风的温度一般小于并接近溶剂的沸点。蒸发速度须与溶剂在液膜中的传质速度精密配合。这主要依靠风速和温度两个工艺参数来控制。特别是温度，应由低至高，一般在130～210℃之间。如果配合不当，就会造成表面质量不好，或者会引起聚合物降解成碎片。

为了能够顺利地将膜从钢带上脱开，溶液中还需要加入一些特殊的添加剂。

在上述的工艺过程中，溶液的黏度、流延嘴与钢带的夹角和距离、流延钢带的速度、热风的速度、热风的温度、热风中溶剂的含量、总的风量等都是制膜的重要工艺参数。

钢带流延机可以分为以下四部分。

（1）机头部分　该部分包括齿轮计量泵、过滤器、机头。这些设备都是在常温下运行。

机头又称流延嘴，是由测厚仪提供信号，计算机完成指令，自动调节唇口的间隙。其材料是不锈钢，结构为"T"形。工作时没有刚性固定，可随钢带浮动。

（2）钢带系统　钢带系统是流延机的主体，它是由一条环形不锈钢带，两个支撑、张紧转鼓（前鼓和后鼓），驱动系统，钢带张紧及调偏系统，一系列托辊、压辊组成。

前鼓是用高精度的驱动系统带动，它除了具有支撑钢带和机头的作用外，还靠鼓和钢带间的摩擦力驱动钢带运转。此外，它还是钢带的冷却器，它的内部通入导热介质（一般为水），用传导的方式将钢带传入的热量及时带走。前鼓还是机头的工作位置，机头安放在一个专用的支架上，可以适当地转动，另一面支撑在前鼓的鼓面上，可随鼓面的微小跳动而浮动，从而补偿径向加工误差。

前鼓是由不锈钢材制成的，表面磨光，内部有冷却夹套，由于它是长期承受钢带的碾压作用，因此，其表面没有镀层。在选择材料时，为了消除普通不锈钢热导率低的弊病，前鼓应当选用导热好、耐腐蚀、易加工（焊、磨）的钢材。

后鼓的主要作用除了支撑钢带外，还具有张紧钢带，并能调节钢带一侧或两侧的张力，以便纠正钢带走偏，并使钢带具有足够的张力。钢带张紧力的大小可以用普通"柔索公式"计算出来，实际值则由指示仪表显示出来。调偏机构有手动和自动两种，自动调偏机构是利用传感器感知钢带的走偏程度，通过自动时间延迟程序，改变其一侧的张紧力，使其返回到正常工作范围，这个过程永远是动态的。为此，后鼓的轴承座是可以在导轨中滑动的。

前、后鼓分别安装在两个机架上，两个机架要承受钢带对它们的反向拉力。根据柔索公式的原理可以知道，完全张紧钢带是极其困难的。为此，在上面半条钢带的背面，要安装一些托辊，在下半条则要安装一些压紧辊。

由于流延过程中挥发出的溶剂蒸气（DMAC）对普通金属有一定的腐蚀性，所以，上述所有机件都要采用不锈钢材或其他耐腐蚀金属材料制作。

（3）热风系统　流延机的钢带是在一个保温而密闭的空间内（称为风道）运行，上、下两半条相互隔开，上、下两面有热风喷嘴。对于上半条钢带，其上、下两面都有热风喷嘴，上喷风嘴的热风是用于加热液膜表面，使溶剂挥发，带走挥发的蒸气；下喷嘴的热风是加热钢带，并将热量传至液膜底面，使溶剂分子尽快向表面扩散，与蒸发保持动平衡，完成流延过程。流延机加热的热风是不在机内循环的，带有溶剂蒸气的空气引出机外，被冷却器（列管式热交换器）冷却，将大部分的溶剂冷凝回收，少量带有溶剂蒸气的空气，经加热、风机加压，再从喷嘴喷向钢带。因此，这种机器的能量消耗要较普通横向拉伸机大得多。

（4）控制系统　流延机的控制系统包括电气传动系统，温度（热风）控制系统，流延厚度自动控制系统，钢带张力自动控制系统以及与上述系统有关的计算机网络。

3. 双向拉伸工艺及设备

流延后的厚膜既没有完全反应成为聚酰亚胺薄膜，也没有通过取向使分子变为理想的定向、结晶结构，仍处于一种含有溶剂的"固态溶液"。为了制得性能良好的双向拉伸薄膜，还需要在双向拉伸机内进一步加工。

由于 PI 几乎没有玻璃化温度 T_g 和熔点 T_m，而且，随着聚酰胺酸向聚酰亚胺反应（我们称为"亚胺化过程"或"亚胺化"），这一趋势更加明显。所以 PI 的双向拉伸，实际是在有溶剂存在的状态下（处于一种准高弹态），在温度和拉力的作用下，将聚酰胺酸的分子进行取向的过程，此时，由于溶剂的存在会增大解取向，因此，在取向的同时还要减少溶剂含量。

双向拉伸后，亚胺化反应尚未彻底，在 PI 横向拉伸机中，还需有一个"亚胺化"段，使分子尽可能地亚胺化。亚胺化的程度称为"亚胺化度"，它对产品的性能也有明显影响。一般要使薄膜的"亚胺化度"达到100％需要几十小时，并需要很高的温度（300～400℃）。因此，在工业生产中，是不可能实现100％亚胺化，只能确定一个既经济又合理的目标。

亚胺化之后，即完成了全部的拉伸过程，薄膜脱夹后切除两个边缘，就可以收卷。

综上所述，双向拉伸 PI 厚膜必须完成以下过程：①使分子取向；②使溶剂按特定的时刻逐渐挥发干净；③逐步亚胺化，尽可能地完成亚胺化过程；④宏观上完成拉伸倍数，达到预定的薄膜尺寸。

为了完成上述诸过程，做到各过程配合精确、拉伸连续、产品性能好，必须具备良好的工艺条件。其中包括：适当的厚膜"固态溶液"的溶剂含量（一般在15％～40％之间）；适宜的拉伸温度和拉伸速度（温度一般在150～220℃范围内）；适宜的拉伸倍数（纵、横向拉伸比各为1.1～2.5）；适宜的亚胺化温度及时间（温度为250～400℃，时间2.5min 以上）。

双向拉伸所用的设备与普通拉伸机大体相似，但它具有以下特殊之处：在双向拉伸 PI 薄膜的全过程中，都有大量对人体有明显毒害的气体放出，因此，生产必须在密闭中进行，而且内部应呈负压；逸出的气体对钢和若干有色金属（如铝）均有明显的腐蚀作用，生产设备的零部件、风道、保温壳体等均应选用抗蚀材料；由于拉伸倍数较低，厚片一般并不太厚，所以拉伸预热段（或预热辊）较短；钢带流延机不可能做得很长，一般周长为30m 的机器已属大型设备，所以整条生产线的生产速度均在20m/min 以下，多数为5～10m/min；由于横向拉伸机的速度较慢，又考虑链条夹具须耐腐蚀，而且这些运动部件都在200℃高温下运行,所以链夹一般都采用自润滑、不锈材料而专门设计的,可以牢固夹住较薄的膜片;在横向拉伸机的烘箱中,如果纯粹使用高温热风循环进行加热,即使技术上可行,经济上也十分昂贵,而且连续不停地运转会有很多问题;所以,在高温区,特别是在亚胺化区,应采用大功率的红外线加热元件或其他电磁辐射加热器进行补充加热,以获得需要的高温;设备的温度及长度、速度的配置是极其重要的,这是保证拉伸和化学反应协调的必要条件,否则就会导致不能成膜或产品性能低劣;流延、拉伸所产生的气体都要收集起来,一方面是可以回收大量溶剂,降低成本,更重要的是为了防止有毒气体排入大气,污染环境。

第八节 双向拉伸聚苯乙烯（BOPS）薄膜

双向拉伸聚苯乙烯（BOPS）热收缩薄膜是一种新型、高档、绿色环保软包装材料。是一种拉伸强度很高的硬质透明薄膜,其突出特点是具有优异的电性能:介电常数为 2.4～2.7,介电损耗角正切值为 $5×10^{-4}$ (是现有塑料薄膜中最小的一种),介电强度 50kV/mm (作为高频绝缘材料尤为适合)。聚苯乙烯膜的主要用途是利用它超群的电性能,用于高级电信器材,如可变电容器、高频电缆绝缘等。也可做食品包装薄膜,特别适于蔬菜、鱼、肉等需要透气情况下的包装。

一般 BOPS 无味无毒,回收工艺简单,属于环保产品,是取代国内目前广泛使用的 PVC 收缩膜的首选材料。BOPS 在环保方面有两大优势:一是对使用过的制品可以回收循环使用;二是在回收或处理焚化过程中不产生任何对人体健康有害的物质。由于其优异的包装性能和环保特征,在收缩标贴膜、糖果扭结膜、信封窗口膜等方面得到日异广泛的应用。但 BOPS 的生产技术和原材料多年来一直垄断于国外少数几家公司,国内目前尚无此类产品生产,我国是食品饮料、糖果的生产和出口大国,采用环保的包装标贴和包装材料势必成为我国相关产品进入国际市场的重要前提和要求。

近年来,国外透明包装材料出现了由玻璃纸急剧向双向拉伸聚丙烯（OPP）薄膜转变的趋势,这是由于 OPP 薄膜的成本较低、性能优异、原材料丰富、生产效率高等方面原因引起的。OPP 薄膜具有透明性好、防湿性强等特点,可广泛地用于食品、衣物、烟草等包装方面,还可以制作透明胶带、电绝缘材料。

目前,大多数聚苯乙烯薄膜都是利用挤出、双向拉伸的方法制成的。从产品使用情况来看,主要用于包装和电绝缘领域。其中,厚的 BOPS 薄膜用量最大。

这里,我们就以 BOPS 厚膜生产过程为例,介绍 BOPS 薄膜成型加工有关知识。

一、原材料

常用透明 BOPS 薄膜是以通用型聚苯乙烯（GPPS）树脂为主要原料，为了增加薄膜的韧性，在挤出之前需要混入少量（2%～3%）的增韧树脂（K 树脂），为了降低成本，在生产过程中也要利用回收料。改用其他树脂，原料中除了可以将增韧的 K 树脂改用高抗冲击聚苯乙烯（HIPS）外，还要根据产品性能的需要，加入适量的色母料（例如象牙黄、草绿色、金黄色、古铜色等）。对于厚度为 100～180μm 不涂油的膜片，还必须添加少量抗静电剂。下面我们分别介绍一下有关原材料的具体情况。

1. 通用型聚苯乙烯（GPPS）

聚苯乙烯（PS）是由苯乙烯单体聚合而成的。其分子式为：

聚苯乙烯的合成方法有本体聚合、溶液聚合、悬浮聚合和乳液聚合等多种方法。各种聚合方法制成的聚苯乙烯性能略有不同。就透明度而言，本体聚合制成的 PS 最好，悬浮聚合的次之，乳液聚合制成的聚苯乙烯则是不透明的，呈乳白色。双向拉伸透明 PS 薄膜一般都使用本体聚合 PS 为原料。

PS 分子链是含有苯基、侧基的饱和烃链，分子结构不对称，大分子链不易旋转。因而具有较大的刚性，并难以形成有序结构。所以，PS 是一种典型的非结晶线型高分子化合物。通常，双向拉伸是使用相对分子质量在 45000～70000 的范围内聚合物。

用于生产 BOPS 薄膜的 GPPS 型号很多。低流动性、高透明度、高分子量的树脂是最常用的原料。例如：美国陶氏化学公司 685D、德国巴斯夫 168No、日本三井东亚 555、旭化成 685、韩国东部化学 G-114、国内北京燕山石化 688C、汕头海洋 SG-29（原 GP-550）等。不同牌号 GPPS 的性能见表 4-28，有关 GPPS 的主要性能见表 4-29。

表 4-28　不同牌号 GPPS 性能对比

项目	试验方法	685D	168No	555	SG-29
熔体流动指数/(g/10min)	ASTM D1238G	1.6	1.8	2.6	1.8
维卡软化点/℃	ASTM D1525	108	106	103	103
热变形温度/℃	ASTM D648	103	86	87	84
拉伸强度/MPa	ASTM D638	60	60	—	55
弯曲强度/MPa	ASTM D790	—	106	71	95
断裂伸长率/%	ASTM D638	2.4	3	3.2	3
密度/(g/cm³)	ASTM D1505	1.05	1.05	1.05	1.05

表 4-29　GPPS 主要性能

类别	项目名称	指标	测试方法
清洁度	杂质/(颗/100g)	1	GB 12671—90
	色粒子/(颗/100g)	1	GB 12671—90
物理性能	熔体流动指数①/(g/10min)	1～3	ASTM D1238
	拉伸强度/MPa	50	ASTM D638
	断裂伸长率/%	3～40	ASTM D638
	透光率/%	90	ASTM D1003
	雾度/%	3.0	ASTM D1003
	冲击强度/(kJ/m)	0.16	ASTM D256
卫生性能	干燥失重/%	≤0.2	GB/T 5009.59—96
	挥发物/%	≤1.0	GB/T 5009.59—96
	苯乙烯/%	≤0.5	GB/T 5009.59—96
	乙苯/%	≤0.3	GB/T 5009.59—96
	正己烷提取物/%	≤1.5	GB/T 5009.59—96
外观	色泽正常,无异味、异臭、异物,颗粒均匀,无粉末,无气泡,长度≤5mm		感观判断

① 熔体流动速率的偏差不超过 0.2。

在生产过程中,原料的熔体流动速率不同,生产工艺条件要有所变化。一般来说,熔体流动速率高,挤出温度和拉伸温度要低些。否则要偏高些。

2. K 树脂等增韧树脂

在生产 BOPS 薄膜过程中,原料中必须加入少量 K 树脂等增韧树脂。否则拉伸出来的片材很脆,没有很大的用途。增韧树脂加入后,能够削弱 PS 分子链间的聚集作用,从而能够增加 PS 的塑性,改善薄膜的加工性能,为下一步热成型提供有利的条件。

K 树脂是苯乙烯与丁二烯的共聚物。具有良好的透明性。在使用时要根据产品的用途,选用不同的增韧材料。透明膜片只能使用 K 树脂。有色膜片只要不影响薄膜性能,也可以选用其他增韧树脂。K 树脂的主要性能指标见表 4-30。

表 4-30　K 树脂的物理性能

项目	指标	试验方 ASTM
密度/(g/cm³)	1.01	D 792
熔体指数/(g/10min)	8.0	D 1238
拉伸强度/MPa	30	D 638
热变形温度/℃	69	D 648
维卡软化点/℃	87	D 1525
断裂伸长率/%	190	D 638
透明度/%	90～91	D 1003
雾度/%	1.1	D 1003

在生产过程中,增加 K 树脂的加入量,生产条件也要随之变化。例如挤出温度和拉伸温度需要下调。

3. 色母料

聚苯乙烯色母料是以通用型聚苯乙烯作为基料,加入含量较多的（一般是产品需要颜色的 10 倍）无机颜料,经混合、搅拌均匀,用挤出法制成的粒料。

在生产有色膜片时,根据用户的要求,将色母料配入 GPPS 中,用透明 BOPS 薄膜工艺条件,就可以生产需要的彩色薄膜。

4. 抗静电剂

BOPS 薄膜生产线有许多橡胶辊,薄膜和橡胶辊相互摩擦会产生静电。在生产厚度为 $100\sim160\mu m$ 的 BOPS 薄膜时特别明显,往往在收卷机上看到静电放电的火花,在分切时经常看到膜片相互粘连和静电放电留下的黑色痕迹。

生产过程中静电放电将严重地影响薄膜的表观质量。甚至会发生电击、威胁人身安全。BOPS 薄膜抗静电剂的抗静电原理、牌号、性能与 BOPP 薄膜使用的抗静电剂相同。

5. 回收料

BOPS 薄膜生产线上的废料主要来自以下位置:模头挤出的废料、废片,纵拉伸产生的废片,横拉机出口观察架上切下的切边,收卷机处的废膜,分切时产生的废膜、废边,有划痕、水痕和厚度偏差很大的不合格产品,深加工产生的废料等。其中除了从横拉机出口观察架上的废边是使用粉碎、直接加入挤出机的回收法外,其他废料只要是干净的,都可以采用粉碎、造粒法进行回收再利用。

使用回收料对薄膜的表观质量总会有或多或少的影响,例如可能出现尘点等缺陷。生产过程中杂质堵塞过滤网的概率增大,需要增大过滤网的更换频率。

二、双向拉伸聚苯乙烯薄膜的生产设备

包装用 BOPS 薄膜的厚度一般在 $100\sim700\mu m$ 的范围内,因此,这种产品的生产设备有许多特殊之处。主要设备体现在:上料系统,挤出系统,制片和纵向拉伸系统,横拉机,观察桥和切边,电晕与涂布,收卷机,分切机。下面分别介绍有关设备的情况。

1. 上料系统

PS 树脂的密度较轻,其值为 $1.05g/cm^3$。生产时通常利用真空泵将 GPPS 粒料从料仓抽到干燥器中,干燥后的物料和 K 树脂、色母料、再生回收料等再利用另一台真空泵分别抽到挤出机顶上的各小料斗内,然后经过螺杆配料器,加入挤出机。

（1）干燥器　聚苯乙烯是非结晶态线型高分子，不易水解，使用前只需利用一台简单的立式气流干燥器，在 50～70℃ 下进行干燥处理即可。干燥时间约 1～1.5h。

（2）真空送料设备　真空送料的过程是利用罗茨真空泵产生的负压，把粒料抽至料斗，抽出的空气经布袋除尘器、罗茨风机排入大气。

由于 PS 是脆性物质，切粒时很容易产生毛刺、粉尘，这些物质在输送过程中，很容易堵塞过滤布袋，并使真空度达不到要求、原料无法抽入料斗。故除尘器上应设有压缩空气反吹装置，定期清除布袋上的粉尘。原料的分送过程是用一台计算机来控制。送料装置参见图 4-22。

（3）切边回收料斗　在观察桥处，切下的废边经破碎机粗粉碎后，利用风送的方法将其送到挤出机旁的破碎机，再次粉碎，并风送进 A 料斗。

图 4-23 所示为切边粉碎料的料斗结构示意图。其内装有一个搅动螺杆，防止粉料架桥，底部有一送料螺杆，可以均匀下料。

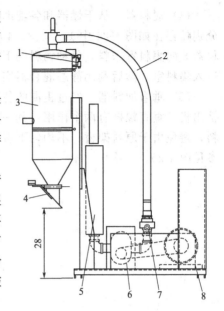

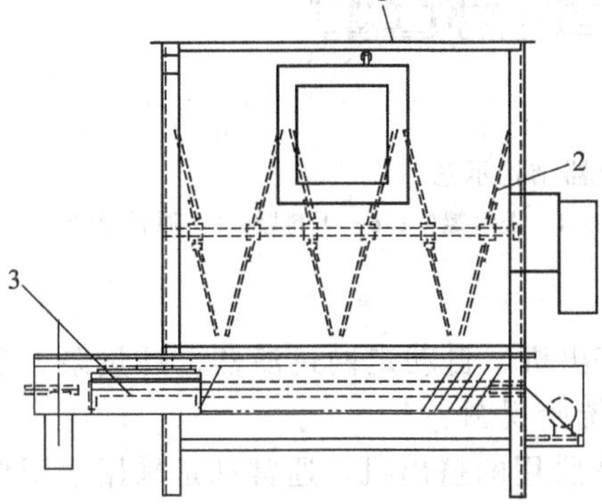

图 4-22　真空送料装置示意
1—压缩空气反吹装置；2—塑料软管；
3—布袋式过滤器；4—自动密封装置；
5—消音器；6—罗茨真空泵；
7—安全阀及真空表；8—电动机

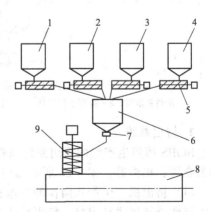

图 4-23　切边粉碎料料斗剖面图
1—贮料斗；2—搅动螺杆；3—送料螺杆

图 4-24　PS 混料系统示意图
1—主料斗；2—K 树脂料斗；3—色母粒料斗；
4—再生料斗；5—螺杆加料器；6—集料室；
7—静态混合器；8—挤出机；9—垂直加料器

(4) 混料器 从干燥器和各辅助料斗来的 GPPS、K 树脂、色母料、再生料分别贮存在如图 4-24 中 1、2、3、4 小料斗内，使用时，利用料斗下面的螺杆加料器 5 向集料室送料，每种物料的下料量是由螺杆的转速决定的。不同原料同时进入集料室，然后利用静态混合器实现混合配料。

(5) 垂直加料器 经过粗混的各种原料和边膜粉碎料，用垂直螺杆强制加入挤出机，垂直螺杆有两个作用：其一是使粉料和粒料进一步混合；其二是强制下料，避免由于原料架桥、不均匀下料而影响挤出的稳定性。垂直加料器的结构可参见图 4-25。

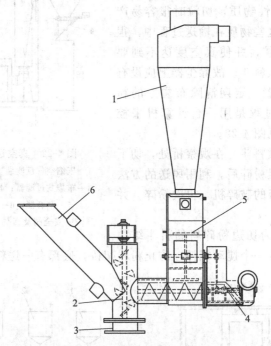

图 4-25 垂直加料器结构示意

1—粉料除尘器；2—垂直下料螺杆；3—接口法兰；4—送料螺杆；5—下料器；6—原料导管

2. 挤出系统

BOPS 薄膜生产线的系出系统包括：挤出机、自动走网过滤器、计量泵、静态混合器、机头等。图 4-26 所示为挤出系统俯视图。

(1) 挤出机 生产双向拉伸聚苯乙烯薄膜用的挤出机，通常都是采用通用型单螺杆两级排气式挤出机。特别需要指出的是为了控制挤出物料的温度，螺杆内需要通入循环冷却水。大多数的加热套也是采用水冷却。

(2) 过滤器 大多数 BOPS 薄膜生产线上的过滤器都是采用切换带式过滤器。

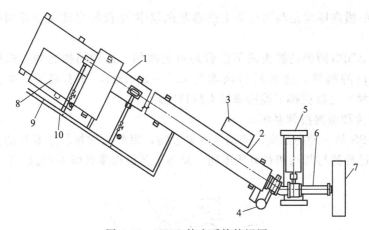

图 4-26　BOPS 挤出系统俯视图

1—挤出机；2—机筒；3—真空泵；4—过滤器；5—计量泵；6—静态混合器；

7—机头；8—电动机；9—冷却水进水管；10—冷却水回水管

（3）机头　目前，宽幅 BOPS 薄膜大生产线所用的机头均采用衣架型结构，内表面镀铬、精加工。机头内设有限位棒，用以调节机头内熔体流动状况，调节机唇口熔体压力分布或适应树脂黏度的变化。通常限位棒处的间隙是中间部位较窄，两边较宽，左右对称。当熔体黏度或流量变化时，需要将整幅间隙同时变大或缩小。见图 4-27。

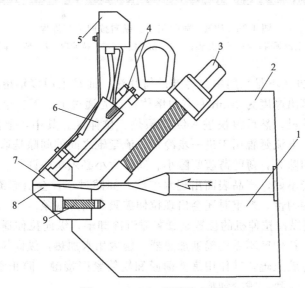

图 4-27　BOPS 薄膜挤出机头

1,2—上下模头体；3—限位棒；4—调节螺栓；5—引线进气盒；6—带加热管自动调节块；

7—可调节模唇；8—可更换模唇；9—紧固螺钉

薄膜的横向厚度是利用机头上的膨胀螺丝-测厚仪的自动反馈控制系统进行调节。

多数 BOPS 薄膜的机头的下模唇是可更换的，这种结构有利于机唇的维修和改变唇口的间隙。通常唇口间隙为 $0.5 \sim 2.4$mm，如有必要（生产 $500 \sim 700\mu$m 片材）可以更换下模唇来增大唇口间隙。

3. 制片和纵向拉伸系统

鉴于 PS 是一种高黏度、非结晶的聚合物，因此这种材料的制片的方法和纵向拉伸的过程就与其他塑料有所不同。具体工艺流程参见图 4-28。

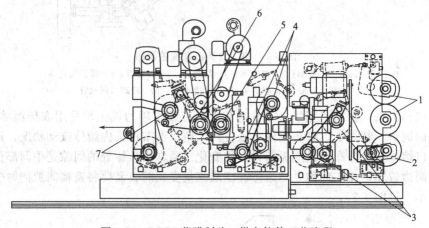

图 4-28　BOPS 薄膜制片、纵向拉伸工艺流程

1—上流延辊；2—下流延辊；3,4—预热辊；5,6—拉伸辊；7—热处理辊

PS 制片的方法不是采用单只冷鼓的铸片法，而是采用多辊熔融流延法。即从挤出机机头挤出厚度为 2mm 左右的熔体，首先通过上、下三个冷却辊进行冷却、抛光制成片材，然后很快进入纵向预热、拉伸区。其中，上流延辊是以冷却、抛光为主，下流延辊用于进一步冷却。流延辊之间的间隙是取决于薄膜的厚度，厚的薄膜间隙大，薄的薄膜间隙小。间隙大小必须精心调节。否则，间隙过大，会引起抛光不好，产品表面出现水波纹；间隙过小，会引起流延辊前积料，影响薄膜厚度均匀性，严重时还会出现拉伸破膜和断片现象。

BOPS 薄膜纵向拉伸机的位置是紧紧靠近冷却辊，纵向拉伸通常是采用小间隙单点拉伸法。拉伸区不需要辅助加热器，辊内用水加热，纵向拉伸机所有的辊筒上都有一个橡胶压辊，其作用是使薄膜和辊筒紧密接触，防止空气带入辊面；确保辊、膜速度一致，减少划痕。

4. 横向拉伸机

BOPS 薄膜横向拉伸时，由于从预热到热处理各个区域的加热温度十分接近，所以 BOPS 薄膜的横向拉伸机内没有缓冲段。此外，冷却区不需要鼓风强制冷却。

BOPS 薄膜横向拉伸的拉伸比较小，一般为 1.7～2.2，所以横向拉伸机的进口幅宽较大，拉幅机内的幅宽变化不大。

由于 PS 是一种极易燃烧的材料，而且 TDO 各区的温度都在 130℃以下。因此，多数 BOPS 薄膜的横拉机的加热系统都是采用蒸汽加热。这样既可以节约能耗，又提高操作安全性能。

5. 观察桥和切边

该区实际上就是平面双向拉伸装置的牵引区。图 4-29 为观察桥的片路图。对于透明度要求很高的薄膜，由于需要及时观察薄膜表面质量，因此该区的具体结构有所不同。

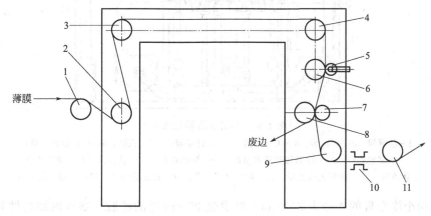

图 4-29　BOPS 薄膜观察桥的片路图

1～4,9,11—导向辊；5—碟形切刀；6—切边底刀辊；
7—橡胶压辊；8—牵引辊；10—薄膜测厚仪

6. 涂布系统

用于包装材料的 BOPS 薄膜，都要求表面滑爽和防雾。因此，拉伸后的薄膜必须经过表面处理。BOPS 表面处理分为两步。首先要经过电晕处理机进行电晕处理，然后进入涂布机完成表面涂布。对于较厚的、刚性较大的 BOPS 薄膜，电晕处理时需要使用压紧辊排除薄膜和橡胶辊之间的空气，避免电晕时出现击穿现象。

通常，BOPS 薄膜的涂布机是可以进行两面涂覆的，涂布机的结构见图 4-30。

防雾辊和计量辊都安装在两条可转动的支撑臂上，臂的一端有一个汽缸，穿膜前，汽缸将臂抬高，以便于穿片。工作时，整个机构支撑在涂布辊调节器上。利用调节器调节两个涂布辊的间隙，适应各种薄膜的需要。

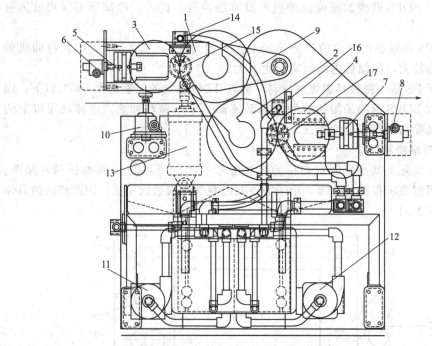

图 4-30　BOPS 薄膜涂布机

1—防雾辊，2—硅油辊；3—上计量辊；4—下计量辊；5,7—汽缸；6,8—计量调节器；
9—防雾辊摇臂；10—涂布辊间歇调节器；11—防雾剂泵；12—硅油泵；13—防雾辊支
撑汽缸；14—防雾剂分液器；15—防雾剂回收器；16—硅油分液器；17—硅油回收器

　　两个涂布辊的外径为 350mm，外层包 20mm 厚的橡胶，橡胶的耐磨性直接影响涂布辊的寿命。

　　防雾剂和硅油分别用泵送到分液器，并充满计量辊和涂布辊之间的空间。涂覆液从中间流向两端，并从回收器流回贮槽。计量辊在汽缸的作用下，紧压在涂布辊的外表面，刮去多余的涂料，涂布量由两个手动调节器来控制，计量辊压得越紧，涂布量就越少。

　　7. 干燥箱

　　用硅油和防雾剂涂覆的 BOPS 薄膜，涂覆后表面含有较多的水分，因此，在涂覆后需要经过一个涂层干燥箱，利用加热的空气将薄膜奉面上的水分蒸发出去。涂层干燥箱内有上下风管，热风经喷风嘴吹向薄膜表面，箱内没有夹具，为了防止薄膜下垂，只装设少量托辊。图 4-31 为干燥箱的结构示意。

　　三、双向拉伸聚苯乙烯薄膜的生产工艺

　　1. 几种生产工艺简介

　　此产品有几种生产工艺，即平片拉伸法、泡管法和平管式一步拉伸法。各法

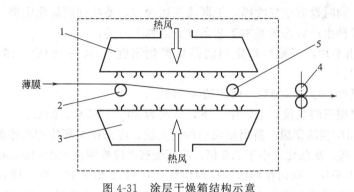

图 4-31　涂层干燥箱结构示意
1—上风罩；2—导向支承辊；3—下风罩；4—牵引辊；5—导向支承辊

特点如下。

（1）平片拉伸法　此法的设备比较庞大，并有产生废边的弊病，但厚度均匀，拉伸倍数能够自由控制，利于宽幅、高速化生产。

（2）泡管法　此法以同时进行拉伸为特点，设备简单，费用低，占地面积小，所生产的薄膜无废边，纵横向性能平衡性好，但加热和冷却方式复杂，膜管不稳，厚度均匀性差。

（3）平管式一步拉伸法　此法的生产技术开发最早，工艺成熟，设备简单，占地面积小，设备费用低，不足之处是薄膜厚度公差大，一般达到±10％。

我国主要采用平管式一步拉伸法，其一步双向拉伸示意如图 4-32 所示。

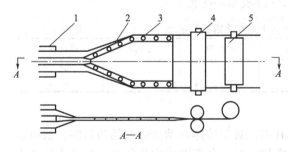

图 4-32　平管式一步拉伸法示意
1—机头；2—拉伸架；3—导轮；4—导辊；5—卷取辊

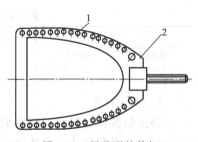

图 4-33　马蹄形扩伸架
1—扩伸架；2—导轮

平管式一步拉伸法与平吹聚乙烯膜相似，从机头挤出膜管后，进入平管式扩伸架进行定向拉伸，而后切边分卷。

一般，采用 $\phi 50mm$ 挤出机，转速低，产量低，仅适宜生产 $25\mu m$ 以下的薄膜。挤出温度 200℃ 左右，拉伸温度 100～130℃，纵横向的拉伸倍数为 3 左右。

拉伸架为马蹄形扩伸架，如图 4-33 所示，扩伸架周围有一连串小轮，给平管膜导向，同时设有空气喷嘴，沿薄膜两边冷却，使拉伸膜固化定型。

其他几种生产方法的基本工艺条件分别如下所述。

① 挤出平片，三辊冷却定型法挤出塑化温度：$130\sim160℃$，$160\sim180℃$，$180\sim200℃$。

模具温度：中部 $200℃$，两侧端部 $210℃$。

冷却定型三辊温度：上、中、下，依次为 $80℃$、$85℃$、$90℃$。

② 挤出吹塑法制膜　挤出塑化条件同上法。应采用风环冷却吹胀膜泡，吹风口间隙应小些，吹胀比应小于 2.5 倍，冷凝线高度应控制在 $100\sim150mm$ 范围内。

③ 挤出平片，双向拉伸法　拉伸倍数 $2.0\sim2.5$ 倍为宜，纵、横拉伸比应接近。纵拉伸辊预热温度为 $100\sim110℃$，预热辊的转速比流延冷却辊的速度略快些，纵拉伸辊的温度为 $110℃$ 左右；横拉伸预热温度为 $120℃$ 左右，拉伸段温度约 $125℃$，定型段温度约 $110℃$。

2. 配料

生产 BOPS 薄膜时至少需要使用 $2\sim3$ 种以上的原料，原材料的品种和用量要根据薄膜的用途进行选择。通过调节各下料螺杆的转速比例，控制各自加料量。

当生产 $80\sim200\mu m$ 无硅油涂层的薄膜时，原料中需要加入少量抗静电剂，防止薄膜相互粘连。在生产透明薄膜时，原料中不能加入高抗冲聚苯乙烯，最好不加回收料，防止薄膜雾度增大。为了避免厚度大于 $250\mu m$ 的薄膜在冷成型、分切或冲切、超声波粘接时产生分层以及减少晶点，有时也可以适当地调节 K 树脂的加入量。表 4-31 为常规 BOPS 薄膜原料配比情况。

表 4-31　常规 BOPS 薄膜原料配比　　　　　单位：%

品种	GPPS	K 树脂	再生料	色母料	回收边料
透明片	$90\sim95$	$3\sim6$			$2\sim5$
色片	$80\sim90$	$3\sim6$	$0\sim10$	$8\sim15$	$0\sim5$

3. 挤出工艺

挤出机各区温度是与所用原料有关，对于熔体流动指数偏低的原料，挤出机各段温度相对要高些；熔体流动指数较高时，各区温度应偏低些。从整个机身来看，挤出机进料段的两个区要比其他区域温度低。其中，第 1 区比第 2 区、第 2 区比压缩段的温度要各低 20℃，目的是防止物料在加料段堵塞。

表 4-32 列举一台典型 BOPS 薄膜挤出工艺各区加热温度情况。

表 4-32　挤出各段工艺温度分布　　　　　单位：℃

加热段	挤出预热	挤出压缩	挤出计量	过滤器	计量泵	管线	机头
温度	$160\sim220$	$210\sim250$	$220\sim250$	$210\sim250$	$220\sim250$	$210\sim230$	$220\sim240$

BOPS薄膜生产线挤出机的螺杆速度也是受计量泵前的压力传感器控制的。正常工作时，挤出机压力为16～22MPa，压力波动为±0.5MPa。压力波动过大时，可以通过缩短更换过滤网的周期来减小。通常，熔体泵进口压力5～7MPa，出口的压力为6～8MPa。

4. 制片和纵向拉伸（MDO）工艺

图4-34为BOPS薄膜制片、纵向拉伸时薄膜的走向图。其中，流延辊1、2由一台直流电动机带动，流延辊3由一台直流电动机带动，三个流延辊必须具有一定的速度，使从机头出来的熔体下垂量较小，避免出现包辊现象。上流延辊的速度由生产片材的厚度来决定。在生产厚度为200～700μm的薄膜，如果挤出量为2000kg/h左右，流延辊的速度较慢，约为10～15m/min；若生产厚度低于200um的薄膜时，流延速度则为15～30m/min。流延辊的间隙是利用汽缸分别调节1、3两个流延辊与固定流延辊2的径向距离来实现的。生产前各辊的间隙应该预先调节好，穿片时，汽缸将1、3辊脱离2辊，当片材绕过2、3辊时，合上1、3辊，然后再精心、同步调节两个间隙，最终实现表面抛光的目的。辊间隙一定要适当，间隙过小往往造成辊前积料，使薄膜纵向厚度不均，间隙过大则会出现水波纹、薄膜表面粗糙、横向厚度不好等现象。此外，辊间隙还与产品的厚度有关，一般较薄的薄膜流延间隙要偏小些。

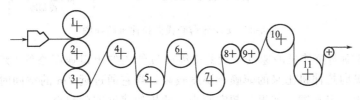

图4-34　BOPS薄膜制片、纵向拉伸流程图

1～11为辊号

从挤出机唇口流出熔体，温度高达230℃，水平流动约300mm后才进入流延辊。然后在温度为40～80℃的流延辊上冷却、抛光。流延辊的温度与薄膜的厚度和流延辊的速度有关，一般情况下，薄的薄膜取上限，厚的薄膜取下限。

流延后的片材表面温度较低，在进行纵向拉伸之前，需要通过4～7预热辊进行预热，然后才能进行单点拉伸。通常，预热辊的进口速度要比流延辊的速度快6%～15%。在预热区之内，预热辊的速度也是递增的，一般辊7的线速度要比辊5的线速度递增8%～15%，其中，辊4的速度对薄膜表面质量影响最大，速度过快容易引起薄膜表面划伤，速度过慢会使片材坠向流延辊3，片材容易产生脆性拉断。慢速辊8的速度一般比预热辊7高出8%～15%，快慢两辊的速比为薄膜的纵向拉伸比，是取决于薄膜的用途和用户的需要。一般为1.5～2.5倍。热处理辊的速度和快速辊的速度相近似。

纵向拉伸机内各辊温度调节原则是：有利于薄膜的拉伸；能够消除薄膜表面的水波纹和划痕。其工艺温度见表 4-33。

表 4-33 BOPS 薄膜纵向拉伸温度　　　　　　　　　　　单位：℃

辊号 （图 4-34）	流延 1~3	预热 4~6	预热 6~7	慢拉伸 8	快拉伸 9	热处理 10~11
温度	40~80	95~110	100~120	100~125	100~125	100~120

5. 横向拉伸（TDO）

BOPS 薄膜的横向拉伸机是由 4 个功能段、6 个温度区组成的。分段情况见图 4-35。

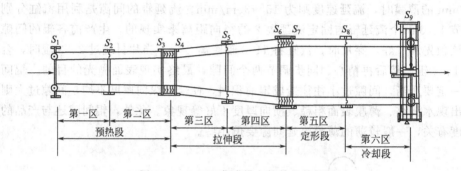

图 4-35　BOPS 薄膜横向拉伸机俯视图

BOPS 横向拉伸机的速度一般要比纵向拉伸机的出口速度略低 2% 左右。这是因为从纵向拉伸机出来的薄膜，温度较高，当它通过近 2m 的空间时，薄膜冷却，会产生一定收缩。如果冷却空间小，两机的速度差就减小。

横拉伸的温度一般略高与于 MDO 的温度。各段温度分布情况见表 4-34。

表 4-34 BOPS 薄膜横向拉伸时各区的温度　　　　　　　单位：℃

区域	预热1	预热2	拉伸1	拉伸2	定型	冷却
温度	110~130	110~130	120~130	120~130	100~120	环境温度

横拉机的导轨的宽度是根据薄膜的用途、用户对薄膜宽度的要求确定的。如果假设分切后薄膜的总宽度加上分切时切边的宽度，即收卷时母卷的宽度为 H_w，H_m 为纵向拉伸后薄膜的宽度。那么横向拉伸机各段导轨的宽度遵循以下规律 $S_1 = H_m - (40~60)$；从 $S_1 \sim S_4$ 递增约 18%；从 $S_4 \sim S_6$ 是主拉伸区，S_6 ＝横向拉伸比× S_1；拉伸后薄膜是在具有一定横向松弛条件下定型、冷却。横向松弛量约 6%。

BOPS 薄膜的横向拉伸比（S_6/S_3）一般取 1.7~2.5。有时根据产品的需要，也可以取更大值。正常情况 TDO 与 MDO 拉伸比是相近似的。

6. 电晕处理和涂布工艺

BOPS薄膜表面的极性呈中性，未经处理的薄膜是无法涂覆防静电剂等物质。因此，在横向拉伸之后，必须进行电晕处理。使其表面张力达到 0.5kN/cm。电晕处理的效果可以通过调节电极的电流强度和电极与电晕辊之间的距离来改变。

BOPS薄膜的表面性能可以通过表面涂覆一些有机物质得到明显的改进。例如，涂覆一层硅油，可以改进薄膜的脱膜性，增加薄膜表面的滑爽性；又例如，涂复防雾剂，能够避免水蒸气或低温水汽在膜面上凝聚、出现白雾，提高产品可见性。图 4-36 为 BOPS薄膜涂布工艺流程图。

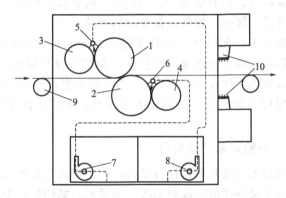

图 4-36　BOPS薄膜涂布工艺流程

1—上涂布辊（橡胶）；2—下涂布辊（橡胶）；3—上计量辊（钢）；4—下计量辊（钢）；5—上涂布剂分液管；6—下涂布剂分液管；7—防雾剂泵；8—硅油泵；9—支承辊；10—热风干燥器

在涂布过程中，应该注意以下几个问题。

① 选用优质涂料　涂料具有良好的分散性，呈均相，无沉积物，绝对不能使用性能不同的混合涂料。

② 调节好涂布间隙　如果上涂布辊和下涂布辊之间的间隙过大，硅油和防雾剂就涂不上，过小也不好。如果涂布辊和计量辊之间的间隙较大；涂覆防雾剂或硅油量增大，将导致防雾效果差或出现大量的硅油斑，间隙过小又会达不到预期的效果。

③ 必须注意辊面　不能有划痕、沟槽、凹凸不平及辊面黏附物料等缺陷。否则易出现斑痕。

④ 控制防雾剂和硅油的比例　一般情况下，硅油和防雾剂分别约为涂料重量的 2%～4% 和 5%～8%。涂覆液均为水溶液。

⑤ 控制好烘干温度　薄膜涂布后，需要用热风进行干燥，然后进入干燥箱进一步干燥。干燥箱的温度必须适当，过高会使薄膜在烘箱内产生收缩，影响薄

膜的收卷质量。过低又不能烘干薄膜表面上的水分，收卷时将出现雾斑或硅油斑，严重影响防雾效果。通常干燥温度在 60～90℃的范围内。

第九节　双向拉伸聚对苯二甲酰对苯二胺（BOPPTA）——芳酰胺薄膜

一、概述

聚对苯二甲酰对苯二胺简称为 PPTA。对苯二胺与对苯二甲酰氯缩合聚合而成的全对位聚芳酰胺。这种材料是 20 世纪 70 年代问世的一种新型高分子材料。它属于芳香族聚酰胺类，具有质量轻、强度高、耐高温、耐磨、线膨胀系数低的特性，可以制作纤维、薄膜、塑料、复合材料制品。

聚对苯二甲酰对苯二胺结构为国外商品名 Kevlar。中国称芳纶。由于分子链的刚性，有溶致液晶性，在溶液中在剪切力作用下极易形成各向异性态织构。具有高耐热性，玻璃化温度在 300℃以上，热分解温度高达 560℃，180℃空气中放置 48h 后强度保持率为 84％。热收缩和蠕变性能稳定，此外还有高绝缘性和耐化学腐蚀性。

二、聚对苯二甲酰对苯二胺聚合

聚对苯二甲酸对苯二胺具有刚性链结构，但也正因为它结构上的特性使其溶解性很差，仅能溶于某些强酸（如浓硫酸、氢氟酸、氯磺酸）中，不溶于一般的极性有机溶剂，所以给 PPTA 分子量分布的研究带来了极大困难。

通常用低温溶液缩聚方法聚合，低温溶液缩聚时常用的极性溶剂有六甲基磷酰胺 HMPA、二甲基乙酰胺 DMA、N-甲基吡咯烷酮和四甲基脲等。

聚合产物分子量的大小，与缩聚反应条件有关，单体杂质和溶剂的性质影响很大。聚合物经洗去溶剂和干燥后，溶于浓硫酸中配成纺丝浆液。纺丝时聚合物分子在剪切力的作用下易于高度取向。采用干喷湿纺工艺，纺得纤维须进行牵伸或热处理。

除间歇式低温溶液缩聚法外，还研究出在螺杆挤压机中的连续缩聚和气相缩聚等新工艺。

1972 年美国杜邦公司已经工业化生产，商品名为"Kevlar"。荷兰 AKZO 公司 1995 年的生产量已达 10000t。杜邦 Kevlar 品牌纤维主要有三个品种。

① Kevlar（R）纤维：主要用作轮胎帘线和橡胶制品补强材料。

② Kevlar（R）-29 纤维：用于特种绳索和工业织物。

③ Kevlar（R）-49 纤维：用作塑料增强材料，如航天材料和导弹壳体材料等。

我国 1972 年有关研究单位已开始进行 PPTA 树脂的研究工作，20 世纪 80

年代连续缩聚的生产试验装置和工艺基本成熟，但未工业化。

1992 年，日本东丽公司在佐贺建成年产 20t BOPPTA 薄膜的中试装置，1996 年在三岛建成年产 170t 的薄膜生产线。这种薄膜主要用于计算机存储介质。

三、原材料

对苯二甲酰氯（TPC）　　　熔点 80～83℃，白色固体
对苯二胺（PPDA）　　　　熔点＞139℃，白色粉末
溶剂　　　　　　　　　　N-甲基吡咯烷酮（NMP），含水量＜200ml/L
助溶剂　　　　　　　　　氯化钙（$CaCl_2$），化学纯

芳酰胺树脂的制备：芳酰胺树脂是由 PPDA 和 TPC 在 NMP-$CaCl_2$ 组成溶液中缩聚而成的。其工艺流程如下：

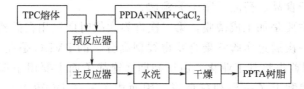

缩聚反应可以是间歇式，也可以是连续式。反应方程式为：

$$n\,H_2N\!-\!\!\bigcirc\!\!-\!NH_2 + n\,ClOC\!-\!\!\bigcirc\!\!-\!COCl$$

(PPDA)　　　　　　　(TPC)

$$H\!-\!\!\big[\!NH\!-\!\!\bigcirc\!\!-\!NH\!-\!CO\!-\!\!\bigcirc\!\!-\!CO\big]\!\!-\!Cl + (2n-1)HCl$$

(PPTA)

PPTA 是高结晶聚合物，属于刚性链结构，其结构式为：

制造双向拉伸薄膜的 PPTA，一般相对分子质量 $M = 33200$

四、聚对苯二甲酰对苯二胺薄膜的制造

PPTA 的结构是高度对称和规整的，分子之间具有强大的氢键，化学稳定性极好，分解温度又与熔融温度（500℃）十分接近。因此，这种双向拉伸薄膜不能使用常用熔融法制作片材，只能溶于浓硫酸等强质子的酸中，使用溶液流延法来生产，然后进行双向拉伸。

流延时用 100％的硫酸将充分干燥的 PPTA 树脂配成 12％～20％的溶液，

涂覆在耐酸的不锈钢钢带上，固化成膜，拉伸温度要高于其玻璃转化温度（300℃）。因此，使用的拉伸设备也与通用拉伸设备有较大的区别。

第十节　双向拉伸聚偏氯乙烯（PVDC）薄膜

一、概述

一般聚偏氯乙烯（PVDC）树脂加工性能不好，在实际生产中没有应用价值，必须改进其加工性能才能得到广泛的应用。因此，通常所说 PVDC 是指以偏二氯乙烯（VDC）为主要成分加入其他含不饱和双键的第二单体（如 VC）共聚而成的一类共聚物的统称。PVDC 树脂是一种淡黄色、无毒无味、安全可靠的高阻隔性材料。除具有塑料的一般性能外，还具有耐油性、耐腐蚀性、保味性以及优异的防潮、防霉、可直接与食品进行接触等性能，同时还具有优良的印刷性能，广泛应用于食品、药品、军工等领域。

问世之初主要是加工成薄膜，第二次世界大战时期运用在武器、弹药的包装上。世界上第一次通过实验室聚合获得线型高分子的 PVDC 是在 1930 年。美国 DOW 化学公司首先将其工业化。由于初期适逢战争而主要用于军品包装，这给 PVDC 工业技术蒙上了一层神秘色彩，因而成了美国 DOW 化学公司多年不解密、不转让的一项工业技术。

20 世纪 50 年代末 60 年代初逐渐向食品包装转移，后又逐步应用于药品包装等领域，随着现代包装技术和现代人生活节拍的加快，微波炉、冰箱的普及，保鲜膜的用量急剧增加，使 PVDC 的应用更加普及。这时候先后有多家公司开发出 PVDC 产品工业技术，PVDC 才在西方发达国家开始达到大规模的整体发展。到 80 年代中期，PVDC 发展到高峰，世界 PVDC 产能达到 17 万吨/年，后来由于聚乙烯醇和双向拉伸尼龙膜的问世，同时，由于有关氯塑料废制品料产生白色污染和焚烧可能产生致癌物质二噁英等的争论都使得 PVDC 的发展大受影响，世界 PVDC 生产能力一度曾降低到 9 万吨/年。

二、聚偏氯乙烯结构与性能

1. 聚偏氯乙烯结构

PVDC 树脂的分子结构为头尾相连的线型聚合链结构，属于嵌段共聚结构，分子由单元构成。PVDC 高分子链单位分子中含有两个氯原子，电负性很强，氯原子和其他分子链中的氢原子结合紧密，形成氢键，加之链规整度高，对称性强，侧基的空间位阻小，因而极易容易形成结晶结构。由于侧基团的相互排斥，其主体构象属较为典型的螺旋形，晶体构象属 α 型单斜晶系；此外，由于热运动使晶系变化，故还有 β（六方晶系）型等变态。用比热法对 PVDC 树脂进行分析，可发现有两个个明显的热吸收峰。由于其具有以上结构特征，致使分子间凝集力强，氧分子、水分子很难在 PVDC 分子中移动，从而使其具有良好的阻氧性和阻水性。因 PVDC 树脂高分子链中有的存在，降低了侧链基团的极性和空间位阻效应，而具有一定的柔软性。

2. 聚偏氯乙烯性能

详见第二节双向拉伸塑料薄膜产品性能指标中的对双向拉伸聚偏氯乙烯（BOPVDC）薄膜的性能介绍。

三、原材料

采用双向拉伸法生产的 PVDC 膜是单层膜，具有很好的阻隔性、耐油性、卫生性、热封性，适用于食品包装。用 PVDC 树脂制单层膜，其共聚组成中必须有较大比例的氯乙烯（VC）。此外，也可利用 PVDC/PE、PVDC/EVA、PVDC/PC 等共混物制取单层薄膜。

四、PVDC 双向拉伸薄膜的制造

工艺流程如图 4-37 所示。

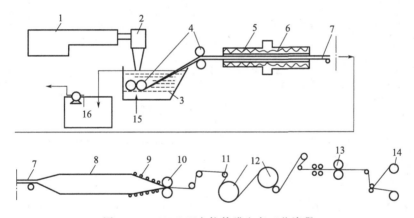

图 4-37　PVDC 双向拉伸膜生产工艺流程

1—挤出机；2—机头；3—冷却水槽；4—牵引辊；5—预热筒；6—风环加热器（5 和 6 可改为预热水槽）；

7—未拉伸管坯；8—双向拉伸管膜；9—人字导辊；10—拉伸辊；11—导辊；12—热定型辊；

13—输送辊；14—卷取装置；15—低温水；16—回水利用装置

双向拉伸法生产 PVDC 膜工艺要点如下。

（1）原料的混合　采用高速热混合机混合原料，温度按 PVDC 吸收增塑剂情况而定，一般为 70～75℃。混合完毕立即冷却至常温，然后过筛除去未分散的块状物和杂质。

（2）挤出管坯　挤出机进料段温度不超过 140℃，压缩段温度为 160～165℃，计量段与机头温度为 170℃左右。挤出的管坯必须急冷，抑制 PVDC 结

晶。冷却水温度为 6～8℃，水面不许搅动。为防止粘连，可经机头吹气管向管坯中注入适量隔离剂（甘油）。

（3）管坯同时双向拉伸　PVDC 的拉伸过程有以下特点。

① PVDC 的拉伸必须在无定形状态下进行。在挤出 PVDC 管坯急速冷却后，必须立即拉伸。

② PVDC 拉伸过程中因分子定向排列和分子间摩擦生热而促使其迅速结晶，形成结晶后很难二次拉伸。因此纵横向拉伸须同时进行。

③ PVDC 的拉伸倍数可在一定范围内选择，但纵、横向拉伸倍数必须相等或相近，否则对薄膜纵横向强度均衡性有明显影响。

④ PVDC 处于无定形状态时很柔软，拉伸过程受到的阻力很小。因此，提高拉伸预热温度并不能明显改变其拉伸性能。

通常，吹胀比和牵伸比均为 3～5（有的为 2.5～4）。吹胀时膜温为 28～30℃，不应有明显的波动，以防结晶不均而使薄膜破裂。拉伸后热定型温度为 40～45℃。

第五章 拉伸薄膜生产过程中的疵病分析及疑难排除

BOPP薄膜生产技术进入我国不过几十年的时间，但由于对世界工业发达国家先进生产技术、设备的积极引进，加上我国专业技术人员的努力研究开发，我国的BOPP薄膜生产已在世界BOPP薄膜生产中占据重要一席。

目前，BOPP薄膜生产工艺已日趋成熟，BOPP薄膜市场保持相对稳定，因此，在生产中及时解决问题，努力提高产品档次、质量，已经成为各BOPP薄膜生产厂家共同关心的话题。本章是围绕拉伸薄膜生产过程中的疵病分析与及疑难排除展开。

第一节 双向拉伸聚丙烯薄膜（BOPP）生产中常见的主要问题

一般双向拉伸塑料薄膜是在低于薄膜材料熔点、高于玻璃化转变温度（T_g）时，对厚膜或铸片进行纵向和横向拉伸，然后在张紧状态下进行适当冷却或热定型处理或特殊的加工（如电晕、涂覆等）而制得的制品。双向拉伸聚丙烯（BOPP）薄膜就是用这种方法制得的。

由于BOPP薄膜是包装领域的重要产品，具有质轻、透明、无毒、防潮、透气性低、力学强度高等优点，被广泛用于食品、医药、日用轻工、香烟等产品的包装，并大量用作复合膜的基材，有"包装皇后"的美称。双向拉伸法是一种技术要求十分高的塑料成型加工方法，除需要具备性能良好的加工设备外，更重要的是要求生产人员能够深入掌握PP的性能及加工条件对产品性能的影响，及时解决生产中存在的问题。

因此，在生产BOPP薄膜过程中所要实现的主要目标首先是在尽可能高速的前提下实现连续生产，其次是提高BOPP薄膜的性能，保证质量，再次是降低能耗。然而，在实际生产过程中，由于多方面的原因，BOPP薄膜出现各种各样的问题，使生产目标难以实现。针对生产中常见的问题，本节结合引进的法国DMT公司的8.2m BOPP薄膜生产线提出解决的办法。

一、影响 BOPP 薄膜物理、力学性能的因素

1. 原材料性能

工业化生产 BOPP 薄膜用主料的主要成分是 PP。PP 是一种典型的立体规整性聚合物，根据烃基在分子平面两侧的分布，可分为等规 PP、间规 PP 和无规PP。等规 PP 和间规 PP 具有不同的结晶结构，等规 PP 是以均相成核的三维生长方式进行结晶，而间规 PP 主要以均相成核的二维方式进行结晶，形成了外观尺寸不规则的小晶片，而且由于间规 PP 分子结构的规整度较低，使得间规 PP具有较低的结晶速率和结晶度。研究表明，等规度越大，结晶速率越快，薄膜产品的屈服强度和表面硬度会明显增大，而无规 PP 在聚合物中起内部润滑剂的作用，并有利于聚合物定向，有助于改善薄膜的光学性能。

目前，BOPP 薄膜品种繁多，性能也差异很大，造成这种情况的主要原因是使用的原料和生产工艺不同。实践证明，只有等规 PP 的质量分数为 95%～97%、无规 PP 的质量分数为 3%～5% 的 PP 才适合生产 BOPP 薄膜，并且一般选用熔体流动速率为 2～4g/10min 的 PP。另外，通过在 PP 薄膜的表面上共挤出一层或多层熔点较低的共聚物，可以扩大 BOPP 薄膜在包装工业中的应用范围。

2. 纵、横向拉伸比

拉伸比是一个很重要的工艺参数，无论是纵向拉伸比，还是横向拉伸比，对BOPP 薄膜的物理、力学性能都有重大的影响。在一定的温度下，拉伸比越大，PP 分子链的取向度越大。即薄膜的力学强度提高、模量增大、断裂伸长率减小、冲击强度、耐折性增大，透气、光泽性变好。BOPP 薄膜生产过程中的取向主要发生在纵向拉伸和横向拉伸过程中，在经过纵向拉伸后，高分子链呈单轴纵向取向，大大提高了铸片的纵向力学性能，而横向性能劣化。进一步横向拉伸后，高分子链呈双轴取向状态。

随着分子链取向度的提高，薄膜中伸直链段数目增多，折叠链段数目相应减少，晶片之间的连接链段逐渐增加，材料的密度和强度都相应提高，而断裂伸长率降低。因此双向拉伸可以综合改善 PP 薄膜的性能。

纵向拉伸比和横向拉伸比的差异最终决定 BOPP 薄膜纵、横向的物理、力学性能差异。如果纵向拉伸比和横向拉伸比相差不大，两个方向上的分子取向就没有明显的差异，BOPP 薄膜表现出各向同性。为了生产纵向性能高于横向性能的 BOPP 薄膜，纵、横拉伸比的选择相当重要，一般情况下，纵向拉伸比（4.5～5.5）小于横向拉伸比（7.5～9.0）。BOPP 薄膜的横向拉伸是一个重要且复杂的过程，整个过程在一个连续的热环境中进行。横向拉伸过程具有多拉伸起始点，这主要是由横向上的某些薄弱点、较高的横向拉伸速率，以及薄膜中杂

质、气泡和外观缺陷等因素造成的。多拉伸起始点易引起产品厚度不均匀。同时在横向拉伸时，有"阶梯拉伸"和"固有拉伸倍数"的问题。即在横向拉伸过程中，在薄膜的横向有若干个突然被拉伸到最大倍数的"阶梯"点。随着拉伸过程的进行，"阶梯"逐渐向两侧扩展，直至在整个幅面上全部被拉伸。在 BOPP 薄膜生产中，拉伸程度必须达到"固有拉伸倍数"，即薄膜的纵向拉伸比和横向拉伸比的乘积必须达到 40 左右。如果纵向拉伸比不足，拉伸后薄膜横向出现许多"斑马纹"或厚条道；如果横向拉伸比不足，两个边部就会出现厚条道。

3. 温度

拉伸各区的温度分布是影响 BOPP 薄膜拉伸取向、结晶的关键因素。温度是通过聚合物黏度和松弛时间的作用来影响取向过程的。温度升高，聚合物黏度降低，在恒定应力作用下，高弹形变和黏性形变都要增大，高弹形变增加有限，黏性形变发展却很快，有利于聚合物取向。

(1) 在高于黏流温度 T_f 或熔点（T_m）温度拉伸时，聚合物的大分子活动能力很强，在很小的外应力作用下就会引起分子链解缠、滑移和取向，然而在高温作用下，其分子的解取向速率也会加快，使有效取向度降低。

(2) 当温度逐渐升高到 T_g 以上时，聚合物具有弹性，热运动的能量克服了某些物理交联点的牵制，使链段产生运动，但整个分子链尚不能移动。

(3) 当在 T_g 以下拉伸时，外力只能引起分子链伸缩、振动和键角的微小改变。塑料薄膜的拉伸温度一般在 $T_g \sim T_m$（或 T_f）之间，具体温度根据聚合物的性能决定。

实践证明，采用比较低的预热、拉伸温度或者拉伸后立即进行冷却，是提高 BOPP 薄膜取向度、减小结晶度的有效方法。预热温度过高会导致 PP 形成球晶，薄膜透明性下降；而拉伸温度过高，PP 链段易于解取向，不但引起热封性面层材料粘辊，而且大大降低 BOPP 薄膜的物理、力学性能。横向拉伸区的温度分布应力求均匀、稳定；否则会影响 BOPP 薄膜横向厚度的均匀性及拉伸的连续性。

PP 是结晶性聚合物，其最大结晶速率的温度约为 T_m 的 0.80～0.85 倍，温度越高（如在 T_m 附近）或越低（如在 T_g 附近），越难结晶。如果在拉伸过程中要防止预热、拉伸时 PP 结晶度的急剧增加，选择拉伸温度时最好不要在其最大结晶速率的温度区域，而选在结晶开始熔融、分子链能够运动的温度下，即在低于 T_m 25℃左右的温度范围内进行拉伸。

二、BOPP 薄膜生产中常见的问题及解决办法

在生产 BOPP 薄膜过程中所要实现的主要目标首先是在尽可能高速的前提下实现连续生产，其次是提高 BOPP 薄膜的性能，保证质量，再次是降低能耗。

然而，在实际生产过程中，由于多方面的原因，BOPP薄膜出现各种各样的问题，使生产目标难以实现。笔者针对生产中常见的问题，结合引进的法国DMT公司的8.2m BOPP薄膜生产线提出解决的办法。

1. 铸片常见的缺陷和解决办法

（1）横向条纹　①大间距横向条纹其产生原因主要有挤出熔体压力不稳、急冷辊转速或温度不均、风刀风量波动过大3点。造成压力不稳的因素有很多，最主要的一方面是生产线线速度提速过快，造成计量泵转速迅速提高，而另一方面主挤出机螺杆转速提高相对较慢，造成模头吐料不足、压力不稳。遇到此类情况，最好适当延长提速时间，待线速度稳定后，横向条纹自然消失。还有一种比较常见的情况，就是原料因素。在各项工艺条件控制较好，经多次调整无明显改善时，就要考虑更换原料。②小间距横向条纹小间距横向条纹在实际生产过程中并不常见，产生原因有4点：机头的角度不适宜、风刀角度或风量不适宜、机头附近气流影响、急冷辊转速不稳。可从这4个方面加以解决。

（2）纵向条纹　在铸片过程中，有时会看到挤出铸片局部、固定位置处有连续纵向条纹。如果用这种铸片来生产BOPP薄膜，将导致薄膜横向厚度不均匀；收卷、分切薄膜外观出现明显的突起（暴筋）或纵向条纹。消除纵向条纹通常采取的措施有：①选用结构合理、质量好的模头，保证唇口光洁，不得有任何机械损伤。②加强熔体过滤。③及时清除唇口上的杂物，做好机头维护工作。④提高气刀吹风的均匀性。⑤合理控制挤出各段温度。⑥调整好机头相对急冷辊的位置。

（3）两边翘曲　该现象主要是由附片效果不好、铸片过程中两面温差过大造成的。铸片翘曲将影响薄膜的平整性，就PP来说，由于铸片冷却不均匀，结晶不均匀，直接影响薄膜的成膜性。铸片边缘通常向温度较低的一面翘曲，因此在生产过程中可根据铸片的翘曲情况判断急冷辊面与水槽中冷却水温度的高低，进而考虑解决办法。

（4）出现气泡　如果熔体中夹带杂质，原料含水率过高，挤出温度过高，物料加热时间过长或者挤出机、过滤器中积存空气或降解物等情况时，铸片中就可能出现气泡。在正常生产过程中如果出现气泡，要仔细观察气泡形状、颜色等，分析产生原因并加以解决。如果空螺杆开机挤出或更换新的熔体过滤器再次开机时，挤出机或过滤器中可能存有空气或降解物，此时铸片中一般会出现气泡。这种问题一般通过充分排料就可以解决。

（5）边缘不整齐　铸片边缘不整齐可能是由于模唇两端密封件损坏造成边部漏料，也可能是压边系统不正常，或者是挤出熔体压力不稳。查明原因后要及时使用相应的方法解决，否则容易造成横拉脱夹。

（6）其他缺陷　在铸片过程中可能还会出现铸片内含有晶点、焦料、未熔料、结晶度不适宜、光泽度不良及出现鲨鱼皮现象等缺陷。这些缺陷在工艺较成熟、技术水平较高的生产线上一般不会出现。

2. 拉伸破膜的原因及解决办法

在生产过程中，物料从铸片到收卷，整个过程中都有可能破膜。通常，根据破膜位置把破膜分为横拉前破膜、横拉破膜、横拉后破膜。

（1）横拉前破膜　在铸片或纵拉过程中生产条件发生了明显变化、薄膜纵向厚度变化很大或铸片出现很大缺陷时，使得铸片在拉伸过程中局部拉伸应力超过了材料的允许承受应力，导致横向破膜。不过横拉前破膜在正常生产过程中很少见。

（2）横拉破膜　横拉破膜在生产过程中最为常见。薄膜被高速横向拉伸时最容易破裂。一般把横拉破膜分为横向破膜、纵向破膜和脱夹破膜3种类型。

① 横向破膜　横向破膜原因很多，具体可分为：原料中含有性能差异较大的杂质（低分子物、油污等）；铸片上有明显的横向条纹、气泡；各种不明显的横拉前破膜因素进一步扩大（纵向厚度波动等），使局部区域应变过大；铸片的结晶、取向状况偏差过大；过滤器损坏，片铸片杂质含量高；机头漏料；辊面压伤；废料、设备划伤薄膜；挤出、纵向拉伸温度设定不当；烘箱顶部及风管上聚集的各种挥发物落到薄膜上。

另外，链夹损坏也是其中一个重要原因。

② 纵向破膜　如果出现纵向破膜，可以从以下几个方面分析：薄膜横向厚度偏差过大；纵、横向拉伸比过大；纵向拉伸时边缘温度过高；纵向拉伸定型温度过高，铸片结晶取向不好；链夹温度过高；横拉烘箱内有废料划伤薄膜。

③ 脱夹破膜　脱夹主要从膜片、夹具和工艺3方面分析：首先，如果铸片边缘不好或者厚度偏差大，就容易造成脱夹。此时要及时调整铸片工艺，把铸片的缺陷消除；其次，如果在正常生产中出现脱夹，经人工复位后仍然脱夹，此时就要考虑设备原因，可能是有链夹损坏无法闭合，也可能是有废膜挂在链夹上，或者可能是入口导边器失灵。出现此种情况，要立即停机，并认真检查；再次，薄膜横向拉伸时预热、拉伸温度过低，入口张力不适宜等也会造成脱夹。

（3）横拉后破膜（牵引、收卷破膜）　横拉后破膜主要是由于设备故障或操作不当造成的。主要可以归纳为：牵引、收卷张力过大；电晕电极与电晕辊间距过小，擦伤薄膜；切边切刀不锋利，造成薄膜边缘不整，吸边不及时；薄膜包辊；飞刀不合适，无法正常换卷等。

（4）预防破膜的基本原则　严格按照要求及规定选择使用原料；定期检修设备，确保设备处于正常工作状态；制定合理的生产工艺；提高工作人员的技术水平及责任心；及时找出破膜原因，并制定合理的解决方案。

第二节　BOPP 薄膜生产中静电的产生困难问题及解决方法

一、BOPP 薄膜生产中静电的困难问题

因为薄膜的摩擦是难以避免的，静电对生产的影响主要有以下几个方面。

1. 印刷困难

因为微量静电放电原因，经常会发现在印刷图案边缘有毛刺或毛絮（毛须）状油墨逸出。因为静电造成油墨带电，油墨颗粒因为静电吸附结团，所以造成印刷刮线生产、浅网或挂网部分漏印等。因为静电的吸附作用，薄膜在运行中会吸附环境中的灰尘等微小颗粒，污染薄膜造成废品。

2. 安全问题

如果静电积累到足够大的时候，可能会对版辊及墨槽电火花放电。直接就会造成火灾事故发生，甚至发生爆炸。类似事故在包装行业里是屡见不鲜的。

3. 操作不方便

可能损坏设备。薄膜在生产中要进行收卷作业，如果存在静电积累，可能会对操作工人或设备（电眼、控制器等）放电。造成操作不方便，甚至造成设备损坏。同时，因为静电积累，形成电容效应，严重时会形成电磁波，干扰设备上其他电器元件造成损坏或工作不正常。

4. 包装不方便

生产好的产品在客户自动包装机上产生静电，经常造成（特别是粉末状内装物）热封不牢、热封不平整，甚至热封不了等问题。还有些需要包装的内装物对静电非常敏感（电子元件），在包装时容易损坏。往往这样的问题客户都会投诉是因为我们的产品不合格。

二、BOPP 薄膜生产中静电的问题及解决方法

要解决以上问题，必须知道薄膜产生静电究竟是哪些原因造成的。归结来说，薄膜产生静电主要有以下几方面的原因。

1. 生产薄膜时产生的静电

因为粒料间互相摩擦，熔体和模头的摩擦，成膜收卷时和导辊摩擦，导致薄膜在出厂时就产生了静电。所以，薄膜生产过程中要添加抗静电剂来消除这部分静电。应该说这样效果还是很好的。抗静电剂是一些表面活性剂，其中分子中含有极性的亲水基和非极性的亲油基。亲油基与塑料有一定的相溶性，亲水基可以电离或者吸附空气中的水分，在薄膜表面形成一层很薄的导电层，用来泄漏电荷，从而达到消除静电的目的。这种方法是比较常用的，但是，抗静电剂的添加量如果过大，可能会给后道生产工序带来麻烦（如复合、热封等）。

2. 印刷、复合、分切、制袋过程中产生的静电

因为薄膜和导辊的摩擦、高速运行的薄膜和干燥空气的摩擦等原因，使得薄膜产生静电。这部分的静电对生产的影响是最大的，而且如果不能有效地消除，对后加工工序也会告成很大的影响。一般来说，采用超导静电毛刷（接触式消除）是比较有效的，它是以接触薄膜的方式，将产生的静电通过电阻很低的毛刷接地导出来解决这个问题。也可以采用离子发生器形式，将产生的离子以风的形式吹到薄膜上解决（非接触式）。但在实际操作中，离子气在消除薄膜所带静电的同时会发现，运转的薄膜同时还会携带一部分空气中的电离子进入收卷。这样一来，薄膜仍带有一定的静电。所以，相比较而言，前者的成本更低，而且安全有效。但在安装时要严格按照安装图纸进行，并进行可靠接地。

3. 成品薄膜在自动包装机上产生的静电

成品薄膜与设备导辊的摩擦、薄膜本身没有被完全消除静电等原因。造成自动包装困难以及需要的内容物对静电敏感，这时也可以采取上面的办法进行消除静电。最有效的办法也是采用超导静电毛刷的方法来消除。

特别需要说明的是，大多数生产厂家认为，导辊一般是金属的，那么它在和薄膜摩擦时如果产生静电应该能够被完全接地导出，怎么还会有静电产生呢。这其实是个误区。一般来说，这些导辊在生产的时候选择的材料都要求表面进行处理（甚至阳极处理），处理之后的导辊表面其实是氧化铝（氧化铝这种物质是不导电的），并不是金属铝，所以静电是不能被导出来的，而且设备在安装时（相对于电力要求来说）也并不是可靠接地，所以在安装静电毛刷时也必须考虑这个问题。也就是说，安装时，毛刷的接地端必须可靠接地（建议将地线驳于设备配电柜的地线端）这样才能有效地发挥它的作用。

第三节　消除双向拉伸 BOPP 薄膜表面问题的解决方法

双向拉伸 BOPP 薄膜具有极大的表面积，薄膜的大多数性能指标都与薄膜的表面特性有密切的关系，比如表征薄膜表面平整光洁的表面光泽度、表征薄膜爽滑效果的摩擦系数、表征薄膜抗静电效果的表面电阻率（或者半衰期）、表征薄膜表面自由能的表面张力、表征薄膜不粘连的抗粘连性、表征薄膜抗磨损的耐划伤特性等。

以下主要从 BOPP 薄膜的材料配方的角度分析影响薄膜表面特性的因素，同时，分析了各种助剂与性能指标之间的直接或间接影响，并提出可能的单目标解决方案。

一、表面光泽度问题的解决方法

影响因素分析：

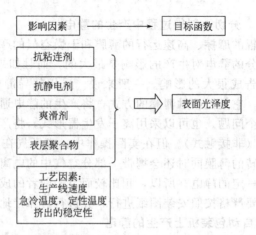

抗粘连剂对表面光泽度的影响是直接的，不同种类的抗粘连剂对光泽度影响不同，在薄膜生产下线时即可显现，无机抗粘连剂的负面影响最大。抗粘连剂含量多和无机颗粒大，则表面光泽度差。

抗静电剂和爽滑剂与基体聚丙烯部分相容，迁移到薄膜表面对光泽度都有一定影响，适量低分子量的爽滑剂有助于表面光泽度的改善，润滑液体还有可能填充薄膜的不平整表面，对薄膜的缺陷起到修复的作用，使得薄膜的表面粗糙度下降，而表面光泽度和透明度得到有效改善。但是抗静电剂和爽滑剂随时间大量迁移积聚在薄膜表面，则对薄膜产生很大的负面作用。表层聚合物的流动特性也对表面光泽度产生影响，比如挤出不稳定、产生橘皮现象等，都影响表层的镜面效果。

提高表面光泽度解决方案：减少无机抗粘连剂的用量；减少抗静电剂中酯类的用量；减少爽滑剂中酰胺的用量，选择适当的相容改性剂改善助剂与基体材料的相容性，防止助剂在表面的积聚。

二、摩擦系数问题的解决方法

影响因素分析：

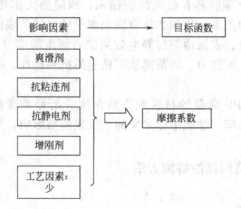

摩擦系数包括动摩擦系数、静摩擦系数、常温摩擦系数和高温摩擦系数。影响摩擦系数最主要的还是爽滑剂与抗粘连剂的配合使用，对于爽滑剂要达到液面摩擦的层次，可以使摩擦系数降到最小；抗粘连剂在薄膜表面的凸起则有利于减少薄膜与摩擦面的接触面积，从而减小摩擦阻力。目前，大多抗静电剂采用表面活性剂，有一定爽滑效果，抗静电剂对于摩擦系数的影响主要还是防止了薄膜的静电吸附，减少了薄膜运行阻力。为了改善薄膜的光学性能和弹性模量，生产过程中加入增刚母料，增刚母料的主要成分是氢化石油树脂，低分子量的氢化石油树脂迁移到薄膜表面，会增加薄膜的摩擦系数，甚至造成薄膜发黏。

降低摩擦系数解决方案：采用多层爽滑技术，爽滑剂复配产生协同效果；选择颗粒均匀的抗粘连剂，优化抗粘连剂用量，在芯层加入适量迁移性爽滑剂保持持续的爽滑效果，少用增刚剂。

三、表面电阻率问题的解决方法

影响因素分析：

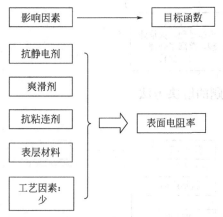

表面电阻率或者半衰期是薄膜抗静电效果的反映。抗静电剂主要是几种表面活性剂的组合，适当的配比有利于获得较好的抗静电协同效果。爽滑剂与抗粘连剂的协同作用，减少了薄膜与接触面的摩擦静电；较好的爽滑效果也有利于减少静电的产生，一些爽滑剂分子链上也含有极性基团，如酯基、酰胺基等，这些基团本身具有一定的抗静电特性。BOPP薄膜也可以采用二次加工方法，比如在薄膜表面涂覆离子型抗静电剂或其他强极性材料。

降低表面电阻率解决方案：采用协同效果较好的复配抗静电剂，爽滑剂与抗粘连剂配合使用保证薄膜较好的爽滑性、低的摩擦系数，表层涂覆极性吸湿材料也可以获得较好的抗静电效果。

四、表面张力问题的解决方法

影响因素分析：需要印刷、镀铝、涂覆等的BOPP薄膜材料表面要达到一定的表面张力，经过表面处理和时效处理后，一般达到 38dyn/cm。极性表层材料具有较好的表面张力，无机抗粘连材料在一定程度上可以提高薄膜的表面张力，但是，迁移性的爽滑剂和抗静电剂都可能引起表面张力的急速衰减。

防止表面张力衰减过快解决方案：采用合适的表面处理方法，减少迁移性爽滑剂和抗静电剂的用量，涂覆极性材料。

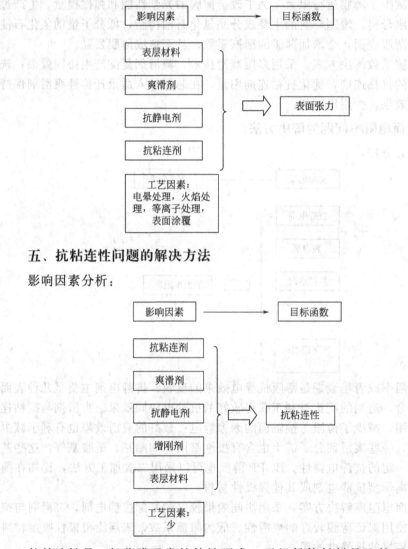

五、抗粘连性问题的解决方法

影响因素分析：

抗粘连性是一般薄膜通常的特性要求，无机粉体材料是比较理想的抗粘连剂，可选择 $3\sim5\mu m$ 大小颗粒的二氧化硅等，也可以采用 PMMA 微珠等有机材料，抗粘连与爽滑是有协同作用，爽滑剂很好地湿润抗粘连剂，并与基材保持良好的界面接触，爽滑剂如芥酸酰胺与抗粘连剂共同使用，可以使薄膜获得良好的开口效果。静电也是粘连的原因之一，所以要保证抗静电效果，但是过多的爽滑剂和抗静电剂反而有可能造成薄膜的粘连。过多的增刚剂也会引起粘连。

如果没有质量问题，不考虑表层材料中的添加剂，一般表层材料不影响薄膜的抗粘连性。但是不同材料的薄膜对抗粘连的要求是不同的。对于抗粘连剂的使用，最重要的考虑其对 BOPP 薄膜的光泽度和雾度的影响。

抗粘连性的解决方案：优先采用无机粉体作为抗粘连剂，为了防止无机抗粘连剂对光学指标影响过大，则选择有机抗粘连材料；同时，爽滑剂与抗静电剂配合使用，但低分子滑爽有机物类不能含量过高，否则反而容易发生粘连；采用高软化点的氢化石油树脂做增刚剂。

六、耐划伤性问题的解决方法

影响因素分析：

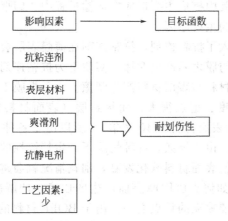

耐划伤或耐擦伤、耐擦痕等是薄膜生产中经常遇到的问题，但是对于耐划伤或耐擦伤、耐擦痕等概念，不同厂家在表述上有差异，所以要针对具体情况具体分析。通常划伤是由于薄膜之间相互摩擦过程中，抗粘剂的硬度比基体材料的硬度大而对薄膜表面的伤害。所以无机粉体材料造成的划伤更严重，表层材料硬度小也易被划伤，同时，爽滑剂与抗静电剂迁移到表面也容易降低表层材料的硬度，容易产生一些擦痕。

耐划伤解决方案：采用低硬度的有机抗粘连剂，提高表层材料的硬度，采用适量的迁移性爽滑剂与抗静电剂。

以上分析仅针对单一目标函数，在实现目标的解决方案中有可能损害到其他的性能，所以，实施过程中要注意平衡薄膜的综合指标，防止过于侧重单个指标，而损害了其他重要指标。

第四节　双向拉伸 BOPP 耐磨性能常见的缺陷和解决方法

许多消费者购买了香烟以后往往会发现华丽烟标外的透明膜有一块块的白色痕迹。这种白痕削弱了香烟的展示性，影响了视觉，降低了人对包装的愉悦度，消费者有时甚至会认为有白痕的香烟质量有问题，并且送礼时也会影响美观程度等。的确，香烟的烟标设计花了很大的代价，烟标往往又是烟企的一张名片，承载了信息传递功能的烟标却被这小小的白痕而影响，实在是得不偿失。

一、双向拉伸 BOPP 烟膜的白痕成因和解决方法

烟膜因剧烈摩擦会在膜表面形成细微的划痕，当划痕密集到一定程度后表现为大块的白色痕迹，被称为烟膜的刮花泛白现象。烟膜产生擦痕的途径有两个：一是由于香烟在生产包装过程中，烟包和包装通道之间、烟包和美容器之间产生剧烈摩擦；二是由于香烟运输过程中颠簸抖动，烟条与烟条之间、烟条与包装箱之间产生剧烈摩擦。其中擦痕主要形成在运输过程中，即烟条与烟条之间、烟条与包装箱之间的摩擦为主要原因。

薄膜表面由于加入了抗粘连剂，抗粘连剂在薄膜表层会产生微小突起，若烟条与烟条之间，即膜与膜之间产生摩擦，实质上为抗粘连剂与抗粘连剂、抗粘连剂与表层材料、表层材料与表层材料产生摩擦。由于烟膜工艺材料的局限，一般情况下抗粘连剂的硬度、熔点很大，而热封层（表面材料）的硬度、熔点较小（抗粘剂的邵氏硬度为表面材料的 40 多倍）。所以由于各种原因产生的位移就会使薄膜表面产生刮花。由于烟条在各种情况下产生持续性的位移会因能量累积产生大量的热，热量会使表面材料软化发黏，刮花情况就会越来越严重。

所以 BOPP 烟膜如何克服因摩擦而产生的白痕，即解决 BOPP 烟膜的耐磨性能，成为了业内需要攻克的重点之一。由于 BOPP 材料的局限性，改进 BOPP 耐磨性能成为了难点。

二、改善薄膜耐磨性能的常见措施

由以上原因可知改善薄膜耐磨性能的措施关键是减少抗粘剂对表面材料的损伤，减少抗粘剂对抗粘剂的损伤，以及减少抗粘剂在薄膜表面的脱落。通用方法如下。

① 纸箱与薄膜之间摩擦刮花的改进措施：提高纸箱内表面的光滑度，降低表面摩擦系数，以及在纸箱内表面与薄膜之间加放缓冲材料。

② 薄膜表面与薄膜表面之间摩擦刮花的改进措施：通过工艺措施降低添加剂在薄膜表面的渗出，减少包装纸箱的间隙（改变纸箱尺寸或加装缓冲材料等），选择合适的表面材料等。

而以上方法往往不能从根本解决问题。

三、对薄膜表面的损伤全新解决方案——纳米改性材料

纳米是一个尺度概念，为 10^{-9} m。堆充物以纳米尺寸分散于树脂基体中形成树脂基纳米复合材料。加入的堆料分散相为纳米材料，尺寸至少在一维方向上小于 100nm。纳米材料具有纳米尺寸效应，表面能效应以及强界面效应。纳米改性塑料可以增加强度，提升阻隔性及阻燃性，提高耐热性，增加透明度及光泽度。

在烟膜生产工艺中采用纳米改性材料可以改良抗粘连剂及热封材料的界面结合力，在热封材料及抗粘连剂表面形成爽滑的保护层，降低抗粘连剂对薄膜表面的损伤，降低抗粘连剂对抗粘连剂的损伤，降低抗粘连剂在薄膜表面的脱落；显著提高薄膜的耐热性；增加透明度和光泽度。

一般采用纳米改性材料与产品将会从根本上提升薄膜的耐磨性能，显著解决薄膜表面因各种途径产生刮花泛白现象。

第五节 BOPET 薄膜生产工艺缺陷问题与解决方法

双向拉伸聚对苯二甲酸乙二酯（BOPET）薄膜最初是在 20 世纪 50 年代由英国 ICI 公司开发的。经过几十年的发展，产品已由原来的单一绝缘膜发展到现在的电容器用膜、包装用膜、感光绝缘膜等；按厚度有从 $0.5\mu m$ 到 $250\mu m$ 数十个规格；其生产工艺也从最简单的釜式间歇式生产发展到多次拉伸与同步双向拉伸，其产品形式也由平膜发展到多层共挤膜、强化膜及涂覆膜等。聚酯薄膜已成为世界上发展最快的薄膜品种之一，目前国内主要采用两步法双向拉伸工艺生产。随着其应用量的扩大，对聚酯薄膜的质量要求越来越高，迫使生产厂家对生产过程中常出现的问题随时加以解决。笔者现将 BOPET 薄膜生产工艺及其常见疵病产生的原因和解决方法作一介绍。

一、BOPET 薄膜的生产工艺

BOPET 薄膜的生产工艺流程一般为：PET 树脂干燥→挤出铸片→厚片的纵向拉伸→横向拉伸→收卷→分切包装→深加工。

1. PET 树脂的干燥

PET 树脂由于分子中含有极性基团，因此吸湿性较强，其饱和含湿量为 0.8%，而水分的存在使 PET 在加工时极易发生氧化降解，影响产品质量。因此加工前必须将其含水量控制在 0.005% 以下，这就要求对 PET 进行充分的干燥。一般干燥方法有两种，即真空转鼓干燥和气流干燥。其中前一种干燥方法较好，因为真空干燥时 PET 不与氧气接触，这有利于控制 PET 的高温热氧老化，提高产品质量。PET 的真空转鼓干燥条件如下：蒸气压力 $0.3\sim0.5$MPa，真空度 $98.66\sim101.325$kPa，干燥时间 $8\sim12$h。

2. PET 熔体挤出铸片

将干燥好的 PET 树脂熔融挤出塑化后，再通过粗、细过滤器和静态混合器混合后，由计量泵输送至机头，然后经过急冷辊冷却成厚片待用。挤出铸片的工艺条件为：挤出机输送段温度 240～260℃，熔融塑化段温度 265～285℃，均化段温度 270～280℃，过滤器（网）温度 280～285℃，熔体线温度 270～275℃，铸片急冷辊温度 18～25℃。

3. PET 厚片的双向拉伸

薄膜的挤出双轴（向）拉伸是将从挤出机挤出的薄膜或片材在一定温度下，经纵、横方向拉伸，使分子链或待定的结晶面进行取向，然后在拉伸的情况下进行热定型处理。经过双轴拉伸的薄膜，由于分子链段定向，结晶度提高，因此可显著提高拉伸强度、拉伸弹性模量、冲击强度、撕裂强度，改善耐寒性、透明性、气密性、电绝缘性及光泽等。平膜大多采用平面式逐次双轴拉伸工艺。

（1）纵向拉伸工艺　为了提高片材的拉伸质量，拉伸温度和拉伸比的控制至关重要。拉伸温度较高时，拉伸所需的拉伸应力较小，伸长率较大，容易拉伸，但温度过高使分子链段的活动能力加剧，使黏性形变增加反而破坏取向；反之，若拉伸温度较低，定向效果较好，但大分子链段活动能力差，所需拉伸应力较大，容易产生打沿和受力不均匀而引起厚度公差及宽度不稳定。通常双轴拉伸临界温度从定向效率、拉伸功、结晶速率 3 方面来调节。研究无定型 PET 厚片的应力-应变曲线发现，PET 厚片在 80～90℃时所需拉伸功较少，因此拉伸温度控制在 85℃左右较好。为防止片基粘辊，便于均匀拉伸，可采用远红外辅助加热，这可使拉伸温度低于 85℃。

拉伸比是指拉伸后的长度与拉伸前的长度之比。拉伸比越大，沿拉伸方向的强度增加也就越大。但要得到高强度薄膜，拉伸比不能控制在最大，因为在单向拉伸后沿拉伸方向强度增加会使与之垂直方向的强度降低。因此为保证薄膜各向同性，在纵、横方向上都具有优良的性能，就必须使纵向与横向拉伸比相匹配。经多次试验将 PET 厚片纵向拉伸工艺参数选择为：预热温度 50～70℃，拉伸温度 75～85℃，冷却定型温度 30～60℃，拉伸比 3.2～3.5。

（2）横向拉伸工艺　纵拉厚片经导边系统送至拉幅机进行横向拉伸，通过夹子夹在轨道上，张角的张力作用在平面内横向拉伸，使分子定向排列，并进行热处理和冷却定型。

纵拉厚片的预热、拉伸、热定型和冷却都是在一个烘箱内进行的，因此工艺参数的选定要考虑烘箱的长度、产品的产出速度及热风传导和烘箱的保温情况。一般要求热风在烘箱内的循环方式必须使吹到薄膜上下表面的风温、风压和风速一致，且各区温度不能相串，夹子温度要尽量低。热定型的目的是消除拉伸中产生的内应力，从而制得热稳定性好、收缩率低的薄膜。经多次试验横向拉伸工艺参数选择为：预热段温度 80～95℃，拉伸段温度 85～110℃，定型段温度 180～220℃，冷却段温度 30～60℃，拉伸比 3～4。

4. 薄膜的卷取和深加工

BOPET 薄膜由于在横拉时是用夹子夹住边部进行拉伸的，所以被夹住的部分不能被拉伸，在收卷前必须裁去。这部分边料通过牵引、吹边粉碎回收后可按比例回收利用。为了二次加工的需要，产品出厂前需对 BOPET 薄膜进行单面或双面电晕处理，处理过的薄膜表面张力增大，并可增加印刷牢度，改善在镀铝中的性能。BOPET 薄膜的收卷采用中心收卷方式，张力和压力采用自动控制以保证收卷表面平整、松紧一致。

二、常见疵病分析及其解决方法

1. 白色块状不熔物

BOPET 薄膜中出现白色块状不熔物的原因可能是升温时间短或温度低造成熔化温度不够高、挤出机至模头之间保温效果差、原料中含有凝胶粒子。其解决方法包括：增加升温时间或升高温度；适当提高计量泵转速；换料。

2. 有色块状不熔物

出现有色块状不熔物可能是由于挤出系统物料升温过急，时间过长；挤出系统物料保温时间长，温度过高；原料中含有焦料。其解决方法为：严格按停电后升温时间表升温操作；严格按保温后升温时间表操作或换料。

3. 黑丝状不熔物

出现黑丝状不熔物可能是由于少量熔体长期黏附在过滤器中已降解炭化，难以洗掉或过滤碟老损泄漏；过滤器曾局部超高温使用；过滤器清洗不净。

其解决方法为：及时更换超过使用寿命的过滤碟和已知存有大量炭化物的过滤碟；严格控制过滤器的温度；严格按清洗的三个步骤执行，特别是排污和三甘醇清洗时的温度、时间尤其重要，另外对过滤芯也要清洗。

4. 薄膜厚度不均匀

造成纵向厚度不均匀的原因为：①挤出机、计量泵转速不稳定；②冷却鼓转速不稳定、上下振动及偏心；③进料量、切片温度、结晶度波动，时有"抱螺杆"状况；④树脂熔体黏度变动；⑤纵向拉伸速度、温度及倍率不稳定。

造成横向厚度不均匀的原因为：①树脂熔体黏度、温度沿断面分布不均匀；②模唇口局部温度波动；③测厚反馈滞后、不灵敏；④从铸厚片到纵向拉伸的工艺过程中，由于温度不均匀或同步性不好，导致物理结构（结晶度、取向度等）沿横向分布不一致，在横向拉伸时发展的厚度不均匀；⑤纵拉拉伸机所用红外灯管各段的功率不一致。

其解决方法为：调整设备，控制好树脂熔融温度。

5. 条道

纵向条道的成因为：①模唇内有异物阻碍熔体流动。被异物分开的熔融物料在流过异物后会再汇合起来，但在流至冷却鼓之前的短时间内，却未能借助表面张力使之流平，故形成条道。这样形成的条道有时会夹带气泡。②模唇口沾污，在熔体膜表面拖带出条道。这种条道较细，是单一条纹。物料挥发物多，熔体膜表面与模唇口面之间的夹角偏小时，易出现这种条道。

横向条道的成因为：①堆积式铸厚片；②冷却鼓上下振动；③剥离厚片时造成抖动。

其解决方法为：适当降低熔体黏度，以减少或消除纵向条道；采取较大的速度——冷却鼓面线速度或熔体从模唇口被挤出的速度，以减少或消除横向条道。

6. 晶点（瓷白或微黄的小点）

晶点是树脂长时间静置于高温，缓慢结晶而成的高结晶、完整结晶产物。可在树脂合成过程中形成，也可在挤出加工中（如挤出铸厚片设备中存在的料流"死角"）或暂停生产时形成。

其解决方法为：①加强熔体过滤；②减少"死角"，除选用质优的设备外，还要注意树脂更换、车速转换；③选用过滤性好的树脂；④停机后恢复生产时，可把机头等部位升温至晶点的熔点温度，把积料充分熔化，然后再返回操作工艺温度。

7. 凝胶、黄点、黑点

凝胶是交联的网状 PET。它们没有熔点，也不溶解，但可溶胀，有弹性，通常很难过滤掉。PET 形成凝胶的原因主要是氧化。氧化的结果不仅生成凝胶，而且氧化加深还导致凝胶变黄成黄点，直至炭化为黑点。

PET 被氧化为凝胶-黄点-黑点，可发生于树脂合成过程，也可发生于烘干和挤出加工过程，只要树脂处于高温和有氧的环境之中就会发生。

对于切片干燥过程形成凝胶、黄点、黑点的原因为：①在 160～210℃ 的空气环境中干燥时表面氧化；②切片中粉尘多，除尘未尽。

挤出铸厚片过程形成这些疵病的原因为：①挤出机的压缩段设计不合理，挤压时未能完全排除切片间的空气；②挤出机各段温度设置不合理，导致树脂切片未充分压紧排尽空气便已熔融；③换过滤网时带入空气。这些可通过严格工艺操作来解决。

8. 气泡

气泡来源于树脂切片中存在有气泡、挤出工艺不当及树脂高温氧化分解。

树脂切片中存在有气泡是由于：①铸条切粒工艺不当；②间歇工艺或半连续工艺生产时，由于用氮气加压出料，氮气被夹带到树脂切片中。

挤出工艺不当可能是：①挤出机压缩比偏低，切片堆积密度小；②进料段温度不当，有"抱螺杆"情况；③切片未压紧便进入熔融段，有空气混入；④切片含水过高。

树脂分解可能是：①工艺温度过高，且有空气混入；②树脂热稳定性不好。

其解决方法为：严格工艺操作或更换热稳定性好的树脂。

9. 穿孔

产生穿孔的原因是：在厚片中存在有疵点，导致局部受热不均匀（一般是偏低），在纵、横向拉伸时，其拉伸取向程度与周围正常的膜不同，当拉伸进入热定型时，热收缩应力造成拉伸取向程度不同的位置的应力敏感和开裂，同时断裂开的膜收缩成较厚的一块，形成穿孔。

其解决方法可参照疵点的产生原因，设法排除（加强对物料过滤等）或避免其产生。

10. 划痕、擦痕

划伤是膜的速度与辊的速度不一致所造成的，膜在轴表面滑移，构成摩擦，若辊表面上有凸起的点，或被挥发物污染，则会划伤膜表面。大母卷上的划伤是在纵向拉伸辊上产生，产品膜上的则还可能在分切时产生。

应该指出的是，除挥发物污染外，处于薄膜表面的添加剂粒子，有时会因摩擦而脱落，并构成对薄膜表面的划伤。添加剂脱落造成的划伤没有周期性，据此可与上述的辊表面上有凸起点，或被挥发物污染造成的划伤相区别。

其解决方法如下。①检查与薄膜运行中接触的各辊，消除凸起点或粗糙部位，调整其速度。可从划痕出现周期的长度来寻找造成划伤的辊。②经常清除污染物。可用水等进行清洗，如有必要可用砂纸打磨除之。③选用添加剂母料时，控制添加剂粒子直径小于 $5\mu m$。

总之：两步法双向拉伸制备 BOPET 薄膜工艺技术成熟，工序简便。薄膜产品出厂前，务必进行后加工处理，这是提高产品质量的有效手段。常见疵病的产生，与各工序的操作密切相关，只要严格操作规程，精心控制，避免疵病产生，就能制备出质量合格的产品。

第六章 双向拉伸塑料薄膜原材料及产品检测方法与测试仪

第一节 双向拉伸聚酯薄膜的质量控制及性能检测重要性与目的

对包装用双向拉伸聚酯薄膜加工商来说，在生产过程中实现对双向拉伸聚酯薄膜的质量控制及性能检测非常关键。基于加工商对质量指标及其控制的严苛要求，本文详细介绍了薄膜的厚度均匀性、力学性能、光学性能、表面性能、热性能及阻隔性能等方面的质量控制技术及相应的性能检测方法。

一、聚酯薄膜的厚度均匀性

作为一项重要的质量指标，聚酯薄膜的厚度均匀性将直接影响薄膜卷的外观质量，甚至内在性能，因此生产过程中必须严加控制。在自动化程度很高的双向拉伸薄膜生产线上，薄膜的厚度通常采用精度很高的在线非接触式测厚仪和反馈控制系统进行自动检测和控制。

1. 薄膜厚度均匀性的控制

一般双向拉伸薄膜的厚度均匀性包括纵向厚度均匀性和横向厚度均匀性。在薄膜的生产过程中，在线测厚仪通过连续不断地对纵向平均厚度和横向截面厚度进行多次扫描，并将测得的厚度平均值与目标值进行比较，然后通过调整挤出量或冷鼓速度，自动控制薄膜的平均厚度。

纵向厚度均匀性与挤出熔体的压力稳定性、冷鼓速度的稳定性以及纵向拉伸工艺等因素有关。需要指出的是，不管是通过改变熔体泵的转速，还是改变冷鼓转速来控制薄膜的纵向厚度均匀性，都要满足以下两点要求。

（1）PET熔体进入模头时的压力必须稳定。这就要保证，设在计量泵前的压力传感器和设在模头前的压力传感器的熔体压力相对稳定，从而保证进入模头的PET熔体流的压力平稳，没有明显的波动。

在双向拉伸塑料薄膜生产线的挤出系统中都配有熔体压力检测和压力反馈控制系统，否则，很难获得优质的塑料薄膜。通常，熔体压力检测点分布在挤出机的出口、计量泵之前、过滤器之前、过滤器之后及模头入口处。一般只需检测计量泵前的压力，并通过压力调节系统改变挤出机的螺杆转速，控制计量泵前的压力，即可实现对纵向厚度均匀性的控制。

（2）PET 熔体的温度应当均一且无温差。PET 熔体在熔体管内流动时，因沿管壁流动的熔体与管中心的熔体存在较大的温度差（十几摄氏度），而温度的高低将直接影响 PET 熔体的黏度，进而影响熔体的流动性。为此，在进入模头前的熔体管中，需要安装若干混合元件的静态混合器。比如，若有 n 个混合元件，那么流过静态混合器的熔体就有 $2n$ 次分/合过程，PET 熔体通过静态混合器的多次分离-混合，可实现温度的均衡统一以及出料量的平稳。

薄膜的横向厚度均匀性与模头开度（各热膨胀螺栓）的调节直接有关。一般，模头配置有若干个热膨胀螺栓，并对热膨胀螺栓的加热和冷却实施自动控制。每只热膨胀螺栓有一定的加热功率，而所有的加热螺栓均处于 APC 的控制中。

当相应螺栓位置的薄膜厚度偏大或偏小时，系统经过计算，会相应地增大或降低该螺栓的设定温度。温度控制器则按设定温度对该螺栓的加热功率进行控制，即对该螺栓的温度予以相应的调节，螺栓所在位置的开度则由于热胀冷缩的作用相应变小或变大，从而使厚度变薄或增厚，达到不断优化和控制横向厚度的目的。

同时，薄膜横向厚度均匀性还与拉伸温度有关。聚酯厚片进入纵拉机后，应保持各个纵拉辊，特别是用于辅助加热的远红外加热器的横向温度的均匀性。

同样，经过纵向拉伸的薄膜进入横拉机后，对预热段、拉伸段及热定型段等各段横向温度的均匀性的控制非常重要，这是因为，拉伸过程是在高弹状态下进行的，只有确保横向温度的均匀性，才能保证聚酯薄膜的横向均匀拉伸，从而保证薄膜厚度的均匀性。

此外，拉伸温度的高低对薄膜的厚度均匀性也有较大的影响。若横向拉伸温度偏高，容易产生中间薄两边偏厚的情况。这时，推荐采用低温、快速拉伸工艺。

2. 聚酯薄膜厚度的检测

按 GB/T 16958 国标的规定，聚酯薄膜的平均厚度偏差≤±3％，最大/最小厚度偏差≤±6％。

上述标准主要针对聚酯薄膜生产过程的厚度控制与检测，而对成品膜厚度的检测则是按照 GB/T 6672—2001《塑料薄膜和薄片厚度测定——机械测量法》的规定进行。试验时，常采用立式光学仪或其他高精度接触式测厚仪进行薄膜厚度的离线测量，其测量精度为 $0.1\mu m$。

二、聚酯薄膜的力学性能

聚酯薄膜的力学包括拉伸强度、断裂伸长率和弹性模量等。通常，聚酯薄膜的力学性能与原材料的性质和拉膜的工艺条件有关。

1. 原料——聚酯切片

聚酯切片最主要的质量指标是特性黏度。特性黏度越高，表明分子量越高，大分子的链段越长，分子间的引力越大，则拉伸成膜后的力学强度相应也就越高。例如，对于磁带带基和金拉线用聚酯薄膜，可选用特性黏度偏上限的聚酯切片为原料。

薄膜级聚酯切片的特性黏度一般在 0.64 ± 0.015。若要提高聚酯薄膜的拉伸强度和弹性模量，可选用特性黏度偏高的 PET 树脂。

2. 拉膜的工艺条件

拉伸方式和拉伸比的大小可直接影响薄膜的力学强度。在一定范围内提高拉伸倍数，可大大提高薄膜的拉伸强度和拉伸弹性模量。例如，为制取强化膜或其他高强度薄膜，可采用二点拉伸法或纵-横-纵的拉伸工艺，使拉伸倍数达 4 倍以上，并可将薄膜的纵向拉伸强度提升至 $260 \sim 280$ MPa（通常，PET 薄膜的拉伸强度约为 200MPa）。另外，在横拉后适当提高热定型温度，可提高结晶度，也有利于薄膜力学强度的增加。

3. 聚酯薄膜力学性能的检测

拉伸强度表示在单位截面上所承受的拉力，是塑料薄膜最重要的力学性能之一。一般 BOPET 薄膜的拉伸强度最高，达 200MPa 以上。

断裂伸长率表示一定长度的薄膜在单位截面上承受最大拉力而发生断裂时的长度减去原来长度，再与原来长度的比值，主要用于表征薄膜的韧性。如断裂伸长率偏低，则表示薄膜的脆性较大。BOPET 薄膜的断裂伸长率一般在 100% 左右。

弹性模量也是一项重要的力学性能，它表示薄膜在弹性范围内所受的应力与应变之比，主要表征薄膜的刚性或挺度。BOPET 薄膜的弹性模量在 4000MPa 以上。

上述 3 项力学性能的测试方法按 GB/T 1040.3《塑料拉伸性能的测定——第三部分》进行。试样采用长 150mm，宽 (15 ± 0.1) mm 的长条形，夹具间距离为 100mm，拉伸速度为 (100 ± 10) mm/min，分别测试纵向和横向试样各 5 条，并取其平均值。对于上述力学性能的检测，可使用拉力试验机来完成，其量程为 500N。

三、聚酯薄膜的光学性能

1. 聚酯薄膜光学性能的控制

聚酯薄膜的光学性能包括透光率、雾度和光泽度等。其中，雾度指透过透明薄膜而偏离入射光方向的散射光通量与投射光通量的百分比，用于表征透明材料的清晰透明或混浊程度。透光率指透过薄膜光通量与入射到薄膜表面上光通量的百分比。光泽度则表示薄膜表面平整、光亮的程度。当薄膜表面光滑平整时,对光线的镜面反射能力强,光泽度就高;当薄膜表面微观表现较粗糙时,则对光线的镜面反射能力弱,光泽度就低。

这些光学参数的控制主要与所使用的原材料有关:PET 树脂有光切片以及母料切片。由于 PET 树脂是结晶性高聚物,其结晶结构虽为细微球晶,但拉伸定向后的聚酯薄膜约有 50% 的结晶度,会对光学性能产生一定影响。为了消除或减少这种影响,可采用 IPA 部分代替 PTA 参与共缩聚反应来制造 PET 树脂,削弱其结晶度,从而使拉膜后的光学性能有所改善。

对于母料切片,即含有开口剂的切片,须注意以下几点:一是,选用开口剂的折射率要与 PET 的折射率相接近,两者的折射率越接近,对薄膜的光学性能影响就越小(SiO_2 的折射率与聚酯的折射率非常接近,因此 BOPET 薄膜通常都采用 SiO_2 作为开口剂);二是,SiO_2 开口剂的粒径要小(微米级~纳米级),分散要均匀,且无凝聚现象;三是,对于高清晰要求的薄膜,可选用有机添加剂母料或胶体 SiO_2。另外,采用 3 层共挤工艺时,开口剂只需在表层加入即可。这样,薄膜中所含开口剂的量相对减少,相应也会减小对薄膜光学性能的影响。

开口剂的添加量以方便薄膜收卷/放卷操作、薄膜之间不发生粘连为原则。这可通过摩擦系数的测试间接加以控制。

2. 聚酯薄膜光学性能的检测

塑料包装材料对薄膜的光学性能有较高的要求。GB/T 16958 国标规定,聚酯薄膜的雾度≤3%,透光率≥85%,光泽度≥85%。

对于雾度与透光率的测定,主要按 GB/T 2410《透明塑料透光率和雾度试验方法》的规定进行。测量仪器采用球面雾度仪,量程为 0~100%。

光泽度可通过对光线的反射能力来测定,检测按 GB/T 8807《塑料薄膜和固体塑料镜面光泽度试验方法》的规定进行。测试仪器选用光泽度仪,其量程为 0~160%。对高光泽度材料,测量时采用 20°折射角,对中高光泽度材料,则常用 45°折射角。

四、聚酯薄膜的表面性能

聚酯薄膜的表面性能包括表面湿张力、摩擦系数和表面粗糙度等。

表面湿张力表示塑料薄膜表面自由能的大小。薄膜的表面张力取决于塑料本身的化学结构。对于非极性高聚物,如 LDPE、HDPE、LLDPE 和 PP 等聚烯烃薄膜,其表面自由能小,故表面湿张力较低,一般只有 30mN/m,根本无法粘接普通印刷油墨或粘接剂。对于极性高聚物,如 PET、PBT、PTT、PEN 和 PETG 等聚酯类薄膜,其表面自由能大。但对于高速印刷或为了提高镀铝层厚度对聚酯薄膜的粘接力，仍需进一步提高其湿张力。

在线化学涂布法是最常用的表面涂布工艺，例如，涂布聚丙烯酸类水溶液、聚氨酯类水溶液及改性聚酯类水溶液等高分子水溶液，可极大改善薄膜的表面性能。

摩擦系数主要表征薄膜表面的微观粗糙度，其大小将影响薄膜的收卷性能和使用性能。通常，摩擦系数分为静摩擦系数和动摩擦系数两种。其中，静摩擦系数是指两块薄膜的接触表面在相对移动开始时的最大阻力与垂直施加于两个接触表面上的法向力之比。动摩擦系数是指两接触表面以一定速度相对移动时的阻力与垂直施加于两个接触表面的法向力之比。动摩擦系数一般要低于静摩擦系数。

在制膜和制袋过程中，薄膜的摩擦系数既是薄膜开口性的量化评定指标，又可作为自动包装机的运行速度、张力调节以及薄膜运行中磨损的参考数据之一。对香烟小包的高速包装，摩擦系数显得尤其重要。

另外，薄膜的摩擦系数对印刷油墨与薄膜之间、镀铝层与薄膜之间的结合力也有很大关系。

摩擦系数的大小可通过添加剂的选择和用量进行控制。一般，聚酯薄膜的摩擦系数控制在 0.4～0.6。

五、聚酯薄膜的热性能

聚酯薄膜的热性能主要包括热收缩率以及聚酯在加工过程中的热稳定性。其中，热收缩率用于表征薄膜在受热情况下的尺寸稳定性，或者说是聚酯薄膜受热变形的程度。热稳定性即指聚酯在结晶干燥、熔融挤出和拉膜过程中热降解的程度。通常，聚酯薄膜的热稳定性与聚酯的聚合度、端羧基含量、薄膜的结晶度、拉伸工艺-热定型温度以及热松弛等因素有关。

1. 聚酯薄膜热性能的控制

为了提高聚酯树脂的热稳定性，避免或减少聚酯在加工过程中的热降解，通常需要在 PTA 与 EG 的酯化-缩聚过程中加入一定量的热稳定剂，如亚磷酸酯类等。但对于聚酯薄膜的尺寸稳定性而言，则主要是通过拉伸工艺来控制：例如，适当提高热定型温度，使其结晶取向更加完善，并使内应力得以充分释放；同时，在热定型末端要让薄膜有足够的热松弛过程，随后使之尽快冷却定型，使拉伸取向的结晶晶格迅速"冻结"并固定下来，从而大为增强其热稳定性，降低受热后的热收缩率。

2. 聚酯薄膜热性能的检测

GB/T 16958 国标中规定，聚酯薄膜的纵向热收缩率≤2.0％，横向热收缩率≤1.5％。对于用作烫金膜、转移膜和胶带膜等用途的聚酯薄膜，要求其横向热收缩率≤0，而护卡膜则要求纵、横向热收缩率基本平衡为好。

对薄膜热稳定性的检测方法是，取 5 片面积为 120mm×120mm 的正方形试样，并在试样的纵、横向中间画有互相垂直的 100mm×100mm 标线。将它们平放在 (150±1)℃ 的恒温烘箱内，保持 30min 后取出。冷至环境温度后，分别测量纵、横向标线的长度，计算出试样的热收缩率，取算术平均值。

六、聚酯薄膜的阻隔性能

作为软塑包装的聚酯薄膜，其阻隔性能是一项重要的质量指标，它将直接影响被包装产品的保质期或货架期。

聚酯薄膜阻隔性的控制：通常，薄膜的阻隔性与塑料材料的固有化学结构有关。根据塑料材料的不同，薄膜的阻隔性有高阻隔、中阻隔及低阻隔之分。聚酯薄膜属于中等阻隔材料。

为了提高聚酯薄膜的阻隔性，需要控制其对 O_2 和水蒸气等的透过率。通常，可采用多层复合、3 层共挤、树脂共混合真空镀铝等改性方法来实现。例如，在 3 层共挤生产线中，A 层采用 PET＋母料，B 层采用 PET＋回料，C 层采用 PEN，可以制得高阻隔性的聚酯薄膜。这是因为，PEN 与 PET 同属于聚酯家族，它们具有很好的相容性，而且 PEN 的阻隔性、耐热性和抗紫外线等性能均远优于 PET。

改善聚酯薄膜阻隔性最简便有效的方法是：在聚酯薄膜的表面通过真空镀铝工艺，镀上一层极薄的铝层。同样，将一定比例的 PEN 与 PET 共混后得到的聚酯薄膜，对氧气和水蒸气的阻隔性能也会得到显著改善，可分别将其阻氧性和阻水蒸气性提高 30%～50% 和 20%～30%。

七、两次拉伸法制成的平衡膜性能的检测举例

BOPET 薄膜的双向拉伸可分为一次拉伸和两次拉伸，以后者应用较多。拉伸后经过热定型的薄膜，称为定型膜，不经过热定型的薄膜则为收缩膜。收缩膜在加热时可以快速收缩，是通过对原料进行共聚改性后制得的薄膜，收缩率可达到 50%。

从种类上分，BOPET 薄膜可分为平衡膜和强化膜。平衡膜的纵横向取向度基本相同，拉伸强度、相对热收缩率相等；强化膜纵横向的取向度不同，其中一个方向的取向度大于另一个方向的取向度。在此，主要介绍两次拉伸法制成的平衡膜（表 6-1）。

表 6-1　两次拉伸法制成的平衡膜

项目	厚度/μm	典型值	测试条件	测试方法
密度/(g/cm³)	所有	1.39～1.40	—	DIN 53466
纵向拉伸强度/MPa	所有	200	23℃ 100mm/min	ASTM D882
横向拉伸强度/MPa	所有	200		

项目	厚度/μm	典型值	测试条件	测试方法
纵向断裂伸长率/%	所有	100	23℃	ASTM D882
横向断裂伸长率/%	所有	110	100mm/min	
纵向弹性模量/MPa	所有	4200	23℃	ASTM D882
横向弹性模量/MPa	所有	4200	100mm/min	
摩擦系数（动）	所有	0.50	23℃	ASTM D1894
摩擦系数（静）	所有	0.60	23℃	ASTM D1894
光泽度/%	12	130	测试角度45°	ASTM D2457
	19	130	测试角度45°	
	23	130	测试角度45°	
	36	130	测试角度45°	
雾度/%	12	2.5	—	ASTM D1003
	19	2.6	—	
	23	3.0	—	
	36	3.5	—	
透光率/%	12	91		ASTM D1003
	19	91		
	23	90		
	36	90		
纵向收缩率/%	所有	1.5	150℃,30min	ASTM D1204
横向收缩率/%	所有	1.0	150℃,30min	ASTM D1204
表面张力/(mN/m)	所有	处理面 56 非处理面 41	—	ASTM D2578

第二节 双向拉伸塑料薄膜的拉伸强度测定及其测试仪

一、拉伸强度的测试的目的

对于塑料软包装来说，如何进行拉伸强度测试，做出符合标准要求的包装袋，避免被质检系统曝光，是当务之急。尤其是近日国家质量监督检验检疫总局曝光部分不合格塑料袋厂家后。

那么，怎么进行拉伸强度的测试呢？根据有关国家标准和笔者的实际操作经验，探讨如下。

二、塑料薄膜的制样

对于塑料卷膜来说，需要去掉表面三层裁取，或者解卷后 1m 后的地方裁取，一般要沿样品宽度方向大约等间隔取样。平膜舍弃边沿不平整办法取样。塑料袋子要经向、纬向、缝合、黏合部分都取样，试样形状除另有规定，过去一般采用哑铃形，近年大部分采取长条形的。

用配备的取样刀直接裁取宽度 15mm，总长度 150mm，标距为 50mm 的长条形试样。要求试样应该边缘平滑无缺口。可用放大镜检查缺口，舍去边缘有缺陷的试样。试样按纵横每个试验方向为一组，每组试样不少于 5 个。

试样需在 23℃，相对湿度 50％的恒温恒湿箱中稳定试样 4h。

三、拉伸强度的测试

将稳定好的试样置于 LDX-200 电子拉力机的上下两夹具中，尽量使试样纵轴与上、下夹具中心连线相重合，并且要松紧适宜，以防止试样滑脱和断裂在夹具内（夹具内已衬橡胶类的弹性材料）。

在微电脑操作面板处设定试验的参数，如试验速度、要求结果、试样长度等参数（表 6-2）。

表 6-2　各种膜、袋标准要求的试验速度（空载）

品名	速度/(mm/min)	标准号	备注
双向拉伸聚苯乙烯(BOPS)片材	50±5	GB/T 16719—1996	
食品包装用聚氯乙烯硬片、膜		GB/T 15267—94	
双向拉伸聚酯薄膜	100±10	GB/T 16958—1997	
电气绝缘用聚酯薄膜		GB 13950—92	
电容器用聚丙烯薄膜		GB/T 12802—1996	
热封型双向拉伸聚丙烯薄膜		GB/T 12026—2000	
双向拉伸聚丙烯珠光薄膜		BB/T 0002—94	
双向拉伸尼龙(BOPA)/低密度聚乙烯(LDPE)复合膜、袋		QB/T 1871—93	Ⅳ型
食品包装用硬质聚氯乙烯薄膜		GB 1 0805—89	
液体食品保鲜包装用纸基复合材料(屋顶包)		GB 18706—2002	
液体食品无菌包装用复合袋		GB 18454—2001	
榨菜包装用复合膜、袋		QB 2197—1996	
纸-塑不织布复合包装袋	200±20	QB 1123—91	

续表

品名	速度/(mm/min)	标准号	备注
聚丙烯吹塑薄膜		QB 1956—94	
聚偏二氯乙烯(PVDC)涂布薄膜		BB/T 0012—1997	
聚乙烯自粘保鲜膜		GB 10457—89	
软聚氯乙烯吹塑薄膜		QB 1257—91	
软聚氯乙烯复合膜		QB 1260—91	
软聚氯乙烯压延薄膜和片材		GB 3830—83	
食品包装用聚偏二氯乙烯(PVDC)片状肠衣膜	250±25	GB/T 17030—1997	Ⅳ型
聚乙烯气垫薄膜		QB 1259—91	
耐蒸煮复合膜、袋		GB/T 10004—1998	
液体包装用聚乙烯吹塑薄膜		QB 1231—91	
运输包装用拉伸缠绕膜		BB/T 0024—2004	
双向拉伸聚丙烯(BOPP)/低密度聚乙烯(LDPE)复合膜、袋		GB/T 10005—1998	Ⅳ型
通用型双向拉伸聚丙烯薄膜		GB/T 10003—1996	Ⅳ型
未拉伸聚乙烯、聚丙烯薄膜		QB/T1125—2000	
包装用降解聚乙烯薄膜		QB/T 2461—1999	
包装用聚乙烯吹塑薄膜	500±50	GB/T 4456—1996	
高密度聚乙烯吹塑薄膜		GB 12025—89	
聚乙烯热收缩薄膜		GB/T 13519—92	

各种不同材料和性能薄膜的拉伸试验速度要求不同，应按被测材料有关规定要求的速度进行选择。如果没有规定速度，考虑到材料的蠕变性能，则一般比较薄的薄膜选择速度高一些，厚的选择速度低。

四、测试仪

1. 摩擦系数

产品型号：MC-600

摩擦系数测试仪主要特征

（1）试验全过程由单片机控制。

（2）摩擦系数测试仪采用大液晶显示器，全中文面板操作，可显示打印试验结果。

（3）可打印一组（最多6组）检测结果及平均值，数值精确到小数点后四位。

（4）可存储6组试验结果及曲线，可查看掉电保存。

（5）该仪器符合 GB/T 10006—1988 国家检测标准和 ISO 8295—1986《塑料——薄膜和薄片——摩擦系数的测定》。

2. 薄膜雾度仪

产品型号：WDY

光电雾度仪的用途

WDY 光电雾度仪是根据 GB 2410—80 及 ASTM D1003—61（1997～2004年）设计的小型雾度仪。光电雾度仪适用于平行平板或塑膜样品的测试，能广泛应用于透明、半透明材料雾度、透光率的光学性能检验。

仪器具有结构小巧，使用操作方便的特点。光电雾度仪适用于下列各种材料的透光率和雾度值的测定。

在各种透明包装用薄膜、各种有色、无色有机玻璃、航空等领域用途。

3. 薄膜测厚仪

产品型号：BMH-J3 型

薄膜测厚仪用途

仪器适用于下列各种材料的透光率和雾度值的测定。

（1）各种透明包装用薄膜，包括：双向拉伸聚丙烯珠光薄膜、单向拉伸高密度聚乙烯薄膜、聚丙烯吹塑薄膜、热封型双向拉伸聚丙烯薄膜/普通型双向拉伸聚丙烯薄膜，未拉伸聚乙烯、聚丙烯薄膜、双向拉伸聚酰胺（尼龙）薄膜、双向拉伸聚苯乙烯片材、食品包装用聚氯乙烯（PVC）硬片、膜。

（2）各种有色、无色有机玻璃。

（3）航空、汽车用玻璃。

（4）摄影胶卷片基。

4. 高精度吹膜宽度监控仪

该仪器有高的分辨率，当膜泡直径小于 0.6mm 时，就能自动补气，使薄膜尺寸始终在设定值上，膜卷两端整齐。若膜泡断掉，又会报警告知。使用该仪器后，可避免因没有及时补气而出现废品，特别是夜间生产，以及超薄薄膜、夹链自封袋膜和用废旧为原料等容易漏气的薄膜生产。

第三节　双向拉伸塑料薄膜厚度的常用测量方法及其与测厚仪

一、双向拉伸塑料薄膜厚度的常用测量方法

双向拉伸塑料薄膜厚度是否均匀一致是检测薄膜各项性能的基础。很显然，倘若一批单层薄膜厚度不均匀，不但会影响到薄膜各处的拉伸强度、阻隔性等，更会影响薄膜的后续加工。对于薄膜管件，厚度的均匀性更加重要，只有整体厚

度均匀，它的抗爆破能力才能提高，另外，对产品的厚度采取合理的控制，不但提高产品质量，还能降低材料的消耗，提高生产效率。因此，薄膜厚度是否均匀、是否与预设值一致、厚度偏差是否在指定的范围内，这些都成为薄膜是否能够具有某些特性指标的前提。薄膜厚度测量是薄膜制造业的基础检测项目之一。

1. 塑料薄膜厚度的测试最早用于薄膜厚度测量的是实验室测厚技术

之后，随着射线技术的不断发展逐渐研制出与薄膜生产线安装在一起的在线测厚设备。20 世纪 60 年代在线测厚技术就已经有了广泛的应用，现在更能够检测薄膜某一涂层的厚度。同时，非在线测厚技术也有了长足的发展，各种非在线测试技术纷纷兴起。在线测厚技术与非在线测厚技术在测试原理上完全不同，在线测厚技术一般采用射线技术等非接触式测量法，非在线测厚技术一般采用机械测量法或者基于电涡流技术或电磁感应原理的测量法，也有采用光学测厚技术、超声波测厚技术的。

2. 在线测厚较为常见的在线测厚技术有 β 射线技术、X 射线技术、电容测量和近红外技术

（1）β 射线技术是最先应用于在线测厚技术上的，它对于测量物没有要求，但 β 传感器对温度和大气压的变化以及薄膜上下波动敏感，设备对于辐射保护装置要求很高，而且信号源更换费用昂贵，Pm147 源可用 5～6 年，Kr85 源可用 10 年，更换费用均在 6000 美元左右。

（2）X 射线技术这种技术极少为薄膜生产线所采用。X 光管寿命短，更换费用昂贵，而且不适用于测量由多种元素构成的聚合物，信号源放射性强。

（3）近红外技术近红外技术在在线测厚领域的应用曾受到条纹干涉现象的影响，但现在近红外技术已经突破了条纹干涉现象对于超薄薄膜厚度测量的限制，完全可以进行多层薄膜总厚度的测量，并且由于红外技术自身的特点，还可以在测量复合薄膜总厚度的同时给出每一层材料的厚度。近红外技术可用于双向拉伸薄膜、流延膜和多层共挤薄膜，信号源无放射性，设备维护难度相对较低。

（4）在线测厚设备的应用情况在线测厚能够以最快的速度获取厚度测试数据，通过数据分析，及时调整生产线的参数，缩短开车时间。但是在线测厚设备必须配备与生产线相匹配的扫描架，这在一定程度上限制了在线测厚设备的重复利用。而且由于薄膜生产线往往需要长期连续工作，因此相应的在线测厚设备也就必须长期工作。在设备的价格上，在线测试设备一般要比非在线测试设备贵很多，而且前者的运行费用与维护费用也比较高。

3. 非在线测厚非在线测厚技术

主要有接触式测量法和非接触式测量法两类，接触式测量法主要是机械测量法，非接触式测量法包括光学测量法、电涡流测量法、超声波测量法等。由于非在线测厚设备价格便宜、体积小等原因，应用领域广阔。

234

（1）涡流测厚仪和磁性测厚仪涡流测厚仪和磁性测厚仪一般都是小型便携式设备，分别利用了电涡流原理和电磁感应原理。专用于各种特定涂层厚度的测量，用于测量薄膜、纸张的厚度时有出现误差的可能。

（2）超声波测厚仪超声波测厚仪也多是小型便携式设备，利用超声波反射原理，可测金属、塑料、陶瓷、玻璃以及其他任何超声波良导体的厚度。可在高温下工作，这是很多其他类型的测厚仪所不具备的，但对检测试样的种类具有选择性。

（3）光学测厚仪利用光学原理。从测试原理上来说光学测厚仪可达到极高的测试精度，但是这类测厚仪在使用及维护上要求极高：必须远离振源；严格防尘；专业操作及维护等。使用范围较窄，仅适用于复合层数较少的复合膜。

（4）电容测量温度稳定性好，结构简单，测量速度快，可实现非接触测量，缺点是容易受环境干扰而测量不准，安装调试复杂，被测物与仪器的安装位置有直接关系。

（5）机械测厚仪，是一种接触式测厚方法，它与非接触式测厚方法有着本质的区别——能够在进行厚度测量前给试样测量表面施加一定的压力（点接触力或面接触力），这样可以避免在使用非接触式测厚仪测量那些具有一定压缩性、表面高低不平的材料时可能出现数据波动较大的现象。机械测厚仪采用最传统的测厚方法，数据稳定可靠，对试样没有选择性。由于机械测厚仪的测试精度主要取决于测厚元件的精度，所以市场上的机械测厚仪的测试精度参差不齐。

此外，机械测厚仪的核心元件——测量头及测量面——对于微小的振动都十分敏感，所以在有振源的环境中测量精度没有任何意义。为了避免自身的振动，并尽可能地减少外界振动的影响，设备底座都采用重而宽的金属制成，这在一定程度上保证了测厚精度，却也给机械测厚仪的小型化和轻便化带来了很大的困难。环境温度和风速同样可以影响传感器的精度，因此必须在实验室环境内使用。国际上制定了很多关于机械式测厚设备的标准（这在包装材料测厚领域内是比较罕见的，其他类型的测厚设备少有标准的支持），ISO 534：1988，ISO 4593：1993，ASTM D 645—97，GB/T 6672—2001 等。需要指出的是，常见的机械测厚仪有点接触式测厚仪和面接触式测厚仪两类，由于测量头与试样的接触面积不同，测量头的施力不同，施力速度不同，相同的试样（这里假设厚度均匀一致）使用这两类测厚仪很可能得到不同的测试结果，这主要是由于可压缩试样在不同的情况下产生的形变率往往不相同。因此，在选择机械测厚仪测试时必须严格执行所参照标准的测试条件和测试要求。

（6）非在线测厚设备的应用情况非在线测厚设备的销售量要比在线测厚设备大一些，一方面，它的价格便宜；另一方面，相对于在线测厚设备，非在线测厚仪器都可以比较方便的搬运移动；再有，非在线测厚设备的使用与在线测厚设备的使用并不冲突，两者可以有效配合，提高产品合格率。对于某些试样使用不同的测厚仪可能会得到不同结果，这一方面是由于各种测厚仪的测试原理差异较大，除机械测厚仪外的其他类型测厚仪往往对试样的材质具有选择性，通用性较差；另一方面，软包材多数具有可压缩性。今年我公司成功开发出国内第一款高精度的机械测厚仪，测试分辨率在 $1\mu m$，如此高精度的机械测厚仪在国际上也是很罕见的。因此此类测厚仪的推出在我国塑料行业内引起了巨大的轰动。

二、聚酯薄膜生产中的金属检测技术

聚酯薄膜也称"双向拉伸聚酯薄膜"，由于其自身优异的综合性能，目前已被用于制作印刷电路板、触摸开关基膜、烫金膜和移印膜等广泛应用于包装、电子电器和印刷等行业的产品中。随着食品和医疗等行业法规的建立健全，聚酯薄膜在得到广泛应用的同时，也面临着更高的应用挑战：进步薄膜的质量，不仅要求达到极高的纯净度，而且表面要实现零缺陷。为了保证产品质量并确保生产的连续性，越来越多的生产商开始在生产的多个阶段应用金属检测分离技术。随着行业竞争的日益激烈，在生产中运用金属检测技术来进步生产率，保证薄膜质量已成为一种趋势。

保证原料纯度：

想要获得高质量的聚酯薄膜，首先考虑确当然是生产的源头——产品原料。在生产过程中，要求塑料原料要纯净，杂质含量要少，没有灰尘，尤其是无金属杂质。由于金属杂质的存在会极大地影响塑料原料的熔点和黏度的稳定性，进而对原料的后续加工造成很大的影响。目前，无论从环保的角度出发，还是从经济利益出发，越来越多的厂商开始在原料中混合使用一定比例的自产粉碎回料，而这一做法的直接后果是，金属的存在概率也大大增加。因此，要确保原料的纯正，在原料进进下道工序之前对其进行金属检测非常必要。

三、薄膜测厚仪

产品特点：BMH-J3 型数显薄膜测厚仪

(1) 数显薄膜测厚仪主要技术指标：

测量范围：0～25mm

分辨率：0.001mm

电源：氧化银电池 SR44

工作温度：0～+40℃

储运温度：-20～+70℃

相对湿度：≤80%

(2) 数显薄膜测厚仪主要功能：数据输出；任意位置置零；公英制转换；自动断电。

（3）数显薄膜测厚仪使用说明：

① 在位置（1）数据输出接口处可以输出数据，接口为容栅。

光电雾度仪是按国家标准"GB 2410—86"透明度和雾度的测试方法设计和制造。光源采用标准 C 光源；光电转换符合 V（人）标准值，采用最佳积分球式光学系统。仪器结构合理，操作方便。

② 主要精度指标及测量范围

测量范围内透明度：0～100%

雾度：≤30%

分辨率 0.1

准确度±2%F.S

重观性≤1%

试样尺寸 50mm×50mm（大尺寸样品、试样室可移出）

工作环境温度 0～30℃

电源电压（220±20）V，50Hz

③ 仪器外形、结构

包括：1、光源 2、数显窗 3、样品室 4、T2T4 键 5、"100"旋钮 6、"0"旋钮 7、电源开关 8、电源指示灯。

④ 仪器工作原理

一束平行光束入射某介质（如透明塑料）时，由于物质光学性质的不均匀性；表面缺陷，内部组织的不均匀，气泡和杂质存在等，光束就会改变方向（扩散和偏折），产生的部分杂乱无章光线称散射光。

国际上规定用透过试样而偏离入射光方向的散射光通量与透射光通量之比用百分数来表示，这就是所谓雾度。雾度大的试样给人的感觉将更加模糊。

光线在透过试样时还会产生损失，即穿过试样的透射光通量永远小于照射到试样上的入射光通量。两者之比，用百分数表示，国际上定义为透光率。

引起透光率下降的原因是试样两个表面对光线的反射和试样对入射光线的全波长或部分波长的光能量吸收等。

在测试样品的雾度和透光率过程中，必须计量入射光通量，透射光通量、仪器散射光通量，试样的散射光通量。

数据处理按"GB 2410—80"试验方法计算。

避免了在输送过程中金属杂质进进挤出机的可能，从而确保生产的顺利进行

基于上述原因，德国双仕分拣技术有限公司（以下简称"S＋S公司"）推出了其经济型 RAPID COMPACT 金属分离器。不同于除铁器，金属分离器能剔除铁、铜和不锈钢等所有金属杂质。一旦发现金属杂质，该金属分离器将立即启动剔除翻板，自动分离受污染的原料。

1. 保护设备，确保连续生产

除了纯净的原料，优质的设备也是生产高质量薄膜必不可少的条件之一。以德国布鲁克纳公司的三层共挤双向拉伸聚酯薄膜生产线为例。该生产线采用流水线式操纵方式连续供给原料，为了确保生产的顺利进行，必须保证供料不能中断以及挤出机的正常运作。对于设备而言，良好的维护十分必要。由于金属杂质的进进极有可能损坏螺杆和机筒。而一旦设备受损，不仅维修用度昂贵，而且停工期间的生产损失也是无可估量的。

一般经济型 RAPID COMPACT 金属分离器一旦发现金属杂质，将立即启动剔除翻板。

2. 自动分离受污染的原料，保证原料的纯度

挤出机专用的 MFE 金属分离器正是 S＋S 公司针对这种应用需求而设计的。该设备可直接安装在挤出机的进料口上方，避免了在输送过程中产生的金属杂质进进挤出机的可能，尤其适用于满管下料的应用。与 RAPID COMPACT 系列相比，这款设备的检测精度更高，而且剔除机构经过特殊设计后，可在不影响物料流的连续供给的情况下，顺利完成剔除金属杂质的任务，因此丝尽不会影响生产的连贯性。

3. 保护回收粉碎系统

很多时候，生产中产生的次品或废品会经过粉碎回收后，重新被用于生产。但是，由于废物的堆放地点通常比较混乱，回收的废物中经常会混进螺母或螺钉等较大的金属杂质，破坏粉碎机的刀片。因此，在回收前对次品和废品进行金属检测也是十分必要的。为此，S＋S 公司专门针对这种应用需求推出了通道式金属检测机。该设备直接安装在粉碎机的前端，检测到金属后会自动报警并停机，以便人工拣出金属，或配备不同的剔除机构进行自动分离。

第七章　典型双向拉伸塑料薄膜的应用

双向拉伸技术是 20 世纪 70 年代开始实现工业化的一种薄膜加工工艺。双向拉伸薄膜在近十年来迅速发展，并成为各种高性能包装用膜的主要包装材料。目前市场上应用较多的双向拉伸薄膜以 BOPP 和 BOPET 为主流，BOPA 与 BOPS 近几年也发展起来，并成为双向拉伸薄膜应用的重要组成部分。

BOPP 薄膜应用之广、污染之低以及对森林自然资源的保护，使其成为比纸张和聚氯乙烯（PVC）更受人欢迎的包装材料；制造工艺简易可靠、价格合理又使它成为比双向拉伸聚酯（BOPET）薄膜和双向拉伸尼龙（BOPA）薄膜更为普遍使用的包装材料。BOPP 膜可与其他特殊性能的材料复合以进一步提高或改善性能，常用的材料有 PE 膜、流涎聚丙烯（CPP）膜、聚偏氯乙烯（PVDC）膜、铝膜等。

双向拉伸薄膜性能优异，在包装行业获得广泛应用。预计 5～10 年内，双向拉伸薄膜仍将维持较快的发展速度。但是，双向拉伸塑料薄膜的应用中，各种不同基材的双向拉伸材料各具特点，在选用时需要特别注意。

第一节　双向拉伸聚丙烯薄膜的应用

随着国内市场需求的增大，我国 BOPP 膜行业的生产能力得到大幅度增加和发展。

BOPP 薄膜应用范围的拓宽和要求加速了各种 BOPP 膜用功能性添加剂母料开发和应用。随着 BOPP 薄膜市场应用范围的不断拓宽和应用领域性能要求的专门化，BOPP 薄膜产品的种类将会增多。

一般双向拉伸聚丙烯薄膜可以分为热封型和非热封型两大类。这里我们分别介绍各自的特点和用途。

一、非热封型双向拉伸聚丙烯薄膜

1. 特点

单层双向拉伸聚丙烯薄膜是在聚丙烯均聚物的主料中，加入的有关特殊功能的母料制成的，这种薄膜没有热封性。

2. 用途

（1）印刷平膜　印刷图案后与 PE、PA、BOPP 及铝箔复合，制成袋用于包装食品、洗涤剂、纺织品、茶叶等；印刷图案后，直接用做花托、装饰薄膜、挂历等。

（2）纸-塑复合膜　与纸或卡纸复合制作瓶（盒）类，盛装液体（如酒类、饮料、药品等）包装盒。

（3）粘胶带膜——作为粘胶带的带基。

二、热封型双向拉伸聚丙烯薄膜

为了得到对热封型双向拉伸聚丙烯薄膜较好的综合性能，在使用过程中通常采用多层复合的方法生产。BOPP 可以与多种不同材料复合，以满足特殊的应用需要。如 BOPP 可以与 LDPE（CPP）、PE、PT、PO、PVA 等复合得到高度阻气、阻湿、透明、耐高、低温、耐蒸煮和耐油性能，不同的复合膜可应用于油性食品、珍味食品、干燥食品、浸渍食品、各种蒸煮熟食、味精、煎饼、年糕等包装。

一般热封膜分为单面热封膜和双向热封膜两种，它是在表层使用热封母料经双向拉伸而成的聚丙烯热封膜（BOPP 热封膜），主要应用于食品、药品及其他电器元件等方面产品的热封包装使用。分为单面热封和双面热封两种，单面热封膜用于一般用途单面热封包装，兼具可印刷性。主要用于复合、印刷、制袋等行业。

1. 特点

这种薄膜每个面层厚度仅占总厚度的 5% 左右。面层的主料和功能母料的载体均采用二元或三元共聚物，可供热封用；芯层 B 则使用均聚物作为主料和功能母料的载体。

2. 用途

（1）普通热封薄膜

① 双面热封薄膜　这种薄膜为 ABC 结构，A、C 两面为热封层。主要用做糖果、食品、纺织品、音像制品、光碟等包装材料。

② 单面热封薄膜　这种薄膜为 ABB 结构，A 层为热封层。在 B 面上印刷图案后，与 PE、BOPP 及铝箔复合制成袋，用做食品、饮料、茶叶等高档包装材料。

（2）香烟薄膜　这种薄膜 ABC 结构。A 层与 C 层具有不同的性能专门用于香烟包装。

① 普通型　高速包装薄膜，在高速包装机（速度 ≥ 300 盒/min）上使用，作为包装小包软盒香烟的薄膜；条包膜，作为成条香烟（每 10 小盒为一条）包

装用的薄膜。

② 热缩型高速包装膜，在高速包装机（速度≥350 盒/min）上使用，用于包装硬盒小包香烟；条包膜，供高档成条香烟包装用。

（3）珠光膜　这种薄膜具有美观的珠光色。不同厚度的产品具有不同程度防紫外线穿透能力。

① 双面热封型　具有 ABA 结构。供雪糕等冷饮、化妆品、香皂、糖果、饼干等包装。

② 单面热封型　具有 ABB 结构。在 B 面印刷图案后，与 BOPP、PE、铝箔复合后，做高档包装袋，供食品包装、购物手袋等使用。

（4）合成纸　为 ABA 结构。用于书写或印刷，具有防水、防油污的功能。

（5）白色膜　为 ABA 结构。广泛用于名片、条形码、卡片等领域。

（6）真空镀铝膜　为 ABA 结构。在一面镀铝后，与 PE、PA 复合制袋，用于食品包装、茶叶、小包农药等方面。

（7）消光膜　为 ABC 结构。A 层为 $2\sim4\mu m$ 厚的消光层，其光泽度为 60％～70％。具有仿纸效果。

3. 热封用 BOPP 塑料膜的性能要求和工艺选择

热封用 BOPP 塑料膜有以下几个重要的性能要求。

① 热封起始温度要低，以适应于高速自动制袋充灌机的使用要求。

② 热封用塑料膜应有良好的耐寒耐热性。

③ 热封强度要高。

④ 热间剥离强度要大，即热间剥离距离要小，这就是说在热封时，因机械拉力等的作用，已经热封了的部分，被重新剥离开的部分要很小。

⑤ 要有良好的夹杂物热封性，即：热封面被油污灰尘污染仍有良好的热封强度。

⑥ 动静摩擦系数应在 0.2～0.4 之间，以便于粉状和黏性液体的充分足量的灌装。

⑦ 具有良好的耐破包装物。

对塑料薄膜的生产工艺而言，共有挤出吹膜法、挤出流涎法、溶剂流涎法、压延法等多种，而这些工艺之中，挤出流涎法生产的薄膜由于纵横向性能平衡、无内应力、热封性优的特点最适宜用于热封。但是挤出流涎设备投资大，限制了实际的使用率，使用面较广的是挤出吹膜法生产的热封膜，应当注意的是挤出吹膜时的拉伸比和牵引比都应当较小一点，且两者应平衡，防止因拉伸比或牵引比过大，引起过多的塑料分子因拉力作用而产生定向结晶，使薄膜丧失热封性。在生产耐热性较好的聚丙烯热封用膜时，应使用水冷却法的下吹法挤吹膜，才能使PP 膜有良好的热封和透明性。溶剂流涎法因需要使用到大量的溶剂，成本贵，溶剂回收设备大、投资大、耗费大，一般极少使用，只在生产极薄、高性能电子包装膜时才使用。压延法只使用在 PVC 薄膜、片材上，对熔体流动性很好的聚烯烃塑料而言，只适用于无机填充量较大时才使用。

三、BOPP 膜用功能性添加剂的应用

BOPP 膜生产线自动化程度高，生产速度快，每天原料的消耗量大，BOPP 功能性助剂添加量少，生产过程中，不可能像生产 CPP 或吹塑膜那样将少量的助剂与大量的聚丙烯混合，因此，实际生产应用中，通常将各种助剂与聚丙烯按一定比例混炼制成母料，再将母料投入生产中，以增加助剂的分散性和均匀性。BOPP 功能性添加剂母料的种类较多，包括抗静电母料、爽滑母料、增刚母料、增透母料、珠光母料、增白母料、防粘连母料、合成纸母料、防雾滴母料、消光母料、抗氧化母料等。

1. 抗静电母料

抗静电母料中所采用的抗静电剂多为单硬脂酸甘油酯和乙氧基胺的复配物。抗静电剂的作用机理是：一方面，通过抗静电剂有机物中的亲油基与聚丙烯相互作用增大它在聚丙烯中的相容性；另一方面，通过抗静电剂中的亲水基与空气中的水相互作用，达到消除薄膜表面所积累的静电荷。在 BOPP 薄膜的实际生产中，通常加入适量的抗静电剂，以消除 BOPP 薄膜在生产和使用过程中因摩擦所产生的静电。抗静电剂是迁移性较强的表面活性剂，使用中通常加入薄膜的芯层，以保证薄膜产品的中、长期抗静电效果。BOPP 薄膜产品抗静电剂的用量与市场对产品的要求有关，对于抗静电要求高的 BOPP 薄膜（例如包装粉末和粉尘产品），抗静电剂的用量可加大。但特别值得注意的是，由于抗静电剂是低熔点的表面活性物质，它迁移到薄膜表面形成一薄薄的有机层，随着环境温度的降低，薄膜在收卷过程中因张力所产生的内应力和径向压力会使有机层凝固，从而导致薄膜粘连。因此，在实际的 BOPP 薄膜生产中，除在薄膜芯层加入抗静电母料外，通常在表层加入无机硅类的防粘连剂，以消除抗静电剂所带来的副作用。

2. 增滑母料

BOPP 膜增滑母料是将润滑剂与聚丙烯按一定比例通过单螺杆或双螺杆挤出机混炼而成。在 BOPP 膜生产中，所应用的润滑剂主要有芥酸酰胺、油酸酰胺、亚乙基双硬脂酸酰胺和有机硅润滑剂等。芥酸酰胺和油酸酰胺具有良好的外润滑性，芥酸酰胺比油酸酰胺耐高温性好，分解温度高达 220℃，比较适合聚丙烯母料的生产和 BOPP 薄膜的生产。而油酸酰胺的分解温度在 180℃ 左右，实际的母料生产中常加入抗氧剂等助剂，以提高它的耐高温能力。亚乙基双硬脂酸的外润滑性较差、内润滑性中等。这 3 种润滑剂，均属迁移性物质，通常加入到薄膜的

芯层,它们迁移到薄膜表面形成一薄薄的润滑层,降低薄膜的摩擦系数。在对薄膜进行电晕处理的情况下,迁移尤其强烈,往往在薄膜表面"喷霜",因迁移物影响薄膜的雾度,因此实际生产中,在满足技术指标的前提下,应尽可能控制它的用量。有机硅润滑剂是一种非迁移性物质,其外润滑效果较好,而且在较高的温度下,其外润滑效果(例如80℃)良好,比较适合BOPP香烟包装膜的包装运行要求,因此,被广泛应用于BOPP香烟包装膜的生产中,因它属于非迁移性物质,故只能用于BOPP香烟包装膜的表层。

3. 增刚母料

增刚母料是一种改性材料,它由均聚物聚丙烯与改性增刚材料按一定比例混炼而成。目前增刚材料有两类:①从天然松香油和橙子油合成的萜类高分子化合物;②烃类聚合物。增刚母料能显著改变均聚物聚丙烯的性能,赋予纯聚丙烯薄膜所没有的一些优异性能,例如在BOPP香烟包装膜的生产中,加入20%的增刚母料(母料中增刚材料的含量为40%左右),能显著改变香烟包装薄膜的气密性,从而有利于香烟香味的长期性;由于它具有良好的流动性,因此,它能降低螺杆与聚丙烯熔体剪切力;它能显著改变薄膜的热收缩率,使薄膜的热收缩率较高,以适应香烟包装紧凑的要求;此外,它还能改变薄膜的透明性和热封性,降低薄膜的雾度,热封温度,以适应香烟包装机高速包装的要求。增刚母料的一个显著特点是:能较大幅度地提高BOPP薄膜的拉伸强度和杨氏模量,薄膜经过一定时间的时效,其杨氏模量能提高40%左右。增刚母料是迄今为止市场开发对BOPP薄膜改性范围最广的一种的母料,但由于它价格比较昂贵,目前主要用于高档热收缩香烟包装薄膜的生产中。

4. 增透母料

增透母料的主要成分为聚丙烯和增透剂。目前国际市场上用增透剂主要为二亚苄基山梨醇类有机物,其增透机理是通过改变聚丙烯结晶晶型,使结晶尺寸微细化,从而增加制品的透明性。增透剂又是一种成核剂,它能促使聚丙烯快速结晶,有利于提高制品的刚性,表面光泽度,以及热变形温度等物理机械性能。由于增透剂价格昂贵,而且BOPP聚丙烯专用料本身的透明度很高,因此,在实际BOPP膜生产中,除对透明度要求很高的薄膜品种外,其他普通用途的膜很少应用,但增透剂在流延膜,注塑制品中应用较多,因为这类产品的雾度一般较大。值得注意的是,增透剂只能降低聚丙烯本身的雾度,并不能消除或减少迁移性添加剂对薄膜雾度的影响。

5. 珠光母料

珠光母料是生产BOPP珠光薄膜非常重要的添加材料,其主要成分是聚丙烯和超微细碳酸钙颗粒及其他助剂。其产生珠光的原理是:薄膜在取向拉伸过程中,高分子链段通过构象变化适应外界机械力的取向,但碳酸钙无机粒子不能被拉伸，因此高分子链段环绕无机粒子流动而产生了小的空气隙，正是这些空气隙破坏了薄膜的折射性质，从而赋予薄膜以珠光色彩。也正是由于这些小气隙，使珠光薄膜的密度（0.7g/cm³ 左右）远低于普通 BOPP 薄膜的密度（0.91g/cm³）。此外由于薄膜中存在大量的无机物粒子，使薄膜的雾度显著增大（珠光膜的雾度一般为 85% 左右），但这正是产品应用所要求的标准。珠光母料的质量对 BOPP 珠光薄膜的生产连续性（连续生产不破膜的时间）影响很大，而母料的质量又取决于无机物碳酸钙粒子尺寸的大小，尺寸的均匀性和它在聚丙烯中的分散性。

6. 增白母料

增白母料是为改善白色不透明薄膜的白度而设计的，它在 BOPP 珠光膜中应用较多，其主要成分为钛白粉和分散剂以及载体聚丙烯。母料中钛白粉的含量可达到 70%，良好的增白母料必须要求母料中钛白粉分散性非常好；否则，易在薄膜中形成白色斑点，影响产品质量。增白母料一般加入到薄膜芯层，也可加到薄膜表层，其目的是增加白度。

7. 防粘连母料

防粘连母料分为有机防粘连母料和无机防粘连母料。有机防粘连母料的有效成分为开口剂，如芥酸酰胺、油酸酰胺、有机硅润滑剂等。其防粘连的机理是：有机润滑剂迁移到薄膜表面形成润滑层，阻隔薄膜间易粘连物质（例如抗静电物质）的直接接触。

此外，有机防粘连母料能降低薄膜表面的摩擦系数，增加薄膜间的相互滑动性和可剥离性，从而起到防粘连效果。无机防粘连母料的主要成分为二氧化硅和分散剂以及载体聚丙烯。其防粘连的机理是：通过将无机防粘连母料加入到薄膜表层，薄膜表面刚性的二氧化硅粒子在薄膜的制造过程会使薄膜表面粗糙，从而起到防粘连效果。由于无机防粘连母料中二氧化硅粒子的粒径非常小（一般为 3.5μm 左右），相互之间由于静电作用容易产生凝聚，影响它在聚丙烯载体中的分散性，因此，无机防粘连母料必须含足够量的分散剂。分散性不好的无机防粘连母料会在薄膜表面形成许多白色小斑点，影响薄膜的产品质量。

无机防粘连母料由于含有大量的无机物，添加过多会影响薄膜的雾度，因此在满足开口性要求的前提下，应尽可能地少加（添加量一般为薄膜表层的 1%～2%）。与有机防粘连母料不同，无机防粘连母料只能加入到薄膜表层。为节省企业成本和用户的方便，现在，市场上开发了有机和无机防粘连复合型母料，值得注意的是，为充分发挥无机硅的防粘连效果，在使用时应把它加入到薄膜表层，因为无机硅不能迁移。

8. 合成纸母料

合成纸母料是生产 BOPP 合成纸的专用母料。其有效成分为无机碳酸钙粉末，仿纸改性剂和分散剂等材料。合成纸母料一般加入到薄膜芯层，如生产单面合成纸，即可加入到表层，BOPP 合成纸在国外发展较快，在国内只是起步阶段，大部分合成纸母料来源于国外进口。

9. 防雾滴母料

防雾滴母料主要用于包装食品的 BOPP 薄膜中，大多数食品都是在加热状态下包装，因食品含有水分，当温度降低时，冷凝的水蒸气会在塑料表面形成细小分散的水雾状水滴，导致用户看不清包装袋里的食品，影响产品的感观质量。加入防雾滴添加剂，能减低高聚物薄膜与水表面张力的差异，使凝结的水滴扩展成一片连续水膜层，从而增加包装袋的透明度。防雾滴母料的有效成分为迁移性表面活性剂，使用时既可加入到薄膜表层，也可加入到薄膜芯层。

10. 消光母料

消光母料是用来生产消光膜的 BOPP 功能性母料。其主要成分为 α 烯烃聚合物，因它的折射率不同于均聚物聚丙烯的折射率，导致两相的交界面产生光的散射，从而使共挤型 BOPP 薄膜产生消光效果。消光母料一般用于表层，添加量为 100%，消光膜表层的厚度一般为 $3\sim5\mu m$，即能达到雾度为 80%、光泽度为 10% 左右的效果。

11. 抗氧化母料

抗氧化母料主要用来防止聚丙烯及功能性添加剂在生产过程中氧化降解。它一般在生产线临时检修或长期停机时加入，可预防检修完成或重新开机时，挤出机或模头内产生碳化物。

BOPP 功能性添加剂母料是 BOPP 膜生产中非常重要的一部分，它直接决定了 BOPP 膜生产原料的配方和薄膜产品的性能。正是因为它非常重要，所以发展非常迅速，在我国 BOPP 膜生产的初期，大部分功能性添加剂母料来源于进口，而现在基本上都实现了国产化。可以肯定的是，随着 BOPP 薄膜应用领域的拓宽，现行添加剂母料的性能不能满足市场对薄膜性能的要求，将会有更多新的，高性能的添加剂母料被开发和应用。

四、BOPP 薄膜产品的分类、特征和应用

BOPP 薄膜在包装行业应用范围广，产品种类比较多。目前 BOPP 行业主要根据 BOPP 薄膜的用途和外观对它们进行分类。它们包括：普通印刷膜、粘胶带膜、防伪激光膜、电工膜、热封膜、珠光膜、消光膜、合成纸、香烟包装膜。每一种产品都有自己的特征、技术要求和应用范围。

1. 普通印刷膜

普通印刷膜厚度在 $15\sim25\mu m$ 之间，因为要使不同颜色的油墨印刷在聚丙烯薄膜的表面上，印刷膜表面必须经过电晕处理，以使薄膜表面粗糙，增加薄膜表

面的湿润张力到 3.9～4.2Pa，这样在印刷时油墨着色均匀，牢固。高速印刷机（200m/min）对薄膜的厚薄均匀度和热收缩率要求较高。厚薄均匀度是着色均匀的保证，之所以要求薄膜有较低的收缩率，是因为薄膜在高速印刷时，为使油墨尽快干燥，一般都经过烘道加热蒸发油墨溶剂，如果薄膜的热收缩率偏高，会导致薄膜在印刷过程中收缩，套色不准，致使印刷文字或图案偏离设定位置或重叠模糊，严重影响印刷品的质量。普通印刷膜应用范围广，既可单独使用，也可与其他薄膜复合使用。单独使用时可用作印刷插图、挂历、酒类外包装、书面包装、鲜花包装、衬衣袋、袜子袋、礼品袋等；与其他薄膜（例如 PE、流延膜）复合，使薄膜具有热封合性，主要用于食品包装，如糖果、茶叶、牛奶、方便面、牛肉干等包装。

2. 粘胶带基材膜

将粘胶带基材膜通过专门的设备涂胶、烘干、分切即可制得不同规格的胶带。由于其独特的生产工艺，对 BOPP 粘胶带基材薄膜有特别的要求，首先，薄膜得进行电晕处理，使胶能涂上去；其次，因为涂胶后薄膜得烘干以去掉黏合剂的溶剂，要求薄膜的热收缩率越小越好。因为涂层较厚，涂胶后的胶带膜在收卷和再分切时阻力非常大，因此，要求基材膜在分切时刀口不能有裂痕和毛刺。此外，要求薄膜有一定的厚度和较高的拉伸强度；否则，薄膜在涂胶后的后加工中特别容易断裂，给生产带来很大的麻烦。粘胶带膜主要用于制作各种用途的胶带，如透明胶带、单面胶带、双面胶带、商品标签等。

3. 防伪激光膜

防伪激光膜是近年来 BOPP 薄膜应用领域一个新的开拓。它是将 BOPP 薄膜经过压印机压印，使薄膜的折射率发生变化，从而使薄膜在光线照射下，映出防伪图案或防伪标志。由于迁移性添加剂会影响薄膜的光线照射效果，所以生产激光膜时一般不加迁移性添加剂；此外，为保证良好的压印效果，对薄膜的厚薄均匀度要求非常严格。激光膜一般应用于品牌产品的防伪包装，如名烟、名酒、药品、著名品牌的标志等。

4. 电工膜

电工膜主要用于电子元器件的包装。电工膜的厚度非常薄，一般为 4～10μm。近年来，随着我国电子行业迅猛发展，电工膜的需求量也越来越大。由于电子元器件对杂质和灰尘的敏感性，所以它对生产环境的清洁度要求很高。电工膜的质量要求非常高，由于它非常薄，这对薄膜生产设备和成型工艺提出很高的要求。此外，它对薄膜的表面粗糙度和表面光泽度有很严格的质量标准，它不允许薄膜内的添加剂影响电子元器件的性能参数。因此，尽管电工膜的价格数倍于普通印刷膜的价格，但由于设备投入大，产品技术含量高，目前我国只有少数几家技术和经济实力雄厚的 BOPP 企业从事电工膜的生产。

5. 热封膜

热封膜因其表层为乙丙共聚物或乙丙丁三元共聚物，具有热封合特性，故可用来替代普通印刷膜与 PE、CPP 复合产品。热封膜又分为单面热封和双面热封，主要用于食品包装，如糖果、茶叶、礼品的包装。热封膜经过电晕处理可以作印刷之用，因此，也能用于服装的包装。

6. 珠光膜

珠光膜是在 BOPP 薄膜生产中，在薄膜芯层添加一定比例的珠光母粒，拉伸而成。因珠光母粒中含大量的超微细无机碳酸钙粉末，对迁移性添加剂有一定的吸附性，降低了添加剂的使用效果。在使用添加剂时，可适当增大使用量，或者将生产后的薄膜在一定温度（35～40℃）下时效处理一段时间，以利于添加剂向表面迁移。珠光膜对开口性要求较高，可通过上述方法解决其开口性问题。珠光膜一般具有热封性和可印刷性，广泛应用于食品包装，雪糕、筷子、餐巾的包装，也可用于礼品和纺织品包装。

7. 消光膜

消光膜具有良好的包装效果，在光线照射下，给人以柔和的视感，因而深受消费者的喜爱。对于 ABC 三层共挤膜，一般在表层使用纯的消光母料，消光层的厚度为 $2\sim3\mu m$，消光层具备热封性。它的应用范围很广，可用作肥皂、食品、香烟、白酒、服装、皮鞋、香水、化妆品、医药品的包装盒，也可用作书本、期刊、年报的封面。消光膜的外包装效果良好，其观感象纸张，有一种奢华的感觉，因此，常用于高档商品的外包装。

8. 合成纸

合成纸是 BOPP 行业近年来新开发的一个薄膜品种。它用来替代传统的纸张，具有强度高、印刷效果良好、耐水、耐油、耐化学品性能稳定，不易老化等优点。在环保呼声日趋强烈的今天，BOPP 合成纸正越来越引起包装行业的重视。合成纸应用范围非常广，可印刷成耐水报刊、书籍、地图、名片、日历及海报等；在商业包装方面，可用作礼品袋、西装袋、购物袋、还可应用于食品包装和建筑装修。可以说，合成纸几乎可以取代传统纸的应用领域。合成纸可通过在线层压机与聚丙烯压延复合加工生产，也可采用 3 层双轴拉伸方法直接生产。由于第一种方法所生产的合成纸没有第二种方法生产的好，故目前国际上主要采用第二种方法生产。

9. 香烟包装膜

香烟包装膜为 3 层共挤热封型薄膜，表层为乙丙或乙丙丁三元共聚物，共聚物在较高温度下具有热黏合的能力，能满足香烟包装的要求，表层厚度为 $1\sim2\mu m$，芯层为均聚物聚丙烯和适量的功能性添加剂母料。由于热封型共聚物的维卡软化点和熔点均低于均聚物聚丙烯，因此生产香烟包装膜时，纵拉段的工艺温度应比生产普通印刷膜的温度低；否则，薄膜表面易"擦花"。

根据薄膜的热收缩率，香烟包装膜可分为低收缩和高收缩膜。低收缩膜的收缩率一般为 3%～6%，高收缩膜的收缩率一般为 9%～11%，低收缩膜主要适用于香烟的条包装和软盒香烟的包装，高收缩膜则适用于硬盒香烟的包装。由于香烟包装机自动化程度高，包装速度快，最高的包装速度可达到 550 包/min，因此对香烟包装膜的质量要求较高，如厚薄公差较低、热封温度范围较宽、热封强度较高、摩擦因数较低和良好的抗静电效果。此外，为了使香烟包装"紧凑"和美观，对薄膜的热收缩率也有一定要求。由于产品的质量要求高，专业性强，目前我国也只有几家企业从事 BOPP 香烟包装膜的生产。早期，我国的香烟包装膜主要依赖于进口，但 20 世纪 90 年代我国的香烟包装膜发展很快，目前已全部实现国产，并且不断有新产品出现，如近期有防伪激光香烟包装膜投放市场。

由于我国 BOPP 膜工业化的历史较短，市场应用范围的开发潜力大，因此，随着市场应用范围的拓宽和包装性能要求的特殊化，将会有越来越多的产品种类被开发和投入市场使用。

五、BOPP 烟膜性能及应用

摩擦系数是量度 BOPP 烟膜滑动特性的指标，对于香烟包装上机运行，适当的摩擦系数很重要，薄膜要求有很好的热滑动性，从而满足在热状态下的高速（400～600 包/min）滑移，使包装生产线能全速开满不影响产量。

薄膜外面对金属的摩擦系数特别是高温条件下的热摩擦系数都必须较低。在香烟包装过程中，薄膜外面在下膜通道、成型轮槽、折叠板、烙铁、导轨等金属部件上滑动运行，而由于这些金属部件大都是在 50℃ 以下的高温条件下运转，随着温度条件的升高，薄膜的摩擦系数会升高，45℃ 之后，薄膜的摩擦系数上升很快，因此薄膜的热滑动性能更要能适合包装机实际工作条件，一般 60℃ 热滑动摩擦系数要重点进行控制。

薄膜另一面与烟包盒纸的摩擦系数应控制较高，即形成薄膜内面和外面的差别式滑动特性，以利于烟包在成型轮内与薄膜的定位良好，提高折叠质量获得紧凑的包装效果。由于 BOPP 的增滑剂通常都具有迁移性，需要一段时间贮存后才能迁移到薄膜表面充分发挥作用，即薄膜经过一段时间贮存后才会很爽滑。

1. 抗静电性能及其应用

在香烟包装过程中，薄膜产生的静电对切割、输送、折叠有不良影响，会造成薄膜上机运行故障，抗静电特性是保证包装机顺利运行的基本条件之一。在香烟包装过程中，薄膜静电分两部分，一部分是薄膜本身带有静电，另一部分是在香烟包装过程因摩擦产生的静电。薄膜本身的静电比较容易控制，但在香烟包装过程产生的静电就很难控制，而且上机运行故障的危害性更大，有的烟膜生产制造商会只强调薄膜本身的静电值小，而忽略了包装过程产生的静电，这样的结果是薄膜检测性能很好，但上机运行却总是出故障。

2. 挺度及其应用

烟膜挺度较高时，可以在包装成型过程获得高折叠质量，并可以在很短的停顿时间就达到良好的热封效果，是提高包装速度的前提条件，适用于自动变速的高速包装机。不同的香烟包装机热封条件经常不同，同型号的烟机在不同环境中生产热封温度也不同。因此，较宽的热封温度范围可以确保在各种香烟包装机上运行保持畅顺，薄膜有较好的适应性。热封温度范围窄的烟膜，在香烟包装机上表现为热封温度可以调整的窗口很窄，设定热封温度稍高烫口会皱，而设定热封温度稍低又会封不紧，而且一卷与另一卷之间热封温度设定又不同，很难控制热封温度。

3. 收缩率及其应用

BOPP 烟膜一般分普通型和热收缩型烟膜。普通型烟膜一般有较小的热收缩性能，热收缩率一般控制在（2%～5%），一般用于香烟的小盒软包和条盒。BOPP 热收缩型烟膜由于较高的热收缩率，热收缩率一般大于 7%，在包装后可使烟包紧凑、更加均匀的包裹性，同时能保证烟包长时间的紧绷而不松弛。主要特点是具有优良的贴体包装效果；克服普通型烟膜对硬盒包装薄膜松弛皱褶问题，热收缩型烟膜由于采用特殊的加工工艺，具有低温热收缩性、高透明度和光泽度，并且具有更好的高速包装性。

4. 光学性能及其应用

人眼虽然是评估薄膜光学性能的最佳工具，然而仅仅靠视觉来进行控制是不够的，因为照明条件、观察者心情、定量控制都会造成影响。为了得到可靠而实现的质量保证，需要用客观的，可测得的参数来定量外观，光泽度和雾度就是定量 BOPP 薄膜光学性能的两个重要指标。雾度也称透明度，是测量透射光线偏离入射光线方向大于某个角度的光线百分比。透过薄膜观察，窄角度散射就比较清晰，散射角度大会造成对比度减少而朦胧，较低的雾度可以显示烟包的商标图案的清晰鲜艳。

光泽度是评估薄膜表面时得到的视觉印象。由薄膜表面上直接反射的光越多，光泽度就越高。高光泽的表面反射的光线高度集中能清晰地反射影像，低光泽的表面反射的光线朝各个方向上漫射，成像质量降低，反射的物体不再显示明亮，而是模糊。较高的光泽度将给烟包带来亮丽的视觉效果。

六、BOPP 薄膜在标签印刷中的应用

常用的 BOPP 薄膜包括：普通型双向拉伸聚丙烯薄膜、热封型双向拉伸聚丙烯薄膜、香烟包装膜、双向拉伸聚丙烯珠光膜、双向拉伸聚丙烯金属化膜、消光膜、复书膜、激光模压膜、防伪膜和纸球膜等。在标签印刷中主要应用 BOPP 珠光膜与 $50\mu m$ 透明 BOPP、$50\mu m$ 亮银 BOPP。

BOPP 珠光膜：珍珠光泽的高档外观，典型应用日化及食品行业标签。印制后的无覆膜的标签尽量避免接触酒精、异丙醇、汽油、甲苯溶剂，从而造成图案退色。

$50\mu m$ 透明 BOPP：常用于高档的啤酒标签印刷。某些经特殊涂布的表面可进行热转移打印。

$50\mu m$ 亮银 BOPP：适用于制成高品质标签，如化妆品、个人卫生用品及促销标签。是聚丙烯容器及环保的理想标贴材料。

七、珠光膜原理及应用

珠光膜是用聚丙烯树脂为原料、添加碳酸钙和珠光颜料等，混合后经双向拉伸而成。由于采用机械发泡法，所以珠光膜的相对密度仅 0.7 左右，而 PP 相对密度是 0.9 左右，所以软包装企业愿意选用，因为价廉且装饰性好、性能优良。一般复合结构的 BOPP 珠光膜/CPP、BOPP 珠光膜/PE 等，由于具有一定的珠光效果，常常用在冷饮包装如冰激凌、热封标签、甜食、饼干、风味小吃包装等。

1. 珠光膜原理

珠光膜是在塑料粒子中掺入珠光颜料而生产出来的一种经过双向拉伸热定型的 BOPP 薄膜。一种典型的珠光膜是采用 A/B/A3 层共挤双向拉伸法生产的 BOPP 珠光膜，其中 B 是掺混了珠光母料的聚丙烯，A 是一种随珠光膜表面性能而异的 PP 共聚体，具有良好的热封性。双向拉伸在 B 料的熔点以下、A 料的熔点以上进行。

由于 B 料中含有较多珠光无机颜料颗粒，双向拉伸的结果是：聚丙烯分子沿外力作用方向进行了定向，而珠光颜料颗粒之间的距离被拉大，形成孔隙，使 B 层成了机械发泡的泡沫塑料。因此，A/B/A 结构的珠光膜是一种双向拉伸 BOPP 泡沫塑料薄膜，相对密度较一般 BOPP 薄膜小，仅为 0.7～0.75，而一般的 BOPP 薄膜相对密度在 0.9 左右。

A 料层在 BOPP 珠光膜中具有保护 B 料层的作用，并赋予珠光膜一定的热封性，因此 A/B/A 结构的珠光膜热封性良好。而仅用 B 料生产出的珠光膜，只能依靠薄膜的孔隙性和少量未经定向的 PP 分子略有的热封性，热封后的珠光膜很容易撕剥开来。

2. 珠光膜在汽车界的应用

近两年在汽车车身改色贴膜业界出现了一种非常绚丽的改色贴膜，我们称为珠光膜。

以车衣裳为例，其引进的比利时进口珠光膜包括橙色、黑色、桃红色、白色、紫色、红色、海蓝色、苹果绿色。珠光膜贴覆在车身上以后，在灯光和太阳光的照射下，散发出绚丽的色彩，非常具有观赏性，不少喜欢追求个性和回头率的车主都会选择珠光膜。

第二节　聚酯薄膜应用领域

一、聚酯薄膜简介

聚酯膜又叫聚酯薄膜（PET）（光片、涤纶膜、感光纸、聚酯膜、苯锡膜、玻璃纸、离型膜），是以聚对苯二甲酸乙二醇酯为原料，采用挤出法制成厚片，再经双向拉伸制成的薄膜材料。

国内的聚酯膜（聚酯薄膜、环保胶片、PET 胶片、乳白胶片等印刷包装耗材），广泛用于玻璃钢行业、建材行业、印刷行业、医药卫生。

目前，我国又成功开发出一种 PET 扭结膜，是无毒、无色、透明、耐湿、不透气、柔软、强度大、耐酸碱油脂和溶剂、对高低温均不怕的薄膜。是一种无毒、透明的可循环再生材料，主要应用在各种饮料、矿泉水以及薄膜包装上，是目前在世界范围内被广泛使用的包装材料之一。

聚酯薄膜是一种高分子塑料薄膜，因其综合性能优良而越来越受到广大消费者的青睐。由于我国生产量和技术水平仍不能满足市场的需求，部分仍需依靠进口。

二、聚酯薄膜性质

PET 为高聚合物，由对苯二甲酸乙二醇酯发生脱水缩合反应而来。对苯二甲酸乙二醇酯是由对苯二甲酸和乙二醇发生酯化反应所得。PET 是乳白色或浅黄色、高度结晶的聚合物，表面平滑有光泽。

PET 具有优良的特性（耐热性、耐化学药品性。强韧性、电绝缘性、安全性等），价格便宜，所以广泛用做纤维、薄膜、工程塑料、聚酯瓶等。

PET 在较宽的温度范围内具有优良的物理机械性能，长期使用温度可达120℃，电绝缘性优良，甚至在高温高频下，其电性能仍较好，但耐电晕性较差，抗无毒、耐气候性、抗化学药品稳定性好，蠕变性，耐疲劳性，耐摩擦性、尺寸稳定性都很好。吸水率低，耐弱酸和有机溶剂，但不耐热水浸泡，不耐碱。

通常的 PET 为无色透明、有光泽的薄膜（现已可加入添加剂粒子使其具有颜色），力学性能优良，刚性、硬度及韧性高，耐穿刺，耐摩擦，耐高温和低温，耐化学药品性、耐油性、气密性和保香性良好，是常用的阻透性复合薄膜基材之一，但耐电晕性不好。

三、聚酯薄膜分类

根据生产聚酯薄膜的用料和生产工艺分类。

根据生产聚酯薄膜所采用的原料和拉伸工艺不同可分为以下两种。

1. 双向拉伸聚酯薄膜（简称 BOPET）

一般 BOPET 薄膜是利用有光料（也称大有光料，即是在原材料聚酯切片二氧化钛含量为 0.1%，经过干燥、熔融、挤出、铸片和纵横拉伸的高档薄膜，用途广泛）。BOPET 薄膜具有强度高、刚性好、透明、光泽度高等特点；无臭、无味、无色、无毒、突出的强韧性；其拉伸强度是 PC 膜、尼龙膜的 3 倍，冲击强度是 BOPP 膜的 3～5 倍，有极好的耐磨性、耐折叠性、耐针孔性和抗撕裂性等；热收缩性极小，处于 120℃下，15min 后仅收缩 1.25%；具有良好的抗静电性，易进行真空镀铝，可以涂布 PVDC，从而提高其热封性、阻隔性和印刷的附着力；BOPET 还具有良好的耐热性、优异的耐蒸煮性、耐低温冷冻性，良好的耐油性和耐化学品性等。BOPET 薄膜除了硝基苯、氯仿、苯甲醇外，大多数化学品都不能使它溶解。不过，BOPET 会受到强碱的侵蚀，使用时应注意。BOPET 膜吸水率低，耐水性好，适宜包装含水量高的食品。

2. 单向拉伸聚酯薄膜（简称 CPET）

一般 CPET 薄膜是利用半消光料（原材料聚酯切片中添加钛白粉），经过干燥、熔融、挤出、铸片和纵向拉伸的薄膜，在聚酯薄膜中的档次和价格最低，主要用于药品片剂包装。由于使用量较少，厂家较少大规模生产，大约占聚酯薄膜领域的 5% 左右，我国企业也较少进口，标准厚度有 150μm。

3. 根据聚酯薄膜的用途分类

由于聚酯薄膜的特性决定了其不同的用途。不同用途的聚酯薄膜对原料和添加剂的要求以及加工工艺都有不同的要求，其厚度和技术指标也不一样；另外，只有 BOPET 才具有多种用途，因此根据用途分类的薄膜都是 BOPET。可分为以下几种。

（1）电工绝缘膜　由于其具有良好的电器、机械、热和化学惰性，绝缘性能好、抗击穿电压高，专用于电子、电气绝缘材料，常用标准厚度有：25μm、36μm、40μm、48μm、50μm、70μm、75μm、80μm、100μm 和 125μm。其中包括电线电缆绝缘膜（厚度为 25～75μm）和触摸开关绝缘膜（50～75μm）。

（2）电容膜　具有拉伸强度高、介电常数高，损耗因数低，厚度均匀性好、良好的电性能、电阻力大等特点，已广泛用于电容器介质和绝缘隔层。常用标准厚度有 3.5μm、3.8μm、4μm、4.3μm、4.8μm、5μm、6μm、8μm、9μm、9.8μm、10μm、12μm。

（3）护卡膜　具有透明度好、挺度高、热稳定好、表面平整优异的收卷性能、均匀的纵横向拉伸性能，并具有防水、防油和防化学品等优异性能。专用于图片、证件、文件及办公用品的保护包装，使其在作为保护膜烫印后平整美观，能保持原件的清晰和不变形。常用标准厚度有 $10.75\mu m$、$12\mu m$、$15\mu m$、$25\mu m$、$28\mu m$、$30\mu m$、$36\mu m$、$45\mu m$、$55\mu m$、$65\mu m$、$70\mu m$，其中 $15\mu m$ 以上的主要作为激光防伪基膜或高档护卡膜使用。

（4）通用膜　具有优异的强度和尺寸稳定性、耐寒性及化学稳定性，广泛用于复合包装、感光胶片、金属蒸镀、录音录像等各种基材。具体有以下几种。

① 半强化膜　最主要的特点是纵向拉伸强度大，在较大的拉力下不易断裂，主要用于盒装物品的包装封条等。常用标准厚度有 $20\mu m$、$28\mu m$、$30\mu m$、$36\mu m$、$50\mu m$。

② 烫金膜　最大特点是拉伸强度和透明度好，热性能稳定、与某些树脂的结合力较低。主要适合高温加工过程中尺寸变化小或作为转移载体的用途上。常规标准厚度为 $9\mu m$、$12\mu m$、$15\mu m$、$19\mu m$、$25\mu m$、$36\mu m$。

③ 印刷复合包装膜　主要特点是透明性好、抗穿透性佳、耐化学性能优越、耐温、防潮。适用于冷冻食品及食品、药品、工业品和化妆品的包装。常用标准厚度为 $12\mu m$、$15\mu m$、$23\mu m$、$36\mu m$。

④ 镀铝膜　主要特性是强度高、耐温和耐化学性能好、有良好的加工以及抗老化性能，适当的电晕处理，使得铝层和薄膜的附着更加牢固。用于镀铝后，可广泛用于茶叶、奶粉、糖果、饼干等包装，也可作为装饰膜如串花工艺品、圣诞树；同时还适用于印刷复合或卡纸复合。常规标准厚度有 $12\mu m$、$16\mu m$、$25\mu m$、$36\mu m$。

⑤ 磁记录薄膜　具有尺寸稳定性好，厚度均匀，抗拉强度高等特点。适用于磁记录材料的基膜和特殊包装膜。包括录音录像带基（常用标准厚度有 $9\sim 12\mu m$）和黑色膜（常用标准厚度有 $35\sim 36\mu m$）。

（5）纳米 PET 薄膜　高的透明度和光泽度：纳米粒子粒径在 $1\sim 100nm$ 之间，小于可见光的波长，对薄膜透明度影响较少。

高的阻隔性能和耐热性能：利用具有特殊性能的纳米材料和独特的加工工艺，使纳米材料呈纳米尺寸均匀分散 PET 基体中，在薄膜生产过程中通过拉伸取向，从而使 PET 薄膜呈现极优异的阻隔性能，O_2、CO_2、H_2O 透过率成倍下降，耐热性能也大幅度提高，可扩大 PET 的应用领域，大大延长被包装物的货架寿命，还可以用于需热灌装或消毒杀菌的场合。

4. 根据聚酯薄膜的质量分类

不同厂家根据聚酯薄膜的质量可又不同的分类名称，我国厂家一般分为优等品、一级品和合格品，而国外厂家一般都分为 A 级品、B 级品和 C 级品。一般厂家所销售的产品中 A 级品占 $97\%\sim 98\%$，B 级品只占 $2\%\sim 3\%$，C 级品即是不合格品，不上流通领域销售。主要原因是原料价格高，一般厂家将其回炉重新作为原料使用，或者将其作为短纤卖给纺织厂作纺织原料。国外厂家有时也将每季度或每半年的库存薄膜当 B 级品出售，此做法是东南亚国家一些厂家的一贯做法，目的是减少库存。

四、双向拉伸聚酯薄膜用途与应用实例

聚酯薄膜 PET 的价格较高，厚度一般为 0.12mm，常用做蒸煮包装的外层材料，印刷性较好。更由于聚酯薄膜的复杂性和难判断，给海关的监管带来不少的困难。

BOPET 薄膜除了硝基苯、氯仿、苯甲醇外，大多数化学品都不能使它溶解。不过，BOPET 会受到强碱的侵蚀，使用时应注意。BOPET 膜吸水率低，耐水性好，适宜包装含水量高的食品。

由于聚酯薄膜具有良好的力学、电气、光学和耐热性能，因此这种薄膜在工业、民用、农业等许多领域内得到广泛的应用。聚酯薄膜应用实例见表 7-1。

表 7-1 聚酯薄膜应用实例

应用领域	薄膜厚度/μm	特点
录音带	4.8～12	高速录音
录像带	7～23	强化膜
计算机带	23～36	半强化膜
软磁盘	75	厚度均匀、尺寸稳定
磁卡片	250	耐磨
电工薄膜		击穿电压高、体积电阻高、介电损耗低、介电常数高、耐老化性好
电容器	0.5～36	
电缆	19～125	
电动机	50～125	
变压器	6～250	
印刷电路	100～125	
金属化薄膜		要求电晕处理、强度较高、热稳定性好、雾度小、光泽度高
金银线	12～35	
印花膜	12～20	
标签	19～36	
太阳能板		
包装薄膜		雾度小、非收缩型热收缩率小，收缩型热收缩率大，一般都是将未涂覆或金属化或印刷后的 BOPET 薄膜与其他薄膜复合使用，以提高阻隔性、热封等性能
复合薄膜	12	
护卡膜	40～100	
热收缩膜		
绘图薄膜	60～175	需要表面处理、尺寸稳定性好
无光原图		
感光底图		
描图		

续表

应用领域	薄膜厚度/μm	特点
感光薄膜		厚度均匀、雾度小、尺寸稳定、无划伤
X 射线片	110～180	
缩微胶片	60～125	
空中照相软片	75～125	
温室用农用薄膜		需要作耐紫外线、防雾、防污等处理,平衡膜
脱模用薄膜	30～50	
文具		
打印带		
复写纸		
封面		

五、聚酯 PET 扭结膜用途与应用实例

近十年来,中国塑料软包装薄膜的生产和应用得到快速发展,但是对用于食品包装塑料薄膜可能危害人体健康问题还不够重视。

其实在我国,PVC 薄膜的使用除了保鲜膜,还大量使用在糖果扭结包装、小食品扭结包装上。糖果、小食品的扭结包装都是 PVC 扭结膜直接和食品进行接触的,同时其消费群体是以儿童、青少年为主,因此 PVC 扭结膜可能危害人体健康的问题同样要引起社会各方面重视。

我国是糖果、小食品的生产和消费大国,同时也是糖果、小食品产品的出口大国。

目前国内的扭结包装薄膜主要是 PVC 薄膜和玻璃纸两种。其中 PVC 薄膜由于价格低而在国内市场被广泛使用,出口产品由于欧洲国家、日本、韩国、我国台湾地区等地已逐步禁用 PVC 产品,只能使用价格昂贵的玻璃纸扭结膜。PVC 薄膜的不环保性大家已经了解,而玻璃纸本身虽然没有毒性,但其生产过程和造纸一样会对环境造成极大影响。因此,开发取代 PVC 和玻璃纸的新型环保扭结膜已成为我国塑料包装行业和糖果行业的当务之急。

PET 扭结膜和 PVC 扭结膜比较有以下优点。

① PET 扭结膜作为食品包装,完全符合国家卫生标准,并获得了美国 FDA 认证。

② PET 扭结膜的扭结性能好,不回弹,完全能达到 PVC 扭结膜的扭结水平。

③ PET 扭结膜的扭结强度高、挺度好,在糖果自动包装机上能达到每分钟 1800 颗以上的包装速度而不会出现薄膜扭裂的现象,可以提高糖果包装设备 30％以上的生产率。而最好的 PVC 扭结膜只能达到每分钟 800 颗的水平,而且

容易出现薄膜扭裂现象。

④ 由于 PET 扭结膜扭结强度高、挺度好，薄膜的厚度可以做到 $23\mu m$、$19\mu m$，且材料密度还略低于 PVC 扭结膜，大大地提高了材料的使用率。而 PVC 扭结膜厚度必须达到 $28\mu m$ 以上才能有一定的强度和挺度来达满足镀铝、印刷和扭结的要求。

⑤ PET 扭结膜的生产是采用双轴拉伸生产工艺，批次间质量稳定，薄膜厚度均匀，机械强度高，可满足高速印刷、镀铝的加工，提高印刷、镀铝的生产率，成品合格率完全能达到 99％ 以上。而 PVC 扭结膜主要采用压延、流延生产方式，薄膜厚度均匀性差，机械强度低，容易在印刷、镀铝过程中造成褶皱、断膜，影响薄膜印刷、镀铝质量。

BOPET 薄膜包装装饰材料中的主要应用如下。

1. 包装材料

（1）印刷复合膜 为了增强包装效果和阻隔性能，实现性能互补并适应封口需要，常采用印刷复合膜作为包装材料。复合方法包括干法复合、湿法复合、挤出复合、共挤出复合等。

（2）真空镀铝膜 真空镀铝膜是采用特殊工艺在 BOPET 薄膜表面蒸镀上一层极薄的金属铝而制成，从而使薄膜表面具有金属光泽，并大大进步了其阻隔性。因此，真空镀铝膜已被广泛地应用于食品、医药、产业产品的包装。

（3）电化铝烫印（烫金） 电化铝烫印是一种不使用油墨的特种印刷工艺，借助一定的压力与温度，应用于装在烫印机上的模板，使印刷品和烫印箔在短时间内相互受压，将金属箔或颜料按烫印模版的图文转印到被烫印到制品表面，俗称烫金。在这里，塑料薄膜（烫金膜）仅作为载体。

（4）转移膜 真空镀铝卡纸是近年来发展起来的一种新奇的高级包装材料。这种纸光彩光亮，金属感强，印品亮丽高雅，可以代替印刷品的大面积烫金，可以起到美化商品的作用。由于采用真空镀铝的方法，在卡纸表面仅覆盖一层紧密光亮的、厚度为 $0.25\sim0.3\mu m$ 薄铝层，仅是裱铝卡纸铝箔层厚度的 1/500，既有高贵美观的金属质感，又具有可降解、回收的环保属性，是一种绿色包装材料。

真空镀铝卡纸通常采用转移法生产，就是将 BOPET 置于真空镀铝机镀铝后，进行涂胶与纸复合，再将 BOPET 薄膜剥离，铝分子层通过胶粘作用便转移到纸板表面上。BOPET 薄膜在这里也起铝箔转移的作用，且可多次使用，故称转移膜。

（5）激光全息防伪膜 激光全息防伪膜是在 BOPET 薄膜面压印上可激光显示的图案标识后镀铝而制成的，主要用于防伪。例如，国际著名的银行信用卡、政府部分颁发的各类许可证、身份证、驾驶证、护照、海关单据、国际著名品牌服装、电器等物品上都能发现全息防伪标识。

（6）护卡膜 护卡膜以 BOPET 薄膜为基材，在其上挤出涂布一层可热封的热熔胶（如 EVA）而成，用于各种证件包括身份证、文件档案、相片等表面的保护。

2. 装饰材料

（1）金银线 金银线用 BOPET 薄膜为基膜经真空镀铝、涂布上色而成，其颜色多样亮丽，广泛用于针织品、刺绣、工艺品、装饰品等。

（2）金拉线 金拉线用 BOPET 薄膜经过上色、分切等处理而制成，主要用于香烟盒、礼品盒的包装封条。

（3）玻璃贴膜 玻璃贴膜大致分为建筑玻璃膜、汽车玻璃膜、安全玻璃膜。

建筑玻璃膜以节能为主要目的，外带防紫外线和安全功能，厚度通常为 $25\sim38\mu m$，可分为热反射膜和低辐射膜。热反射膜贴在玻璃表面使房内能透过可见光和近红外光，但不能透过远红外光，因此有足够的光线进进室内，而将大部分的太阳能热量反射回往，在炎热的夏季可避免室内温度升高太多，从而降低室内的空调负荷，利于节省能耗。

低辐射膜透过一定量的短波太阳辐射能，使太阳辐射热进进室内，被室内物体所吸收，同时又能将 90% 以上的室内物体辐射的长波红外线反射保存于室内。低辐射膜能充分利用太阳光辐射和室内物体的长波辐射能，在严冷地区和采热建筑中使用可起到保温顺节能的作用。汽车玻璃膜除具有节能和安全性高的特点，对透明度的要求也很高。由于对于汽车挡风玻璃，贴膜后可见光透过率必须大于 70% 才能符合国标 GB 7258—1997 的要求。

安全玻璃膜的主要功能是安全防爆，一般用于银行、珠宝商店橱窗、博物馆等。这种薄膜具有较好的抗冲击性、隔紫外线能力、较高的透明度，通常由单层或多层 PET 夹层合成，厚度有 $50\mu m$、$100\mu m$、$180\mu m$、$280\mu m$ 等规格。

第三节 双向拉伸聚苯乙烯薄膜的应用领域

双向拉伸 BOPS 薄膜主要用于电器绝缘和食品包装两大领域。由于 BOPS 薄膜具有良好的高频电性能和良好的耐水性，因此它是一种优良的电绝缘材料。例如作为高频电容器的绝缘材料。一般这种薄膜的厚度小于 $40\mu m$。

BOPS 片材主要用于热成型各种杯、盘子、碟子、快餐盒、医药等包装制品，其使用温度在 $-40\sim95℃$。作为热成型用的 PS 片材，厚度一般为 0.1mm 以上。双向拉伸后的 PS 薄膜若不经过热定型工艺，可作为热收缩薄膜使用，最大收缩率可达到 $45\%\sim55\%$，收缩温度 $70\sim120℃$，具有良好的透明性、光泽性，也可以很容易的用黏结剂黏合封口。此外，BOPS 薄膜还常用于纸盒包装的视窗和轻食品包装。

目前，BOPS薄膜最大的用途是作为食品包装材料。

厚度为100μm的BOPS薄膜可以用于以下几个方面。

①制作各种形状、类型的包装盖（容器盖），如碗盖、杯盖、冰淇淋杯、饮料杯盖等；②制作各种类型的透明窗、面、底衬等，如衣领片、礼品透明窗等；③各种印刷品；④各种内托，如饼干、糖果、水果、蔬菜等内托。

厚度为250~700μm的BOPS薄膜可以用于以下方面：①制作包装托；②包类的各种盒；③各种底衬和面板等。

第四节　双向拉伸聚酰胺薄膜的应用领域

BOPA薄膜与不同材料复合后，可以得到更好的耐热性、强韧性、耐针孔性、耐油性、阻气性等，广泛应用于各种蒸煮食品、汉堡包、肉丸、菜饭、各种肉类、乳制品、香肠、豆酱、腌菜、水产品、一般食品、酒、年糕、糕点、大米等的包装，用途非常广泛。

由于双向拉伸聚酰胺薄膜具有优良的抗穿刺性、透明性、耐化学性、对气体的阻隔性和广泛的使用温度范围。同时，它又具有较大的吸湿性。因此这种薄膜一般都是与其他材料复合，广泛地用于各种食品、耐油和锐利物的包装材料。也可用于电缆绝缘材料。

下面我们列双向拉伸聚酰胺薄膜典型的使用方法和应用范围。

1. BOPA薄膜的使用方法

（1）可以印刷　BOPA薄膜在生产过程中如果经过电晕处理，其表面张力可以达到0.52kV/cm以上，这种薄膜可以使用一般凹版印刷机，利用深日油墨（PANACEALM）、东洋油墨（MULTI-SET）等进行印刷。

（2）用复合法制成复合薄膜　BOPA薄膜可以在通用挤出复合机上进行挤出复合，也可以采用干式复合法与其他材料进行复合。

（3）用PVDC（K-涂层）涂布。

2. BOPA薄膜的应用实例

（1）煮沸用包装材料　可作为酱菜、液体汤、豆酱、汉堡包、冷冻食品等的包装材料。

（2）透明蒸煮用包装材料　用于汉堡包、米饭、肉丸、肉饼等食品的包装。

（3）不透明、蒸煮用包装材料　用作咖喱、榨菜、炖焖食品、酱油等的包装材料。

（4）普通食品包装材料　用作精米、豆酱、火腿、香肠、肉丸、鱼干、烤鱿鱼、牛肉干、茶叶、小型辣椒油、冷冻蔬菜等的包装材料。

（5）非食品包装材料　例如用作电器元件、集成电路板、注射管、尿袋、化妆品乳液、洗涤剂、香波、吸氧剂等包装材料。

（6）烫印箔和金银线、耐热分离膜等。

第五节　其他特种薄膜的应用

一、双向拉伸聚萘二甲酸乙二酯薄膜

双向拉伸聚萘二甲酸乙二酯（BOPEN）薄膜主要用于电气、记录材料和耐热产品。具体使用实例如下：电气绝缘材料，用于氟利昂旋转密封电动机、变压器、电容器、柔性印刷电路板等；通讯器材，用于头戴式受话机的振动膜、薄膜开关等；磁记录材料，VT-C型摄像机的录像带、录音带、计算机磁带、电影胶片等；耐热、高屏蔽包装材料，如用作微波炉食品烘烤材料等。

二、双向拉伸聚对苯二甲酰对苯二胺薄膜

这种薄膜主要用于计算机数据存储介质。例如用于邮资、邮票等领域，作为计算机的数字存储介质。

三、双向拉伸聚酰亚胺薄膜

聚酰亚胺薄膜虽然是一种比较昂贵的材料，其价格大约为 BOPET 薄膜的 15～30 倍。但是由于它具有优异的综合特性：例如耐高温、耐低温、耐辐射、耐化学溶剂、尺寸稳定、机械性能好、柔软耐折及良好的介电性能。所以，这并没有影响它在诸多领域酌广泛应用。例如，应用于航天、航空、核能利用、新型武器、电气机车、冶炼矿山等领域及其他高温、高电压、高电晕等各种重要场合，作为电工及电子器械的主导电气绝缘材料，如磁铁绝缘材料、电动机和发电机的相绝缘材料、磁带等。

双向拉伸聚酰亚胺薄膜特定的用途是用于柔软印刷电路板和带状电缆的基材和覆盖层。在这些领域中，BOPI 薄膜的用量约占世界产量的 40% 以上。因为这些产品在制造和使用过程中都需要经受高温复合、化学腐蚀、焊接等处理，产品尺寸稳定性的要求又极严格，其他材料无法代替。

第六节　PVDC 的应用

基于 PVDC 的优良特性，其用途十分广泛，被大量用于肉食品、方便食品、奶制品、化妆品、药品及需防潮、防锈的五金制品、机械零件、军用品等各种需要有隔氧防腐、隔味保香、隔水防潮、隔油防透等阻隔要求高的产品包装。PVDC 产品包括乳液和树脂。PVDC 胶乳可直接用于制造涂覆 PVDC 型膜而 PVDC 树脂可用于肠衣膜、保鲜膜、热收缩膜、挤出膜、复合型 PVDC 膜等的制造。PVDC 乳液目前主要用作涂覆型的透明高阻隔性材料，可直接涂布于基材

表面，由于其介质为水，因而具有使用方便、安全可靠的特点，广泛应用于 PP、PA、PET、PVC 片材、一次性环保餐具、纸包装内层等烟草、食品和医药行业的包装，也可以用作防火涂层用于仓库、机场等防火重地。其中除 KOP 有使用单层膜外，其他几乎都用作软包装复合阻隔材料。单层 KOP 除部分用于轻、小包装，如紫菜片小袋、饼干内包装袋等外，更常用作香烟包装，当然用于香烟包装时必须进行双面涂布。KOP 大量用于香烟包装膜也可以制作很多复合材料并可满足零食、饼干、干腊肉制品的包装要求；KPET 可用于高强度、耐高温、高保香方面；KPA 主要用于含有重度油脂食品，如火腿、油炸食品、油料调味品的包装；而 KPT 常用于药品包装。在发达国家，由牛皮纸/PVDC 胶乳组成的复合包装材料被广泛应用于农药、工业药品、肥料及食盐等的包装。鸡蛋保鲜可用 PVDC 共聚树脂水乳液涂覆，会得到很好的保鲜效果。PVDC 树脂是一种在聚合过程中形成鱼子形状粒子，其中含有增塑剂、稳定剂、抗氧剂等多种助剂的共聚树脂，具有粒度适中、在螺杆炼塑过程中便于捏合和塑化、可避免各种助剂的添加等优点，在在食品包装中用于保鲜膜、热收缩膜、复合型 PVDC 膜等的制造。PVDC 肠衣膜，主要应用于包装火腿肠，耐高温杀菌，适合用在高频焊接的自动灌肠机上进行工业化大批量火腿肠的生产。我国已成为 PVDC 肠衣膜用量最大的地区，如今国内高温火腿肠的包装全部使用 PVDC 肠衣膜，产品保持期可达 6 个月以上。PVDC 保鲜膜由于其优越的透明性、良好的表面光泽度及很好的自黏性，被广泛用于家庭和超市包装食品；PVDC 保鲜膜不单可以满足于家庭冰箱中保存食品，而且也可用于微波加热。PVDC 收缩膜主要用于包装冷鲜肉，通过采用真空包装机实现对冷鲜肉的包装，利用其高收缩、高阻隔性的特点，所包装的冷鲜肉产品不仅有好的外观，同时可长久保持冷鲜肉的新鲜度。PVDC 复合膜主要是使得膜高性能化，拓宽膜的应用领域。如通过采用 PVDC 共挤出薄膜对冷却肉包装，可以延长肉的保鲜期。

参 考 文 献

[1] 陈广忠.BOPP 薄膜摩擦系数的研究.塑料科技,2006,6.

[2] 周亮.给齿轮箱加冷却系统.PT 现代塑料,2014,1.

[3] 叶蕊.实用塑料加工技术.北京:金盾出版社,2000.

[4] 尹燕平.双向拉伸塑料薄膜.北京:化学工业出版社,1999.

[5] 杨建武.BOPP 烟膜热封性能的研究.北京:中国石化出版社,2012.

[6] 陈岳.电晕处理于 BOPP 薄膜加工上的应用.塑料加工应用,1999,5.

[7] 王廷鸿.双向拉伸生产线横拉机润滑系统的改造.中国包装工业,1999 年 2 期.

[8] 吴增青,涂志刚.双向拉伸聚丙烯生产过程中的取向与结晶.PT 现代塑料,2013,1.

[9] 周殿明,张丽诊.塑料薄膜实用生产技术手册.北京:中国石化出版社,2006.

[10] 童忠良主编.化工产品手册——树脂与塑料分册.北京:化学工业出版社,2008.

[11] 陈海涛,崔春芳等.塑料制品加工实用新技术.北京:化学工业出版社,2010.

[12] 陈海涛,崔春芳,童忠良.挤出成型技术难题解答.北京:化学工业出版社,2009.

[13] Okamoto K T 著.微孔塑料成型技术.张玉霞译.北京:化学工业出版社,2004.

[14] 方国治,高洋等.塑料制品加工与应用实例.北京:化学工业出版社,2010.

[15] 陈昌杰,张烈银,阴其倩主编.塑料薄膜的印刷与复合.北京:化学工业出版社,2002.

[16] 方国治,童忠东,俞俊等.塑料制品疵病分析与质量控制.北京:化学工业出版社,2012.

[17] 陈海涛,崔春芳,童忠良.塑料模具操作工实用技术问答.北京:化学工业出版社,2008.

[18] 崔春芳,王雷.塑料薄膜制品与加工.北京:化学工业出版社,2012.

[19] 王贵恒.高分子材料成型加工原理.北京:化学工业出版社,1991.

[20] 钟世云.聚合物降解与稳定化.北京:化学工业出版社,2002.

[21] 任杰编.可降解与吸收材料.北京:化学工业出版社,2003.

[22] 俞金寿.工业过程先进控制.北京:中国石化出版社,2002.

[23] 蒋慰孙,俞金寿.过程控制工程.第 2 版.北京:中国石化出版社,2004.

[24] 张新薇,陈旭东.集散系统及系统开放.北京:机械工业出版社,2005.

[25] 焦明立.现场总线技术在聚丙烯双向拉伸薄膜生产线中的应用.自动化博览,2009,2:64-67.

[26] 王树海.BOPP 薄膜市场趋势与对策.塑料包装,1996 年 02 期.

[27] 罗延龄.日本合资企业注视着中国 BOPP 市场.石油化工动态,1996 年 11 期.

[28] 刘平.新型 BOPP 激光防伪收缩膜.中国包装工业,2002 年 03 期.

[29] 胡为工.FIC 将在越南建 PET 和 BOPP 生产厂.国际化工信息,2003 年 10 期.

[30] 平田浩二.日本专家眼中的中国塑料薄膜.上海包装,2003 年 02 期.

[31] 朱新远.我国 BOPP 薄膜现状及专用料的开发.广州化工,2000,28 (1):28.

[32] 金日光,华幼卿.高分子物理.北京:化学工业出版社,1991.

[33] 汤明,王亚辉,秦学军.BOPP 专用料结构表征及性能研究.塑料加工应用,1999,(2):1.

[34] 李军,王文广,高雯.塑料透明改性.塑料科技,1999,129 (1):21.

[35] [德] R. 根赫特 H. 米勒.塑料添加剂手册.北京:化学工业出版社,2000:353.

[36] 朱绍男,聚丙烯塑料的应用与改性.北京:轻工业出版社,1988:45.

[37] 杨明,塑料添加剂应册.南京:江苏科学技术出版社,2002:270-290.

[38] 钱汉英等．塑料加工实用技术．北京：机械工业出版社，2002：121-123.

[39] 陈海涛主编．塑料包装材料新工艺及应用．北京：化学工业出版社，2011：11.

[40] 刘敏江主编．塑料加工技术大全．北京：中国轻工业出版社，2001.

[41] 申开智，胡文江，向子上等．聚丙烯在单向拉伸力场中形成双向自增强片材及其结构与性能的研究．高分子材料科学与工程，2002，18（1）：145.